职业教育计算机网络技术专业
校企互动应用型系列教材

网络设备安装与调试
（华为 eNSP 模拟器）
（第 2 版）

杨剑涛　张文库　主　编

电子工业出版社
Publishing House of Electronics Industry
北京·BEIJING

内 容 简 介

本书以知识"必需、够用"为原则，从职业岗位分析入手展开教学内容，强化学生的技能训练和职业能力，在训练中巩固所学知识。本书从华为公司的 eNSP 模拟器的安装开始介绍，然后通过认识 eNSP 模拟器及 VRP 基础操作、交换技术的配置、路由技术的配置、路由协议的配置、广域网技术的配置、无线网络技术的配置等项目完成技能训练，通过网络安全技术的配置完成网络安全技能训练，最后以公司网络综合实训结束整个网络的综合技能训练。

本书既可以作为职业院校计算机网络技术专业或相关专业学生的学习用书，也可以作为相关培训机构的教材，还可以作为计算机网络技能比赛训练、网络工程技术人员及"1+X 网络系统建设与运维"认证的参考用书。

未经许可，不得以任何方式复制或抄袭本书之部分或全部内容。
版权所有，侵权必究。

图书在版编目（CIP）数据

网络设备安装与调试：华为 eNSP 模拟器 / 杨剑涛，张文库主编. —2 版. —北京：电子工业出版社，2023.11
ISBN 978-7-121-46529-1

Ⅰ. ①网… Ⅱ. ①杨… ②张… Ⅲ. ①计算机网络—通信设备—设备安装 ②计算机网络—通信设备—调试方法
Ⅳ. ①TN915.05

中国国家版本馆 CIP 数据核字（2023）第 199877 号

责任编辑：罗美娜
印　　刷：三河市鑫金马印装有限公司
装　　订：三河市鑫金马印装有限公司
出版发行：电子工业出版社
　　　　　北京市海淀区万寿路 173 信箱　邮编　100036
开　　本：880×1230　1/16　印张：16.75　字数：386 千字
版　　次：2021 年 10 月第 1 版
　　　　　2023 年 11 月第 2 版
印　　次：2024 年 3 月第 3 次印刷
定　　价：49.80 元

凡所购买电子工业出版社图书有缺损问题，请向购买书店调换。若书店售缺，请与本社发行部联系，联系及邮购电话：（010）88254888，88258888。
质量投诉请发邮件至 zlts@phei.com.cn，盗版侵权举报请发邮件至 dbqq@phei.com.cn。
本书咨询联系方式：（010）88254617，luomn@phei.com.cn。

前言

随着计算机及网络技术的迅速发展，计算机网络及应用已经渗透到诸多领域，并且深刻地影响和改变着人们的生活与工作方式。在计算机网络化的今天，学习和掌握网络技术显得至关重要。本书在编写过程中坚持科技是第一生产力、人才是第一资源、创新是第一动力的思想理念，其内容安排以基础性和实践性为重点。

1. 本书特色

"网络设备安装与调试"是职业院校计算机网络技术专业学生必修的专业课程，其实践性非常强，因此，动手实践是学好这门课程最好的方法之一。本书以华为 eNSP 模拟器为例展开介绍，学生使用该模拟器可以很好地模拟多种网络环境和设备，在自己的计算机上就可以模拟真实的网络环境，从而快速地学习和掌握网络技术方面的相关知识，而且形象、直观，可以突破学习网络技术需要昂贵设备的局限性。

本书采用最新的华为 eNSP 模拟器作为平台，采用"项目—任务—活动"的结构体系，把交换技术的配置、路由技术的配置、路由协议的配置、网络安全技术的配置、广域网技术的配置、无线网络技术的配置及综合实训等内容，通过一个个的活动让读者掌握相关知识和技能。每个活动又基本细分为"任务描述—任务分析—任务实施—任务验收—知识链接—任务小结"的结构。书中的项目是从工作现场需求与实践应用中引入的，坚持问题导向，旨在培养读者完成工作任务及解决实际问题的技能。全部项目紧密跟踪先进技术，与真实的工作过程一致，完全符合企业需求，贴近生产实际。本书以典型案例为载体来帮助读者更好地学习网络的拓扑搭建、基本操作、网络互联和故障排除等知识技能，实验安排由简单到复杂，由单一到综合。

本书既可以作为职业院校计算机网络技术专业或相关专业学生的学习用书，也可以作为相关培训机构的教材，还可以作为计算机网络技能比赛训练、网络工程技术人员及"1+X 网络系统建设与运维"认证的参考用书。

2. 课时分配

本书参考学时为 120 学时，教师可以根据学生的接受能力与专业需求灵活选择，具体课时可以参考下面的表格。

课时参考分配表

项目	项目名	课时分配/学时		
		讲授	实训	合计
1	认识 eNSP 模拟器及 VRP 基础操作	4	4	8
2	交换技术的配置	8	18	26
3	路由技术的配置	4	8	12
4	路由协议的配置	4	8	12
5	网络安全技术的配置	6	12	18
6	广域网技术的配置	4	8	12
7	无线网络技术的配置	4	8	12
8	综合实训	4	16	20
合计		38	82	120

3. 教学资源

为了提高学习效率和教学效果，方便教师教学，编者为本书配备了电子课件、视频和完整的配置代码，以及习题参考答案等教学资源。请有此需求的读者登录华信教育资源网免费注册后进行下载，有问题时请在网站留言板留言或与电子工业出版社联系（E-mail: hxedu@phei.com.cn）。

4. 本书编者

本书由杨剑涛、张文库担任主编，王印、窦慧媛和任佩亚担任副主编。本书具体编写分工如下：任佩亚负责编写项目 1，张文库负责编写项目 2、项目 3 和项目 4，杨剑涛负责编写项目 5 和项目 6，窦慧媛负责编写项目 7，王印负责编写项目 8；全书由杨剑涛和张文库负责统稿。

由于编写时间较为仓促，以及计算机网络技术发展日新月异，书中难免存在一些疏漏和不足之处，敬请广大读者不吝赐教。联系邮箱：113506995@qq.com。

编　者

目录

项目 1　认识 eNSP 模拟器及 VRP 基础操作 ……………………………………………… 1

　　任务 1　安装 eNSP 模拟器 …………………………………………………………… 2

　　任务 2　使用 eNSP 模拟器搭建和配置网络 ………………………………………… 10

　　任务 3　熟悉 VRP 基本操作 ………………………………………………………… 17

项目 2　交换技术的配置 ……………………………………………………………………… 25

　　任务 1　交换机的基本配置 …………………………………………………………… 27

　　　　活动 1　交换机的管理方式 ……………………………………………………… 27

　　　　活动 2　交换机的常用配置 ……………………………………………………… 30

　　　　活动 3　交换机的远程配置 ……………………………………………………… 38

　　任务 2　交换机的 VLAN 配置 ……………………………………………………… 44

　　　　活动 1　交换机 VLAN 的划分 ………………………………………………… 44

　　　　活动 2　交换机之间相同 VLAN 的通信 ……………………………………… 49

　　　　活动 3　三层交换机实现 VLAN 之间的通信 ………………………………… 55

　　任务 3　交换机的常用技术 …………………………………………………………… 59

　　　　活动 1　交换机的链路聚合技术 ………………………………………………… 60

　　　　活动 2　交换机的 STP 技术 …………………………………………………… 64

　　　　活动 3　交换机的 RSTP 技术 ………………………………………………… 75

　　　　活动 4　交换机的 DHCP 技术 ………………………………………………… 79

　　　　活动 5　交换机的 VRRP 技术 ………………………………………………… 85

项目 3　路由技术的配置 ·· 95

任务 1　模拟器中路由器的配置 ··· 96
任务 2　路由器的基本配置 ·· 101
任务 3　路由器的远程配置 ·· 105
任务 4　路由器的 DHCP 配置 ··· 110
任务 5　单臂路由的配置 ·· 116

项目 4　路由协议的配置 ··· 121

任务 1　静态路由的配置 ·· 122
任务 2　默认路由和浮动静态路由的配置 ··· 128
任务 3　动态路由 RIPv2 协议的配置 ·· 133
任务 4　动态路由 OSPF 协议的配置 ·· 139

项目 5　网络安全技术的配置 ·· 145

任务 1　交换机接口安全的配置 ··· 146
任务 2　访问控制列表的配置 ·· 152
活动 1　基本访问控制列表的配置 ·· 152
活动 2　高级访问控制列表的配置 ·· 158
任务 3　网络地址转换 ··· 164
活动 1　利用静态 NAT 技术实现外网主机访问内网服务器 ······························ 164
活动 2　利用动态 NAPT 技术实现局域网访问 Internet ··································· 170

项目 6　广域网技术的配置 ··· 176

任务 1　路由器广域网协议的配置 ·· 177
活动 1　广域网的 HDLC 协议封装 ·· 178
活动 2　广域网的 PPP 协议封装 ··· 181
任务 2　路由器广域网 PPP 协议的配置 ·· 186
活动 1　广域网 PPP 协议封装的 PAP 认证 ··· 186

活动2　广域网PPP协议封装的CHAP认证 ……………………………………………… 190

项目7　无线网络技术的配置 …………………………………………………………… 195

　　任务1　直连式二层无线局域网的配置 ……………………………………………… 196

　　任务2　旁挂式三层无线局域网的配置 ……………………………………………… 211

项目8　综合实训 ………………………………………………………………………… 222

　　任务1　网络设备的维护 ……………………………………………………………… 223

　　任务2　企业网络综合实训 …………………………………………………………… 231

　　任务3　园区网络综合实训 …………………………………………………………… 240

项目 1
认识 eNSP 模拟器及 VRP 基础操作

项目描述

eNSP（Enterprise Network Simulation Platform）是一款由华为自主开发的、免费的、可扩展的、图形化操作的网络仿真工具平台，主要对企业网络路由器、交换机及相关物理设备进行软件仿真，完美呈现真实设备实景，支持大型网络模拟，可以让广大用户在没有真实设备的情况下模拟演练，学习网络技术。

VRP 是 Versatile Routing Platform 的简称，它是华为数据通信产品的通用网络操作系统。目前，在全球各地的网络通信系统中，华为设备几乎无处不在，因此，学习和了解 VRP 的相关知识对于网络通信技术人员来说就显得尤为重要。

VRP 是华为从低端到高端的全系列路由器、交换机等数据通信产品的通用网络操作系统，就如同微软的 Windows 操作系统之于计算机，苹果公司的 iOS 操作系统之于 iPhone。VRP 可以在多种硬件平台上运行，并且拥有一致的网络界面、用户界面和管理界面，可以为用户提供灵活而丰富的应用解决方案。

知识目标

1. 了解 eNSP 模拟器的优点和作用。
2. 了解 VRP 的来源和发展。
3. 认识 eNSP 模拟器的主界面和网络连接的线缆。
4. 熟悉 VRP 的命令视图和基本操作。

能力目标

1. 能正确安装 eNSP 模拟器。

2. 能使用 eNSP 模拟器搭建和配置网络。
3. 掌握 VRP 平台的应用。
4. 能熟练应用 VRP 的基本命令。

素质目标

1. 培养读者的团队合作精神和写作能力，以及协同创新能力。
2. 培养读者系统分析与解决问题的能力，使其能够掌握相关知识点并完成项目任务。
3. 遵纪守法，奠定专业基础，提高读者的自主学习能力。
4. 树立读者正确使用软件、合理下载软件和安全使用软件的理念，能够协同他人完成实训。

思维导图

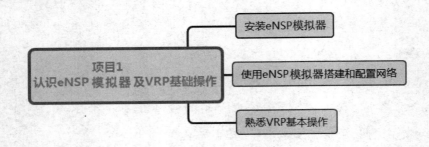

任务1 安装 eNSP 模拟器

任务描述

eNSP 网络仿真平台具有仿真程度高、更新及时、界面友好和操作方便等特点。这款仿真软件运行的是与真实设备相同的 VRP，能够最大限度地模拟真实设备的运行环境。用户可以利用 eNSP 模拟器模拟工程开局与网络测试，从而高效地构建企业优质的 ICT 网络。eNSP 模拟器支持与真实设备对接，以及数据包的实时抓取，不仅可以帮助用户深刻理解网络协议的运行原理，还可以协助用户进行网络技术的钻研和探索。

任务分析

（1）准备相关的安装文件，可以登录华为企业业务网站进行下载。

（2）在安装 eNSP 模拟器时，需要 WinPcap 软件、Wireshark 软件和 VirtualBox 软件的支持，因此需要先安装这 3 个软件包（这 3 个软件包使用默认安装方式即可），再安装 eNSP

模拟器。

任务实施

1. 安装 WinPcap 软件

❶ 双击安装程序文件,打开安装向导,使用默认安装方式,并连续单击"Next"按钮,如图 1.1.1 所示。

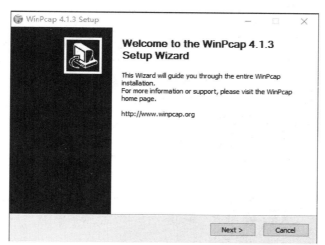

图 1.1.1　WinPcap 软件的安装向导界面

❷ 单击"Finish"按钮,如图 1.1.2 所示,完成安装。

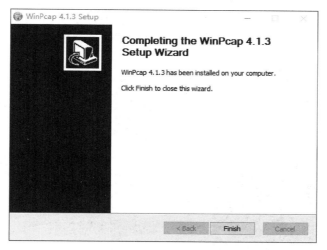

图 1.1.2　WinPcap 软件完成安装

2. 安装 Wireshark 软件

❶ 双击安装程序文件,打开安装向导,使用默认安装方式,并连续单击"Next"按钮,如图 1.1.3 所示。

❷ 单击"Finish"按钮,如图 1.1.4 所示,完成安装。

图 1.1.3　Wireshark 软件的安装向导界面

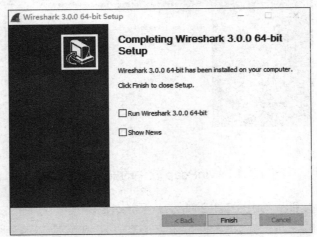

图 1.1.4　Wireshark 软件完成安装

3．安装 VirtualBox 软件

❶ 双击安装程序文件，打开安装向导，使用默认安装方式，并连续单击"下一步"按钮，如图 1.1.5 所示。

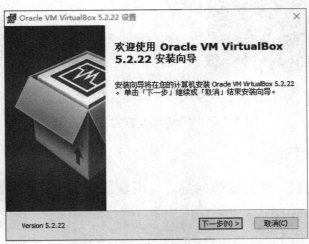

图 1.1.5　VirtualBox 软件的安装向导界面

❷ 单击"完成"按钮，如图 1.1.6 所示，完成安装。

图 1.1.6　VirtualBox 软件完成安装

4．安装 eNSP 模拟器

❶ 双击安装程序文件，打开安装向导。

❷ 在"选择安装语言"对话框中选择"中文（简体）"选项，然后单击"确定"按钮，如图 1.1.7 所示。

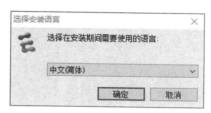

图 1.1.7　"选择安装语言"对话框

❸ 进入安装向导界面，单击"下一步"按钮，如图 1.1.8 所示[①]。

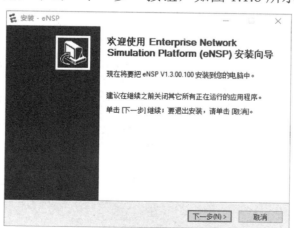

图 1.1.8　eNSP 模拟器的安装向导界面

---

① 软件图中"其它"的正确写法应为"其他"。

❹ 选中"我愿意接受此协议"单选按钮,单击"下一步"按钮,如图 1.1.9 所示。

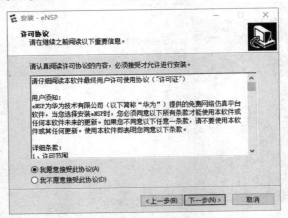

图 1.1.9　eNSP 模拟器的安装许可协议

❺ 设置安装的位置(整个目录都不能包含非英文字符),单击"下一步"按钮,如图 1.1.10 所示。

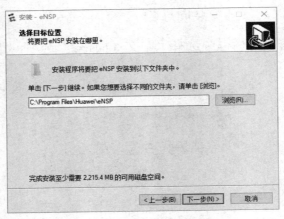

图 1.1.10　设置安装的位置

❻ 设置 eNSP 模拟器的快捷方式在"开始"菜单中显示的名称,单击"下一步"按钮,如图 1.1.11 所示。

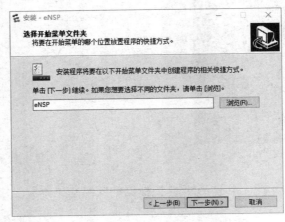

图 1.1.11　设置 eNSP 模拟器的快捷方式在"开始"菜单中显示的名称

❼ 选择是否在桌面创建快捷图标，单击"下一步"按钮，如图 1.1.12 所示。

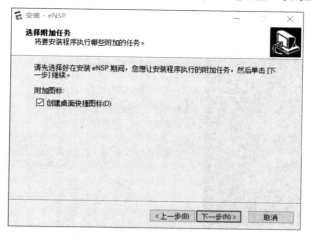

图 1.1.12　选择是否在桌面创建快捷图标

❽ 检测到需要的软件已经安装，单击"下一步"按钮，如图 1.1.13 所示。

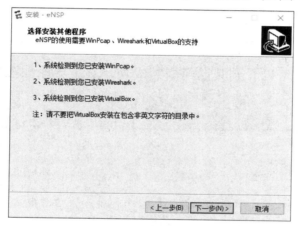

图 1.1.13　检测到需要的软件已经安装

❾ 确认安装信息后，单击"安装"按钮开始安装，如图 1.1.14 所示。

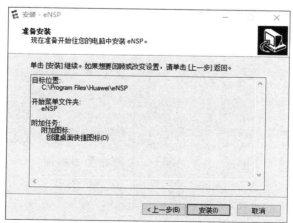

图 1.1.14　准备安装

❿ 安装完成后，若不希望立刻打开程序，可取消勾选"运行 eNSP"复选框。单击"完成"按钮结束安装，如图 1.1.15 所示。

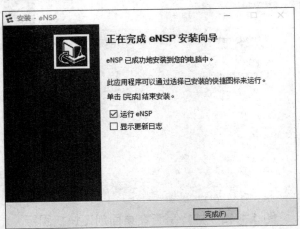

图 1.1.15　结束安装

任务验收

启动 eNSP 模拟器，可以看到其已经安装成功，其主界面如图 1.1.16 所示。

图 1.1.16　eNSP 模拟器的主界面

知识链接

eNSP 模拟器使用图形化操作界面，不仅支持拓扑创建、修改、删除和保存等操作，还支持设备拖曳、接口连线操作，通过不同颜色直观反映设备与接口的运行状态。eNSP 模拟器还预置了大量工程案例，用户可以直接打开并进行演练学习。eNSP 模拟器具有如下 4 个显著的特点。

（1）图形化操作：eNSP 模拟器不仅提供了便捷的图形化操作界面，使复杂的组网操作变得简单，还支持一键获取帮助和在华为网站查询设备资料。另外，用户可以直观感受设备形态。

（2）高仿真度：按照真实设备支持特性情况进行模拟，模拟的设备形态多，支持功能全面，模拟程度高。

（3）可以与真实设备对接：支持与真实网卡的绑定，实现模拟设备与真实设备的对接，组网更灵活。

（4）分布式部署：eNSP 模拟器不仅支持单机部署，还支持将服务器端分布式部署在多台服务器上，在分布式部署环境下能够支持更多设备组成复杂的大型网络。

eNSP 模拟器支持单机版本和多机版本。单机部署是指只在一台主机上完成组网；多机部署是指将服务器端分布式部署在多台服务器上。多机组网场景最大可模拟 200 台设备组网规模。

eNSP 作为华为官方发布的网络设备模拟器，用户在学习华为网络技术的同时，可以结合 eNSP 模拟器模拟网络环境，做到理论与实践相结合，从而加深对技术的理解，提高分析能力，了解网络现象，为以后在网络行业的发展奠定基石。华为完全免费对外开放 eNSP 模拟器，用户直接下载并安装即可使用，无须申请 license。初学者、专业人员、学生、讲师、技术人员均能免费使用。通过访问华为企业业务网站，用户可以下载最新版本的 eNSP 模拟器的安装包。

由于 eNSP 模拟器上的每台虚拟设备都要占用一定的内存资源，因此 eNSP 模拟器对系统的最低配置要求如下：CPU 双核 2.0GHz 或以上，内存 2GB，空闲磁盘空间 2GB，操作系统为 Windows XP、Windows Server 2003、Windows 7 或 Windows 10，在最低配置的系统环境下组网设备的最大数量为 10 台。

任务小结

（1）eNSP 模拟器的安装过程与其他应用软件的安装过程类似。

（2）eNSP 模拟器对硬件的要求不高，可以在家用计算机中安装及使用，这样可以增加用户实际操作的机会。

（3）eNSP 模拟器是一款免费的共享软件，不需要注册和破解，可以直接使用。

任务2　使用 eNSP 模拟器搭建和配置网络

任务描述

在 eNSP 模拟器中需要进行一组网络实验，首先需要搭建好用于实验的网络拓扑结构，这就要求用户掌握如何在 eNSP 模拟器中添加网络设备，以及如何对相邻的网络设备进行连接。

任务分析

在 eNSP 模拟器中，可以利用图形化操作界面灵活地搭建需要的网络拓扑结构。

本任务重点介绍网络设备的添加与连线。基于路由器和交换机的网络拓扑结构如图 1.2.1 所示。

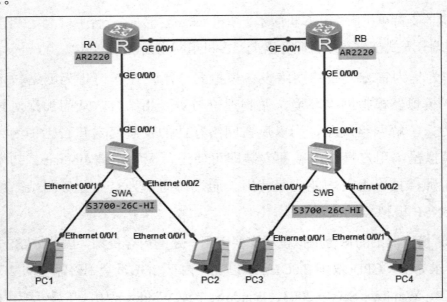

图 1.2.1　基于路由器和交换机的网络拓扑结构

具体要求如下。

（1）按照表 1.2.1 添加相应的网络设备，并更改对应的标签名。

表 1.2.1　网络设备

设备类型	数量/台	标签名
AR2220 路由器	2	RA、RB
S3700-26C-HI 二层交换机	2	SWA、SWB
计算机	4	PC1、PC2、PC3、PC4

（2）使用正确的线缆连接网络设备的相应接口，设备名称及接口如表 1.2.2 所示。

表 1.2.2　设备名称及接口

设备名称及接口	对端设备名称及接口
RA：GE 0/0/0	SWA：GE 0/0/1
RA：GE 0/0/1	RB：GE 0/0/1
RB：GE 0/0/0	SWB：GE 0/0/1
PC1：Ethernet 0/0/1	SWA：Ethernet 0/0/1
PC2：Ethernet 0/0/1	SWA：Ethernet 0/0/2
PC3：Ethernet 0/0/1	SWB：Ethernet 0/0/1
PC4：Ethernet 0/0/1	SWB：Ethernet 0/0/2

任务实施

❶ 添加网络设备并更改标签名。

主界面左侧为可供选择的网络设备区，从左到右、从上到下依次为路由器、交换机、无线局域网、防火墙、终端、其他设备和设备连线，将需要的设备直接拖至工作区。每台设备均带有默认名称，通过单击可以对其进行修改。

例如，在本任务中先添加一台型号为 AR2220 的路由器，如图 1.2.2 所示。添加完成后在工作区中可以看到一个标签名为 AR1 的路由器的图标。使用鼠标单击该标签名，可以进入标签的编辑状态，将标签名更改为 RA，设备型号备注为 AR2220。

运用同样的方法可以添加其他的网络设备并更改标签名，添加完成后可以通过鼠标拖曳的方式调整各台设备之间的位置关系，如图 1.2.3 所示。

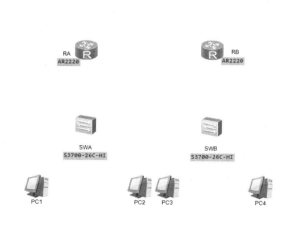

图 1.2.2　添加型号为 AR2220 的路由器　　图 1.2.3　添加所需的网络设备并更改标签名

❷ 配置设备。

在网络拓扑结构中的设备图标上单击鼠标右键，在弹出的快捷菜单中选择"设置"命令，打开设备接口配置界面。

在模拟计算机上单击鼠标右键，在弹出的快捷菜单中选择"设置"命令，打开配置界面，在"基础配置"选项卡中配置设备的基础参数，如"IP 地址"、"子网掩码"和"MAC 地址"等，如图 1.2.4 所示。

图 1.2.4　PC1 的配置界面

❸ 使用线缆连接设备。

当网络设备添加好之后，选择相应的线缆，然后在需要连接的网络设备上单击。在本任务中连接 RA 与 RB 时使用串口线，单击 RA 时会弹出如图 1.2.5 所示的连接接口选择界面，选中要进行连接的接口，再移到 RB 上单击，选中适当的接口即可完成联网操作。

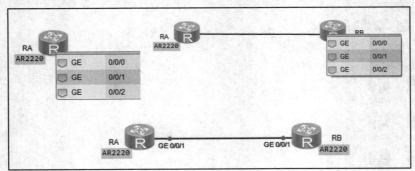

图 1.2.5　连接接口选择界面

使用同样的方法可以连接其他设备。本任务中的所有网络设备之间都是使用直通线进行连接的，完成后的网络拓扑结构应该与图 1.2.1 相似。

❹ 导入设备配置。

在设备未启动的状态下，在设备上单击鼠标右键（简称右击），在弹出的快捷菜单中选择"导入设备配置"命令,可以选择设备配置文件(.cfg 文件或.zip 文件)并导入设备中,如图 1.2.6 所示。

❺ 启动设备。

选中需要启动的设备之后,既可以通过单击工具栏中的"启动设备"按钮或右击该设备并在弹出的快捷菜单中选择"启动"命令来启动设备(见图 1.2.7),也可以通过"全选"的方式启动所有设备。设备启动后,双击设备图标,通过弹出的 CLI 命令行界面进行配置。

❻ 保存网络拓扑结构并导出设备配置。

完成配置之后,可以单击工具栏中的"保存"按钮来保存网络拓扑结构,并导出设备配置。在设备上右击,在弹出的快捷菜单中选择"导出设备配置"命令,如图 1.2.8 所示,输入设备配置文件的文件名,并将设备配置导出为.cfg 文件。

图 1.2.6 导入设备配置

图 1.2.7 启动设备

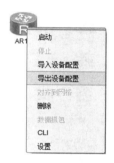
图 1.2.8 导出设备配置

任务验收

完成网络搭建之后,最主要的测试就是检查使用的线缆是否正确,以及连接的接口是否正确,如图 1.2.9 所示。

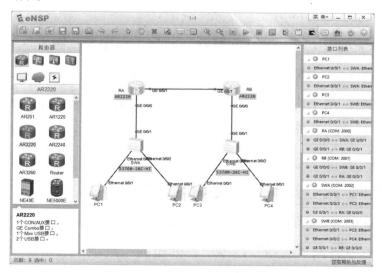

图 1.2.9 检查线缆和连接的接口是否正确

知识链接

1. 认识主界面

启动 eNSP 模拟器之后，可以看到其主界面。eNSP 模拟器的主界面分为五大区域，如图 1.2.10 所示。

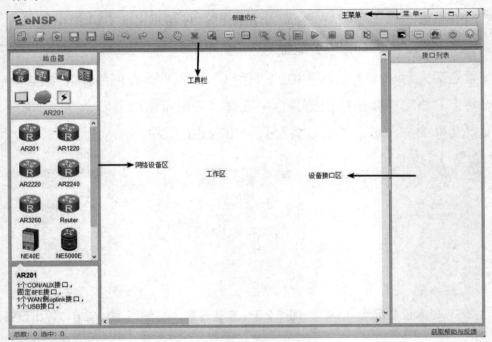

图 1.2.10　eNSP 模拟器的主界面

1）主菜单

主菜单包括"文件"菜单、"编辑"菜单、"视图"菜单、"工具"菜单、"考试"菜单和"帮助"菜单，它们的作用如下。

（1）"文件"菜单：用于拓扑文件的打开、新建、保存和打印等操作。

（2）"编辑"菜单：用于撤销、恢复、复制和粘贴等操作。

（3）"视图"菜单：用于对拓扑结构进行缩放和控制左右两侧工具栏区的显示。

（4）"工具"菜单：用于打开调色板工具添加图形、启动或停止设备、进行数据抓包和各选项的设置。

（5）"考试"菜单：用于实现 eNSP 模拟器的自动阅卷。

（6）"帮助"菜单：用于查看帮助文档、检测是否有可用更新、查看软件版本和版权信息。

在"工具"菜单中选择"选项"命令，在弹出的"选项"对话框中设置软件的参数，如图 1.2.11 所示。"选项"对话框中 5 种选项卡的作用如下。

图 1.2.11 "选项"对话框

（1）在"界面设置"选项卡中不仅可以设置拓扑结构中元素的显示效果，如是否显示设备标签和型号、是否显示背景等，还可以设置"工作区域大小"，即设置工作区域的宽度和长度。

（2）在"CLI 设置"选项卡中可以设置命令行中信息的保存方式。当选中"记录日志"单选按钮时，可以设置命令行的显示行数和保存位置。当命令行界面内容的行数超过"显示行数"中的设置值时，系统会将超过行数的内容自动保存到"保存路径"中指定的位置。

（3）在"字体设置"选项卡中可以设置命令行界面，以及描述框的字体、字体颜色和背景色等参数。

（4）在"服务器设置"选项卡中可以设置服务器端参数，详细信息请参考帮助文档。

（5）在"工具设置"选项卡中可以指定"引用工具"的具体路径。

2）工具栏

工具栏是指 eNSP 模拟器的主界面中菜单栏下有小图标的那一行。工具栏中提供了常用的工具，常用的工具图标及其简要说明如表 1.2.3 所示。

表 1.2.3 工具栏中常用的工具图标及其简要说明

工具图标	简要说明	工具图标	简要说明
	新建拓扑结构		新建试卷工程
	打开拓扑结构		保存拓扑结构
	另存为指定文件名和文件类型		打印拓扑结构
	撤销上次的操作		恢复上次的操作

工具图标	简要说明	工具图标	简要说明
	恢复鼠标		选定工作区，便于移动
	删除对象		删除所有连线
	添加描述框		添加图形
	放大		缩小
	恢复原大小		启动设备
	停止设备		采集数据报文
	显示所有接口		显示网络
	打开拓扑布局中设备的命令行操作		eNSP 论坛
	华为官网		选项设置
	帮助文档		

在工具栏区域最右边有 4 个按钮，第 1 个按钮是 eNSP 论坛的链接，单击该按钮可以进入 eNSP 论坛，在论坛中不仅可以进行各种提问，还可以参与讨论；第 2 个按钮是华为官网的链接；第 3 个按钮是"设置"按钮，可以进行界面的设置、字体的设置等，与"工具"菜单中的"选项"命令的功能一致；第 4 个按钮是"帮助文档"按钮，与其相应的帮助文档详细介绍了当前版本的 eNSP 模拟器支持的所有设备的特性、各种功能，以及如何配置服务器和用户端等。

3）网络设备区

网络设备区在 eNSP 模拟器的主界面的左侧，主要用于提供设备和网线。每种设备都有不同的型号，例如，在单击路由器图标后，设备型号区中将提供 AR1220、AR2220 等路由器供工作区选择，并且可以对设备做简单的接口介绍。

4）工作区

在工作区中可以根据项目的实际要求，灵活创建实训所需的网络拓扑结构。

5）设备接口区

eNSP 模拟器的主界面的最右侧显示的是拓扑结构中的设备和设备已连接的接口，可以通过观察指示灯了解接口的运行状态。浅灰色表示设备未启动或接口处于物理"关闭"（DOWN）状态；深灰色表示设备已启动或接口处于物理"开启"（UP）状态；黑色表示接口正在采集报文。在处于物理"开启"状态的接口名上右击可以启动/停止接口报文采集。

2. 认识网络连接的线缆

根据设备接口的不同可以灵活选择线缆的类型。当线缆仅有一端连接了设备，而此时希望取消连接时，在工作区中右击或按 Esc 键即可。设备连接线缆如图 1.2.12 所示。

图 1.2.12　设备连接线缆

- Auto：自动识别接口卡，选择相应的线缆。
- Copper：双绞线，连接设备的以太网接口。
- Serial：串口线，连接设备的串口。
- POS：POS 连接线，连接路由器的 POS 接口。
- E1：E1 接口连接线，连接路由器的 E1 接口。
- ATM：ATM 接口连接线，连接路由器的 4G.SHDSL 接口。

任务小结

（1）添加网络设备时应该注意设备的型号，不同型号交换机的功能有很大的区别。

（2）不同网络设备、不同接口使用的连接线缆有很大的不同，因此，在进行网络设备连接时应该选择正确的线缆。

（3）连接网络时要根据网络连接要求正确地连接不同网络设备的接口。

（4）eNSP 模拟器为路由器提供了许多模块，使实验内容更加丰富。

任务 3　熟悉 VRP 基本操作

VRP（Versatile Routing Platform，通用路由平台）是华为数据通信产品的通用网络操作系统，拥有一致的网络界面、用户界面和管理界面。在 VRP 中，用户通过命令行对设备下发各种命令来实现对设备的配置与日常维护。

任务描述

用户登录交换机或路由器设备之后，如果出现命令行提示符，则进入命令行接口

（Command Line Interface，CLI）。命令行接口是用户与路由器进行交互的常用工具。

当用户输入命令时，如果不记得此命令的关键字或参数，则可以使用命令行在线帮助功能获取全部或部分关键字和参数的提示。用户也可以通过使用系统快捷键完成对应命令的输入，简化操作。

任务分析

本任务模拟用户首次使用 VRP 的过程。在登录路由器或交换机之后，使用命令行来配置设备，进行命令视图的切换、命令行在线帮助和快捷键的使用，并完成设备的基本配置。

任务实施

❶ 进入和退出命令视图。

启动设备后（所选设备为路由器），双击该设备可以成功登录，即进入用户视图，此时屏幕提示的提示符是"<Huawei>"。

quit 命令的功能是从任何一个视图退到上一层视图。例如，接口视图是从系统视图进入的，所以系统视图是接口视图的上一层视图。

```
<Huawei>                                              //用户视图
<Huawei>system-view                                   //进入系统视图
[Huawei]int GigabitEthernet 0/0/0                     //进入接口视图
[Huawei-GigabitEthernet1/0/0]quit
[Huawei]                                              //已退到系统视图
[Huawei]quit
<Huawei>                                              //已退到用户视图
```

有些命令视图的层级很深，如果从当前视图退到用户视图，就需要多次使用 quit 命令。使用 return 命令（或按 Ctrl+Z 快捷键）可以直接从当前视图退到用户视图。

```
[Huawei-GigabitEthernet1/0/0]return
<Huawei>                                              //已退到用户视图
```

❷ 设置设备名称。

设备名称会出现在命令行提示符中，用户可以根据需要在系统视图下使用 sysname 命令更改设备名称。例如，将设备名称更改为 R1。

```
<Huawei>system-view
[Huawei]sysname R1
[R1]
```

❸ 设置系统时钟。

为了保证网络可以与其他设备协调工作，需要准确设置系统时钟。使用 clock datetime

命令可以设置当前时间和日期，使用 clock timezone 命令可以设置所在时区。例如，设置系统时间和日期为 2021 年 2 月 2 日 12:00:00，所在时区为北京。

```
<R1>clock datetime 12:00:00 2021-02-02
<R1>clock timezone BJ add 08:00:00
```

❹ 设置标题信息。

```
[R1]header login information "Hello"
[R1]header shell information "Welcome to Huawei"
```

❺ 查看网络设备的基本信息。

在用户视图下只能使用参观和监控级命令。例如，使用 display version 命令可以显示系统软件及硬件等的相关信息。

```
<R1>display version
Huawei Versatile Routing Platform Software
VRP (R) software, Version 5.130 (AR2200 V200R003C00)
Copyright (C) 2011-2012 HUAWEI TECH CO., LTD
Huawei AR2220 Router uptime is 0 week, 0 day, 0 hour, 6 minutes
BKP 0 version information:
1. PCB        Version    : AR01BAK2A VER.NC
2. If Supporting PoE     : No
3. Board      Type       : AR2220
4. MPU Slot Quantity     : 1
5. LPU Slot Quantity     : 6
MPU 0(Master) : uptime is 0 week, 0 day, 0 hour, 6 minutes
MPU version information :
1. PCB        Version    : AR01SRU2A VER.A
2. MAB        Version    : 0
3. Board      Type       : AR2220
4. BootROM    Version    : 0
```

由此可以看到 VRP 的版本、设备的具体型号和启动时间等信息。

❻ 配置设备接口信息。

在接口视图下可以使用 ip address 命令配置该接口的 IP 地址、子网掩码等。例如，配置 R1 路由器的 GigabitEthernet 0/0/0 接口的 IP 地址为 192.168.1.1，子网掩码为 24 位。

```
<R1>system-view
[R1]int GigabitEthernet 0/0/0
[R1-GigabitEthernet0/0/0]ip address 192.168.1.1 24
```

任务验收

（1）退出网络设备的用户视图后，重新进入用户视图，可以查看标题信息。

（2）使用 dislay current-configuration 命令可以查看当前配置，检验主机名称、时间设置和标题信息等是否正确。

(3)使用 display interface GigabitEthernet 0/0/0 命令可以查看接口信息。

(4)使用 display ip interface brief 命令可以查看接口的 IP 地址。

知识链接

1. VRP 简介

VRP 是华为数据通信产品的通用网络操作系统,而网络操作系统是运行于一定设备上的、提供网络接入及互联服务的系统软件。它以 IP 业务为核心,实现组件化的体系结构,在提供丰富功能特性的同时,提供基于应用的可裁剪能力和可扩展能力。

VRP 集成了路由技术、QoS 技术、VPN 技术、安全技术和 IP 语音技术等数据通信技术,并采用 IP TurboEngine(一种快速的查表算法)技术为路由设备提供了出色的数据转发能力。VRP 有 VRP 1.x、VRP 3.x、VRP 5.x 和 VRP 8.x 等多个版本。经过多年的发展和运行验证,目前已经证明 VRP 是非常稳定、高效的操作系统。

VRP 作为华为从低端到核心的全系列路由器、以太网交换机、业务网关等产品的软件核心引擎,提供以下功能:实现统一的用户界面和管理界面;实现控制平面功能,并定义转发平面接口规范,实现各产品转发平面与 VRP 控制平面之间的交互;实现网络接口层,屏蔽各产品链路层对于网络层的差异。

2. 命令视图

CLI 是交换机、路由器等网络设备提供的人机接口。与使用图形用户界面(Graphical User Interface,GUI)相比,使用 CLI 对系统资源要求较低。另外,CLI 更容易使用,并且功能扩展更方便。

VRP 提供了 CLI,其命令视图如图 1.3.1 所示。

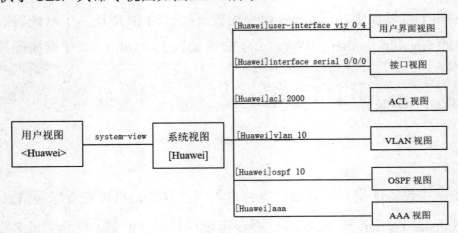

图 1.3.1 VRP 的命令视图

用户初始登录设备时，默认进入的就是用户视图。在提示符"<Huawei>"中，"<>"表示用户视图，"Huawei"表示设备默认的主机名。在用户视图下，用户不仅可以了解设备的基础信息，还可以查询设备状态，但不能进行与业务功能相关的配置。如果需要对设备进行与业务功能相关的配置，则需要进入系统视图。

另外，系统视图还提供了进入其他视图的入口。若希望进入其他视图，则必须先进入系统视图。

在用户视图下使用 system-view 命令可以切换到系统视图。在系统视图下可以配置接口、协议等，使用 quit 命令又可以返回用户视图。VRP 的视图切换命令如表 1.3.1 所示。

表 1.3.1　VRP 的视图切换命令

操作	命令
从用户视图进入系统视图	system-view 命令
从系统视图返回用户视图	quit 命令
从任意的非用户视图返回用户视图	return 命令或按 Ctrl+Z 快捷键

在系统视图下使用相应的命令可以进入其他视图，如使用 interface 命令可以进入接口视图。在接口视图下使用 ip address 命令可以配置接口的 IP 地址、子网掩码。为路由器的 GE 0/0/0 接口配置 IP 地址时既可以使用子网掩码的长度，也可以使用完整的子网掩码，如果子网掩码为 255.255.255.0，则可以使用 24 替代。

3．命令行在线帮助

命令行接口提供了如下两种在线帮助。

（1）完全帮助。在任意一个命令视图下，输入"?"可以获取该命令视图下的所有命令及其简单描述。

```
<Huawei> ?
```

输入一条命令，其后连接以空格分隔的"?"，若该位置为关键字，则列出全部关键字及其简单描述。

```
<Huawei> language-mode?
Chinese   Chinese environment
English   English environment
```

其中，Chinese 和 English 是关键字，Chinese environment 和 English environment 是对关键字的描述。

输入一条命令，其后连接以空格分隔的"?"，若该位置为参数，则列出有关参数的参数名和参数描述。

```
[Huawei]display aaa ?
```

```
configuration AAA configuration
[Huawei]display aaa configuration ?
<cr>
```

其中，configuration 是参数名，AAA configuration 是对参数的简单描述；而<cr>表示该位置无关键字或参数，在紧接着的下一个命令行该命令被复述，直接按 Enter 键即可执行。

（2）部分帮助。输入一个字符串，其后紧接"?"，列出以该字符串开头的所有命令。

```
<Huawei> d?
debugging  delete  dir  display
```

输入一条命令，其后连接一个字符串，然后紧接"?"，列出该命令中以该字符串开头的所有关键字。

```
<Huawei> display v?
version  virtual-access  vlan  vpls  vrrp  vsi
```

输入一条命令的某个关键字的前几个英文字母，按 Tab 键，可以显示完整的关键字，但前提是这几个英文字母可以唯一表示该关键字，不会与该命令的其他关键字混淆。

以上帮助信息均可以通过在用户视图下使用 language-mode Chinese 命令切换为中文显示。

4．命令行错误信息

若用户输入的所有命令都能通过语法检查，则正确执行，否则向用户报告错误信息。命令行常见错误信息如表 1.3.2 所示。

表 1.3.2　命令行常见错误信息

英文错误信息	错误原因
Unrecognized command	没有查找到命令
	没有查找到关键字
Wrong parameter	参数类型错误、参数值越界
Incomplete command	输入的命令不完整
Too many parameters	输入的参数太多
Ambiguous command	输入的命令不明确

5．历史命令

命令行接口提供类似 Doskey 功能，将输入的历史命令自动保存，用户可以随时调用命令行接口保存的历史命令，并重复执行。在默认状态下，命令行接口可以为每个用户最多保存 10 条历史命令。使用上光标键↑或按 Ctrl+P 快捷键可以访问上一条历史命令；使用下光标键↓或按 Ctrl+N 快捷键可以访问下一条历史命令；使用 display history-command 命令可以显示历史命令。

6. 编辑特性

命令行接口提供了基本的命令编辑功能,支持多行编辑,每条命令的最大长度均为 256 个字符。VRP 命令行的编辑功能如表 1.3.3 所示。

表 1.3.3　VRP 命令行的编辑功能

功能键	功能
普通按键	若编辑缓冲区未满,则插入当前光标位置,并向右移动光标;否则响铃告警
退格键 Backspace	删除光标位置的前一个字符,光标前移,若已经到达命令首部,则响铃告警
左光标键←或 Ctrl+B 快捷键	光标向左移动 1 个字符位置,若已经到达命令首部,则响铃告警
右光标键→或 Ctrl+F 快捷键	光标向右移动 1 个字符位置,若已经到达命令尾部,则响铃告警
Tab 键	输入不完整的关键字后按 Tab 键,系统自动执行部分帮助。 • 若与之匹配的关键字唯一,则系统用此关键字代替原输入并换行显示,光标距词尾一格。 • 在命令的参数、不匹配或匹配的关键字不唯一的情况下,首先显示前缀,继续按 Tab 键循环翻词,此时光标与词尾之间没有空格,按空格键输入下一个单词。 • 若输入错误关键字,则按 Tab 键后换行显示,输入的关键字不变

7. 显示特性

为了方便用户,提示信息和帮助信息可以用中文与英文两种语言显示。在一次显示信息超过一屏时,提供暂停功能。在暂停显示时,用户可以有 3 种选择:按 Enter 键,继续显示下一行信息;按空格键,继续显示下一屏信息;按 Ctrl+C 快捷键,停止显示和命令执行。

8. 使用 undo 命令行

(1) 使用 undo 命令可以恢复默认配置。

```
<Huawei>system-view                //进入系统视图
[Huawei]sysname R1                 //将设备名称设置为 R1
[R1]undo sysname                   //将设备名称恢复为 Huawei
[Huawei]
```

(2) 使用 undo 命令可以禁用某项功能。

```
<Huawei>system-view                //进入系统视图
[Huawei]undo stp enable            //禁用 STP
```

(3) 使用 undo 命令可以删除某项配置。

```
<Huawei>system-view                                //进入系统视图
[Huawei]interface GigabitEthernet 0/0/0            //进入接口视图
//配置接口的 IP 地址
[Huawei-GigabitEthernet0/0/0]ip address 192.168.1.254 24
[Huawei-GigabitEthernet0/0/0]undo ip address       //删除接口的 IP 地址
```

任务小结

（1）通过学习本章，读者对 eNSP 模拟器和 VRP 都有了初步认识，能够通过仿真软件模拟网络设备的配置。

（2）使用仿真软件配置完成后，既可以使用 return 命令直接退到用户视图，也可以按 Ctrl+Z 快捷键直接退到用户视图。

（3）掌握各视图之间的切换、命令行接口的特性和 VRP 的使用。

项目 2
交换技术的配置

项目描述

交换技术在现代高速网络中具有重要作用,企业网络依赖交换机分隔网段并实现高速连接。交换机是适应性极强的网络设备,在简单场景中可以替代集线器作为多台主机的中心连接点,在复杂应用中,交换机可以连接一台或多台其他交换机,从而建立、管理和维护冗余链路,保证VLAN连通性。对网络学习者而言,熟悉交换机的配置、熟练进行交换机的管理是必备的知识和技能。交换机有多种级别的分类,一般可以分为二层交换机和三层交换机。二层交换机属于数据链路层设备,可以识别数据包中的MAC地址信息,根据MAC地址进行转发,并将这些MAC地址与对应的接口记录在自己内部的一个地址表中。三层交换机最重要的功能是加快大型局域网内部数据的快速转发,并且加入了路由转发功能。

本项目重点介绍交换机的基本配置、交换机的VLAN配置、交换机常用技术等内容。

知识目标

1. 熟悉交换机的各种配置模式。
2. 了解交换机的工作原理。
3. 理解VLAN的作用和特点。
4. 了解交换机的远程管理的作用。
5. 理解链路聚合的作用。
6. 理解生成树的作用和原理。
7. 理解DHCP技术的原理和作用。
8. 理解VRRP技术的原理和作用。

能力目标

1. 能熟练配置交换机的各项网络参数及接口状态。
2. 学会交换机 VLAN 的划分。
3. 学会配置交换机间相同 VLAN 的通信。
4. 学会三层交换机实现 VLAN 之间的通信。
5. 能熟练应用交换机的链路聚合技术。
6. 能熟练应用交换机的 STP 技术和 RSTP 技术。
7. 能熟练应用交换机的 DHCP 技术。
8. 能熟练应用交换机的 VRRP 技术。
9. 能熟练进行交换机的 Telnet 管理和 SSH 管理。

素质目标

1. 培养读者的团队合作精神和组织纪律性，以及协同创新能力。
2. 培养读者的信息素养和学习能力，使其能够运用正确的方法和技巧掌握新知识、新技能。
3. 培养读者系统分析与解决问题的能力，使其能够掌握相关知识点并完成项目任务。
4. 培养读者严谨的逻辑思维能力，使其能够正确地处理交换网络中的问题。
5. 培养读者诚信、务实和严谨的职业素养。

思维导图

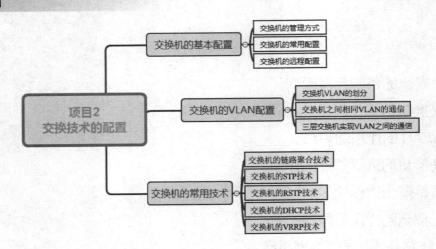

任务1 交换机的基本配置

交换机的基本配置主要包括给设备命名、配置登录信息、设置用户视图密码和 VTY 密码、配置 Telnet 登录、配置 SSH 远程管理等。本任务将分为以下 3 个活动，且分别展开介绍。

活动 1 交换机的管理方式

活动 2 交换机的常用配置

活动 3 交换机的远程配置

活动 1 交换机的管理方式

任务描述

艺腾公司因业务发展需求，需要购买一台交换机扩展现有网络。根据公司网络规划，网络管理员将刚刚购买的新交换机进行配置后投入使用。

任务分析

在第一次配置交换机时，网络管理员需要通过交换机的 Console 接口进行配置。在交换机上有一个 Console 接口，可以从交换机接口标识中看到。交换机的 Console 接口与计算机的 COM 接口互连，并使用交换机出厂随机配置的专用控制线连接，此时交换机为出厂配置，可以使用交换机管理的命令行界面进行操作。交换机的管理方式如图 2.1.1 所示。

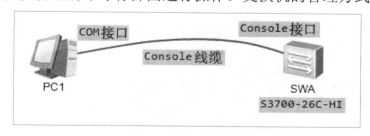

图 2.1.1 交换机的管理方式

具体要求如下。

（1）添加一台计算机，将标签名更改为 PC1。

（2）添加一台型号为 S3700-26C-HI 的交换机，标签名为 SWA，将交换机的名称设置为 SWA。

（3）PC1 的 COM 接口通过 Console 线缆连接 SWA 的 Console 接口。

（4）按照图 2.1.1 所示连接网络拓扑结构。

（5）开启交换机和计算机。

（6）使用 CLI 方式管理交换机。

任务实施

❶ 双击计算机，选择"串口"选项卡，显示如图 2.1.2 所示的界面。

图 2.1.2　PC1 的配置界面

❷ 超级终端参数默认已经设置好，单击"连接"按钮，如图 2.1.3 所示。

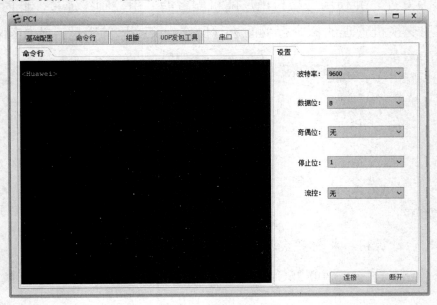

图 2.1.3　保持超级终端参数的默认设置

❸ 此时用户已经成功进入交换机的配置界面，可以对交换机进行必要的配置。使用 display version 命令可以查看交换机软件和硬件的版本信息，如图 2.1.4 所示。

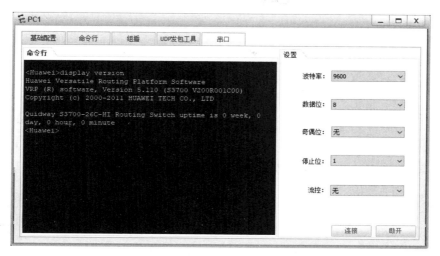

图 2.1.4　查看交换机软件和硬件的版本信息

任务验收

使用 display current-configuration 命令查看当前配置，如果查看到了当前配置，则说明交换机的管理方式配置成功。

```
<Huawei>display current-configuration
#
sysname Huawei
#
……省略部分内容
aaa
 authentication-scheme default
 authorization-scheme default
 accounting-scheme default
 domain default
 domain default_admin
 local-user admin password simple admin
 local-user admin service-type http
#
interface Vlanif1
#
interface MEth0/0/1
#
interface Ethernet0/0/1
#
interface Ethernet0/0/2
#
interface Ethernet0/0/3
#
……省略部分内容
```

知识链接

1. 交换机的管理方式

用户对网络设备的操作管理叫作网络管理。按照用户的配置管理方式，常见的网络管理方式分为 CLI 方式和 Web 方式。其中，通过 CLI 方式管理设备指的是用户通过 Console 接口（也称串口）、Telnet 或 STelnet 方式登录设备，使用设备提供的命令行对设备进行管理和配置。

通过 Console 接口进行本地登录是登录设备最基本的方式，也被称为带外管理，这种方式是其他登录方式的基础。在默认情况下，用户可以直接通过 Console 接口进行本地登录。该方式仅限于本地登录，通常在以下 3 种场景下应用。

（1）当对设备进行第一次配置时，可以通过 Console 接口登录设备并进行配置。

（2）当用户无法远程登录设备时，可以通过 Console 接口进行本地登录。

（3）当设备无法启动时，可以通过 Console 接口进入 BootLoader 进行诊断或系统升级。

2. Console 接口登录管理

网络管理交换机上都有一个 Console 接口，该接口专门用于对交换机进行配置和管理。计算机一般通过 Console 接口和交换机连接来配置与管理交换机。绝大多数 Console 接口采用 RJ-45 接口，需要通过专门的 Console 线缆连接到配置计算机的串口上，使配置计算机成为超级终端。

将"波特率"设置为"9600"，"数据位"设置为"8"，"奇偶位"设置为"无"，"停止位"设置为"1"，"流控"设置为"无"。

3. 基本命令

- display version：查看交换机的版本信息。
- display current-configuration：查看交换机的配置信息。
- save：保存配置信息。

任务小结

（1）网络管理交换机可以通过 Console 接口和计算机的 COM 接口进行连接，并进行相应的配置。

（2）学会 display 命令和 save 命令的使用。

活动 2　交换机的常用配置

交换机的常用配置是指对新购置的交换机进行基本配置，主要包括交换机的设备命名、时间设置、永不超时设置、密码设置、IP 地址配置和设备信息查看等。

任务描述

为了组建局域网，艺腾公司新购置了一批华为的以太网交换机，网络管理员通过 Console 接口进入交换机之后，准备对交换机进行常用配置。

任务分析

当交换机有一些没有用的设置时，需要清空配置，恢复出厂的状态，让交换机的配置成为"一张白纸"，这样用户就能按照自己的思路进行基本配置，也能更清楚地了解配置是否生效，是否正确。下面将介绍交换机几种配置模式的进入与退出、进入 Console 接口的密码、交换机的命名、清空交换机的配置、利用"？"帮助命令、日期时钟的配置等。交换机的基本配置拓扑结构如图 2.1.5 所示。

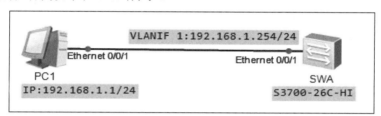

图 2.1.5　交换机的基本配置拓扑结构

具体要求如下。

（1）添加一台计算机，将标签名更改为 PC1。

（2）添加一台型号为 S3700-26C-HI 的交换机，标签名为 SWA，将交换机的名称设置为 SWA。

（3）PC1 的 Ethernet 0/0/1 接口连接 SWA 的 Ethernet 0/0/1 接口。

（4）按照图 2.1.5 所示的基本配置拓扑结构，使用直通线连接好计算机，并设置计算机的 IP 地址和子网掩码。

（5）开启交换机和计算机。

（6）恢复交换机的出厂设置。

（7）将交换机的名称设置为 SWA。

（8）将交换机的系统时间设置为 2020 年 5 月 27 日中午 12 时整，所在时区为东八区。

（9）将交换机的语言模式设置为中文。

（10）将交换机的远程管理地址设置为 192.168.1.254/24。

(11) 配置取消干扰信息，设置永不超时。

(12) 配置交换机的 Console 密码。

(13) 撤销交换机配置时弹出的信息。

(14) 配置交换机接口模式、接口带宽限制、接口双工模式。

(15) 管理 MAC 地址表。

(16) 保存交换机配置。

任务实施

❶ 交换机恢复出厂设置。

```
<SWA>reset saved-configuration              //恢复出厂设置
The configuration will be erased to reconfigure. Continue? [Y/N]:y
<SWA>reboot                                 //重启交换机
Warning: All the configuration will be saved to the configuration file for the next startup:, Continue?[Y/N]:n
System will reboot! Continue?[Y/N]:y
```

❷ 为交换机修改名称。

```
<Huawei>system-view                         //进入系统视图
[Huawei]sysname SWA                         //修改主机名
[SWA]
```

❸ 设置交换机的系统时间及其所在时区。

```
<SWA>clock datetime 12:00:00 2020-05-27     //设置系统时间
<SWA>clock timezone BJ add 08:00:00         //设置时区
<SWA>display clock                          //查看系统时间
2020-05-28 07:50:07+08:00
Thursday
Time Zone(BJ) : UTC+08:00
```

❹ 设置交换机的语言模式。

```
<SWA>language-mode Chinese                  //将语言模式设置为中文
Change language mode, confirm? [Y/N] y
提示：改变语言模式成功。
<SWA>?
```

❺ 配置交换机远程管理 IP 地址。

```
[SWA]int Vlanif 1
[SWA-Vlanif1]ip add 192.168.1.254 255.255.255.0
```

❻ 配置取消干扰信息，设置永不超时。

```
<SWA>undo terminal monitor                  //取消干扰信息
Info: Current terminal monitor is off.
<SWA>system-view
```

```
[SWA]user-interface console 0
[SWA-ui-console0]idle-timeout 0          //设置永不超时
[SWA-ui-console0]quit
```

❼ 配置交换机的 Console 密码。

(1) 设置登录用户界面的认证方式为密码认证，下面以密码为 123456 为例进行配置。

```
[SWA]user-interface console 0
[SWA-ui-console0]authentication-mode password
[SWA-ui-console0]set authentication password simple 123456
[SWA-ui-console0]return
<SWA>quit
```

对交换机的 Console 密码进行测试：

```
Password:                                //输入密码，此处不显示
<SWA>
```

(2) 设置登录用户界面的认证方式为 AAA 认证，用户名为 admin，密码为 123456，配置如下。

```
<SWA>system-view
[SWA]user-interface console 0
[SWA-ui-console0]authentication-mode aaa
[SWA-ui-console0]quit
[SWA]aaa
[SWA-aaa]local-user admin password simple 123456
[SWA-aaa]local-user admin service-type terminal
[SWA-aaa]return
<SWA>quit
```

对交换机的 Console 密码进行测试：

```
Username:admin                           //输入用户名 admin
Password:                                //输入密码，此处不显示
<SWA>
```

❽ 撤销交换机配置时弹出的信息。

```
[SWA]undo info-center enable             //撤销交换机配置时弹出的信息
Info: Information center is disabled.
```

❾ 配置交换机的接口模式。

```
[SWA]int Ethernet 0/0/1                  //进入接口配置模式
[SWA-Ethernet0/0/1]port link-type access //将接口模式设置为 Access 模式
[SWA-Ethernet0/0/1]quit
[SWA]int e0/0/2
[SWA-Ethernet0/0/2]port link-type trunk  //将接口模式设置为 Trunk 模式
[SWA-Ethernet0/0/2]quit
```

❿ 配置交换机的接口带宽限制。

对交换机的接口可以进行带宽限制，一般有 10Mbit/s、100Mbit/s 和 Auto（自协商）3 种。配置方法很简单，使用 speed 命令即可实现。

```
[SWA]int Ethernet 0/0/6                              //进入接口配置模式
[SWA-Ethernet0/0/6]speed ?
 10    10M port speed mode
 100   100M port speed mode
[SWA-Ethernet0/0/6]undo   negotiation auto           //关闭自协商功能
[SWA-Ethernet0/0/6]speed 10                          //设置接口带宽为10Mbit/s
[SWA-Ethernet0/0/6]quit
```

小提示：

先使用 undo negotiation auto 命令关闭自协商功能，再手动指定接口速率。

⑪ 配置交换机的接口双工模式。

```
[SWA]int Ethernet 0/0/7
[SWA-Ethernet0/0/7]duplex ?
 full   Full-Duplex mode
 half   Half-Duplex mode
[SWA-Ethernet0/0/7]undo negotiation auto
[SWA-Ethernet0/0/7]duplex full
```

⑫ 管理 MAC 地址表。

交换机是在数据链路层工作的设备，当交换机的接口接入网络设备（如计算机）时，交换机会自动生成 MAC 地址表。查看交换机的 MAC 地址表的命令为 display mac-address。另外，可以配置静态 MAC 地址绑定；也可以使用 reset arp all 命令清除 MAC 地址表。

（1）刚启动时，查看交换机的 MAC 地址表。

```
[SWA]display mac-address                  //地址表为空
```

（2）通过 PC1 ping SWA（确保是连通的）后查看交换机的 MAC 地址表。

```
[SWA]display mac-address
MAC address table of slot 0:
-------------------------------------------------------------------------------
MAC Address      VLAN/         PEVLAN CEVLAN Port      Type       LSP/LSR-ID
                 VSI/SI                                            MAC-Tunnel
-------------------------------------------------------------------------------
5489-9865-74db   1             -      -      Eth0/0/1  dynamic    0/-
-------------------------------------------------------------------------------
Total matching items on slot 0 displayed = 1
```

（3）使用 mac-address static 命令在交换机中添加静态条目，并显示 MAC 地址表信息。

```
[SWA]mac-address static 5489-9865-74db Ethernet 0/0/1 vlan 1
[SWA]display mac-address
MAC address table of slot 0:
-------------------------------------------------------------------------------
MAC Address      VLAN/         PEVLAN CEVLAN Port      Type       LSP/LSR-ID
                 VSI/SI                                            MAC-Tunnel
-------------------------------------------------------------------------------
5489-9865-74db   1             -      -      Eth0/0/1  static     -
-------------------------------------------------------------------------------
Total matching items on slot 0 displayed = 1
```

（4）使用 undo 命令清除 MAC 地址表。

```
[SWA]undo mac-address static 5489-9865-74db Ethernet 0/0/1 vlan 1
[SWA]quit
<SWA>display mac-address
<SWA>
```

❽ 保存设备的当前配置。

```
<SWA>save
The current configuration will be written to the device.
Are you sure to continue?[Y/N]y
Info: Please input the file name ( *.cfg, *.zip ) [vrpcfg.zip]:
May 28 2020 11:40:36-08:00 Huawei %%01CFM/4/SAVE(l)[50]:The user chose Y
when deciding whether to save the configuration to the device.
Now saving the current configuration to the slot 0.
Save the configuration successfully.
```

任务验收

❶ 测试 Console 接口的密码配置是否正确。

❷ 使用 display 命令查看交换机的 MAC 地址表是否存在静态条目。

❸ 使用 display current-configuration 命令查看设备的当前配置。

```
[SWA]display current-configuration
#
sysname SWA
……省略部分内容
#
local-user admin password simple 123456
 local-user admin service-type terminal
#
interface Vlanif1
 ip address 192.168.1.254 255.255.255.0
#
interface MEth0/0/1
#
interface Ethernet0/0/1
 port link-type access
#
interface Ethernet0/0/2
 port link-type trunk
#
interface Ethernet0/0/3
 undo negotiation auto
#
interface Ethernet0/0/4
 undo negotiation auto
#
……省略部分内容
#
```

```
 user-interface con 0
  authentication-mode aaa
  idle-timeout 0 0
 user-interface vty 0 4
 #
 return
```

知识链接

1. 交换机命令视图模式

系统将命令行界面分成若干种命令视图，在使用某个命令时，需要先进入该命令所在的视图。最常用的命令视图有用户视图、系统视图和接口视图，三者之间既有联系，又有一定的区别。具体操作如下。

- 输入 system-view，进入系统视图，查看该模式的提示符。
- 输入 interface Ethernet 0/0/1，进入接口视图，查看该模式的提示符。
- 输入 quit，返回上一层。
- 输入 return 或按 Ctrl+Z 快捷键退到用户视图。

具体的操作代码如下。

```
<Huawei>                                    //用户视图
<Huawei>system-view                         //进入系统视图
[Huawei]quit                                //返回上一层
<Huawei>system-view
[Huawei]int Ethernet 0/0/1                  //进入接口视图
[Huawei-Ethernet0/0/1]return                //直接返回用户视图
<Huawei>                                    //已返回用户视图
```

2. 交换机接口的模式

交换机接口主要有两种模式，分别为 Access 模式（普通模式）和 Trunk 模式（中继模式）。在 Access 模式下，接口用于连接计算机；在 Trunk 模式下，接口用于连接交换机。如果交换机被划分为多个 VLAN，那么 Access 模式的接口只能在某个 VLAN 中通信，而 Trunk 模式的接口则可以属于任何一个 VLAN。

3. 交换机接口的类型

交换机之间通过以太网接口对接时需要协商一些接口参数，如接口速率、双工模式等。交换机的全双工是指交换机在发送数据时也能接收数据，两者同时进行，如同平时打电话一样，一方在说话时也能听到对方的声音。而半双工是指在同一时刻只能发送或接收数据，就像一条比较窄的路，只能先通过一边的车，再通过另一边的车，若两边的车一起通过就会撞车。如果交换机两端的接口协商模式不一致，就会导致报文交互异常。接口速率是指交换机接口每秒传输的数据量，在交换机上可以根据需要调整以太网接口速率。在默认情况下，当以太网接口在非自协商模式下工作时，它的速率为接口支持的最大速率。

4．交换机接口的双工模式

配置接口的双工模式可以在自协商或非自协商模式下进行。

在自协商模式下，接口的双工模式是和对端接口协商得到的，但协商得到的双工模式可能与实际要求不符。可以通过配置双工模式的取值范围来控制协商的结果。例如，互连的两台设备对应的接口都支持全/半双工，经自协商后在半双工模式下工作，与实际要求的全双工模式不符，这时就可以使用 auto duplex full 命令使接口的可协商双工模式变为全双工模式。在默认情况下，以太网接口自协商双工模式范围为接口所支持的双工模式。

在非自协商模式下，可以根据实际需求手动配置接口的双工模式。

```
[Huawei]interface GigabitEthernet 0/0/1
[Huawei-GigabitEthernet 0/0/1]undo negotiation auto
[Huawei-GigabitEthernet 0/0/1]duplex full
```

5．交换机的接口速率

在自协商模式下，以太网的接口速率是和对端接口协商得到的。如果协商的速率与实际要求不符，则可以通过配置速率的取值范围来控制协商的结果。例如，互连的两台设备对应的接口经自协商后的速率为 10Mbit/s，与实际要求的 100Mbit/s 不符，可以使用 auto speed 100 命令配置接口可协商的速率为 100Mbit/s。在默认情况下，以太网接口自协商速率范围为接口支持的所有速率。

在非自协商模式下，需要手动配置接口速率，以避免发生无法正常通信的情况。

在默认情况下，以太网接口的速率为接口支持的最大速率。

根据网络需求调整接口的速率。由于网络用户较少，因此配置 GE 接口的速率为100Mbit/s，配置 Ethernet 接口的速率为 10Mbit/s。

```
[Huawei]interface Ethernet 0/0/1
[Huawei-Ethernet0/0/1]undo negotiation auto
[Huawei-Ethernet0/0/1]speed 10
[Huawei-Ethernet0/0/1]quit
[Huawei]interface GigabitEthernet 0/1
[Huawei-GigabitEthernet0/1]undo negotiation auto
[Huawei-GigabitEthernet0/1]speed 100
```

任务小结

（1）交换机的命名在系统视图下使用 sysname 命令完成。

（2）交换机的用户视图密码分为简单和加密两种方式，加密的方式更安全。

（3）二层交换机的远程管理地址通过配置 VLAN 的 IP 地址进行设置。

活动 3　交换机的远程配置

当使用带外的方式进行交换机配置之后，在网络联通的情况下，可以使用基于带内的 Telnet、Web、SNMP 方式管理交换机。这样管理员可以远程管理交换机，使网络设备的管理更方便。

任务描述

艺腾公司在组建局域网时所购置的交换机已经完成了基本配置，现在将这些交换机全部接入网络，并投入使用。为了方便对交换机进行维护和管理，现在需要配置其远程管理功能。

任务分析

远程管理极大地提高了用户操作的灵活性。远程管理主要分为 Telnet 和 STelnet 两种方式。如果为交换机分配了管理 IP 地址，则可以使用 Telnet 和 STelnet 客户端连接到交换机。但是 VTY 线路并不安全，可以为 VTY 线路配置密码身份验证以通过 VTY 线路对交换机进行访问。

下面利用实验来介绍交换机远程配置的应用及配置方法。交换机远程配置拓扑结构如图 2.1.6 所示。

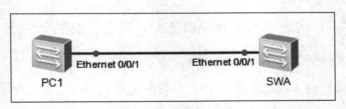

图 2.1.6　交换机远程配置拓扑结构

具体要求如下。

（1）添加两台 S3700-26C-HI 交换机，将标签名分别更改为 SWA 和 PC1，将交换机的名称分别设置为 SWA 和 PC1。

（2）SWA 的 Ethernet 0/0/1 接口连接 PC1 的 Ethernet 0/0/1 接口。

（3）开启交换机网络设备。

（4）根据图 2.1.6 所示的交换机远程配置拓扑结构，使用直通线连接好 PC1 和 SWA，并设置 PC1 的 IP 地址和子网掩码。

（5）PC1 和 SWA 上 VLANIF 的 IP 地址/子网掩码如表 2.1.1 所示。

表 2.1.1 PC1 和 SWA 上 VLANIF 的 IP 地址/子网掩码

设备名称	VLANIF	IP 地址/子网掩码
SWA	1	192.168.1.254/24
PC1		192.168.1.1/24

（6）在 SWA 上先配置 Telnet 远程管理，并使用 PC1 对其进行验证；再配置 STelnet 远程管理，并使用 PC1 对其进行验证。

任务实施

1. 配置通过 Telnet 登录系统

❶ 将交换机的名称配置为 SWA。

```
<Huawei>system-view
[Huawei]sysname SWA
```

❷ 开启 Telnet 服务。

```
[SWA]telnet server enable
```

❸ 配置 Telnet 用户登录界面，此处有两种方式，分别为 Password 方式和 AAA 方式。

（1）使用 Password 方式。

```
[SWA]user-interface vty 0 4
[SWA-ui-vty0-4]authentication-mode password        //配置认证方式为 Password
[SWA-ui-vty0-4]set authentication password simple huawei
//配置明文认证，密码为 huawei
[SWA-ui-vty0-4]user privilege level 2              //配置用户级别为 2 级
[SWA-ui-vty0-4]idle-timeout 15                     //断连时间为 15 分钟
[SWA-ui-vty0-4]quit
```

（2）使用 AAA 方式。用户名为 admin，密码为 hello。

```
[SWA]aaa
[SWA-aaa]local-user admin password cipher hello privilege level 2
[SWA-aaa]local-user admin service-type telnet
[SWA-aaa]quit
[SWA]user-interface vty 0 4
[SWA-ui-vty0-4]authentication-mode aaa
[SWA-ui-vty0-4]quit
```

❹ 配置远程管理的 IP 地址。

```
[SWA]int vlanif 1
[SWA-Vlanif1]ip add 192.168.1.254 24
```

❺ 配置 PC1 的 IP 地址。

由于 eNSP 模拟器自带的计算机无法模拟 Telnet 客户端，因此这里使用交换机模拟计算机。将 PC1 的 IP 地址设置为 192.168.1.1/24。

```
<Huawei>system-view
[Huawei]sysname PC1
[PC1]int vlanif 1
[PC1-Vlanif1]ip add 192.168.1.1 24
```

2. 配置通过 STelnet 登录系统

❶ 将交换机的名称配置为 SWA。

```
[SWA]ssh user admin authentication-type password
<Huawei>system-view
[Huawei]sysname SWA
```

❷ 开启 SSH 服务。

```
[SWA]stelnet server enable
Info: Succeeded in starting the Stelnet server.
```

❸ 设置远程管理的 IP 地址。

```
[SWA]int vlanif 1
[SWA-Vlanif1]ip add 192.168.1.254 24
```

❹ 在 SWA 上使用 rsa local-key-pair create 命令生成本地 RSA 主机密钥对。

```
[SWA]rsa local-key-pair create
The key name will be: SWA_Host
The range of public key size is (512 ~ 2048).
NOTES: If the key modulus is greater than 512,
       it will take a few minutes.
Input the bits in the modulus[default = 512]:512
Generating keys...
..++++++++++++
.....++++++++++++
..++++++++
..................++++++++
```

❺ 配置 SSH 用户登录界面。配置认证方式为 AAA，用户名为 admin，密码为 hello。

```
[SWA]aaa
[SWA-aaa]local-user admin password cipher hello privilege level 2
[SWA-aaa]local-user admin service-type ssh   //本地用户的接入类型为SSH
[SWA-aaa]quit
[SWA]ssh user admin authentication-type password
[SWA]ssh user admin service-type stelnet
[SWA]user-interface vty 0 4
[SWA-ui-vty0-4]authentication-mode aaa
[SWA-ui-vty0-4]protocol inbound ssh         //只支持SSH协议，禁止Telnet功能
[SWA-ui-vty0-4]idle-timeout 15              //断连时间为15分钟
[SWA-ui-vty0-4]quit
```

❻ 设置 PC1 的 IP 地址。

由于 eNSP 模拟器自带的计算机无法模拟 Telnet 客户端，因此这里使用交换机模拟计

算机。将 PC1 的 IP 地址设置为 192.168.1.1/24。

```
<Huawei>system-view
[Huawei]sysname PC1
[PC1]int vlanif 1
[PC1-Vlanif1]ip add 192.168.1.1 24
```

❼ 开启 SSH 用户端首次认证功能。

```
[PC1]ssh client first-time enable
```

任务验收

❶ 在 PC1 上，使用 telnet 192.168.1.254 进行 Password 方式登录测试。

```
<PC1>telnet 192.168.1.254
Trying 192.168.1.254 ...
Press Ctrl+K to abort
Connected to 192.168.1.254 ...
Login authentication
Password:
<SWA>system-view
```

❷ 在 PC1 上，使用 telnet 192.168.1.254 进行 AAA 方式登录测试。

```
<PC1>telnet 192.168.1.254
Trying 192.168.1.254 ...
Press CTRL+K to abort
Connected to 192.168.1.254 ...
Login authentication
Username:admin
Password:
<SWA>system-view
```

❸ 在 PC1 上，使用 stelnet 192.168.1.254 进行登录测试。

❹ 在 SWA 上，使用 display users 命令查看已经登录的用户信息。

❺ 在 SWA 上，使用 display rsa local-key-pair public 命令查看本地密钥对的公钥信息。

知识链接

1. Telnet 简介

Telnet 起源于 ARPANet，是古老的 Internet 应用之一。Telnet 为用户提供了一种通过网络上的终端远程登录服务器的方式。

Telnet 使用 TCP 作为传输层协议，使用的接口号为 23，采用客户端/服务器模式。当用户通过 Telnet 登录远程计算机时，实际上启用了两个程序：一个是 Telnet 客户端程序，它运行在本地计算机上；另一个是 Telnet 服务器程序，它运行在要登录的远程设备上。因此，在远程登录过程中，用户的本地计算机是一个客户端，而提供服务的远程计算机则是一台服务器。

2. SSH 简介

SSH 是 Secure Shell（安全外壳）的简称，标准协议接口号为 22。SSH 是一个网络安全协议，通过对网络数据进行加密，在一个不安全的网络环境中提供了安全的远程登录和其他安全网络服务，解决了远程 Telnet 的安全性问题。SSH 通过 TCP 进行数据交互，它在 TCP 之上构建了一个安全的通道。另外，除了支持标准接口 22，SSH 还支持其他服务接口，以提高安全性。

SSH 支持 Password 认证和 RSA 认证，通过对数据进行 DES、3DES、AES 等加密，可以有效防止对密码进行窃听，不仅保护了数据的完整性和可靠性，还保证了数据的安全传输。特别是对于 RSA 认证的支持，对称加密和非对称加密的混合应用，密钥的安全交换，SSH 最终实现了安全的会话过程。由于数据被加密传输，认证机制更加安全，因此 SSH 的使用已经越来越广泛，并且成为当前非常重要的网络协议之一。

SSH 有两个版本，即 SSH1（SSH 1.5）和 SSH2（SSH 2.0），两者是不同的协议，互不兼容。SSH 2.0 在安全、功能和性能上均比 SSH 1.5 有优势。STelnet 是 Secure Telnet 的简称，能够使用户从远端安全登录到设备，并且提供交互式配置界面，使所有交互数据均经过加密，实现安全会话。华为网络设备不仅支持 STelnet 的客户端和服务器端，还支持 SSH1（SSH 1.5）和 SSH2（SSH 2.0）。

3. 用户认证

每个用户登录设备时都会有一个用户界面与之对应。通过用户认证机制可以做到只有合法的用户才能登录设备。设备支持的认证方式有 3 种：Password 认证、AAA 认证和 None 认证。

（1）Password 认证：只需要输入密码，在密码认证通过后即可登录设备。在默认情况下，设备使用的是 Password 认证方式。使用该方式时，如果没有设置密码，则无法登录设备。Password 认证有 simple 方式和 cipher 方式，simple 方式以明文设置密码，cipher 方式以密文设置密码。

（2）AAA 认证：需要输入用户名和密码，只有输入正确的用户名及其对应的密码，才能登录设备。由于需要同时认证用户名和密码，因此 AAA 认证方式的安全性比 Password 认证方式的安全性高，并且该方式可以区分不同的用户，使用户之间互不干扰。所以，使用 Telnet 登录时，一般采用 AAA 认证方式。

（3）None 认证：不需要输入用户名和密码，可以直接登录设备，即无须进行任何认证。为了安全起见，不推荐使用 None 认证方式。

用户认证机制保证了用户登录的合法性。在默认情况下，远程登录的用户在登录后的权限级别是 0 级（参观级），只能使用 ping、tracert 等网络诊断命令。使用 user privilege level 2 命令可以配置权限级别为 2 级。

在使用 Telnet 远程登录时，可以使用 Password 认证方式和 AAA 认证方式；在使用 STelnet 远程登录时，只能使用 AAA 认证方式。由于使用 STelnet 登录设备需要配置用户界面支持 SSH，因此必须将 VTY 用户界面设置为 AAA 认证方式，否则使用 protocol inbound ssh 命令配置 VTY 用户界面支持 SSH 将不会成功。

4．命令级别

系统命令采用分级保护方式，命令的等级从低到高被划分为参观级、监控级、配置级和管理级。

（1）0 为参观级，主要包括网络诊断工具命令（ping、tracert）、从本设备出发访问外部设备的命令（Telnet 客户端）、部分 display 命令等。

（2）1 为监控级，主要用于系统维护、业务故障诊断等，包括部分 display 命令和 debugging 命令等。

（3）2 为配置级，主要用于业务配置，包括路由、各个网络层次的命令，可向用户提供直接网络服务。

（4）3～15 为管理级，该级别涉及系统基本运行、系统支撑模块的命令，这些命令对业务提供支撑作用，包括文件系统命令、FTP 命令、TFTP 命令、Xmodem 下载命令、配置文件切换命令、背板控制命令、用户管理命令、命令级别设置命令、系统内部参数设置命令等。

任务小结

（1）交换机进行远程连接的前提条件是配置 IP 地址使网络连通。

（2）访问交换机 VTY 接口有两种选择：Telnet 和 SSH。

（3）Telnet 使用明文传送信息，不够安全，而 SSH 使用密钥加密后传送，是推荐使用的带内管理方式。

（4）配置 VTY 用户界面的认证方式为 AAA 时，可以使用 protocol inbound ssh 命令设置只支持 SSH、设备自动禁止 Telnet 功能。

任务 2　交换机的 VLAN 配置

VLAN（Virtual Local Area Network，虚拟局域网）技术在局域网互联时得到了广泛的推广和应用。VLAN 是指在物理网络中根据用途、工作组、应用等进行逻辑划分的局域网，是一个广播域，与用户的物理位置没有关系。在交换网络内，通过 VLAN 可以灵活地进行分段和组织。VLAN 基于逻辑连接，而不是物理连接。VLAN 使用逻辑连接对 LAN 内的设备进行分组。将设备按逻辑分组到 VLAN 中能够实现更好的安全性、提升网络性能、降低成本，并且能够帮助 IT 员工更有效地管理网络用户。

VLAN 允许管理员根据功能、项目组或应用程序等因素划分网络，而不必考虑用户或设备的物理位置。虽然 VLAN 中的设备与其他 VLAN 共享通用基础设施，但 VLAN 中设备的运行与在自己的独立网络中运行一样。交换机所有的接口可以同属一个 VLAN，并且单播、广播和组播数据包仅转发并泛洪至数据包源 VLAN 中的终端。每个 VLAN 都被视为一个独立的逻辑网络。发往不属于 VLAN 站点的数据包必须通过支持路由的设备进行转发。

VLAN 创建的逻辑广播域可以跨越多个物理 LAN 网段。VLAN 通过将大型广播域细分为较小的网段来提高网络性能。如果一个 VLAN 中的设备发送广播以太网帧，那么该 VLAN 中的所有设备都会收到该帧，但是其他 VLAN 中的设备收不到。

本任务将分为以下 3 个活动，且分别展开介绍。

活动 1　交换机 VLAN 的划分

活动 2　交换机之间相同 VLAN 的通信

活动 3　三层交换机实现 VLAN 之间的通信

活动 1　交换机 VLAN 的划分

任务描述

艺腾公司的局域网搭建已经完成，为了提高网络的性能和服务质量，财务部和技术部需要使用不同的网段，以相互隔离。

任务分析

为了保证财务部和技术部的相对独立，就需要划分对应的 VLAN，使交换机的某些接口属于财务部，某些接口属于技术部，这样就能保证两个部门的数据互不干扰，通信效率也不会受到影响。

下面用一个实验来验证交换机 VLAN 的功能，其网络拓扑结构如图 2.2.1 所示。

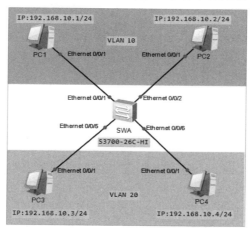

图 2.2.1　划分交换机 VLAN 的网络拓扑结构

具体要求如下。

（1）添加 4 台计算机，将标签名分别更改为 PC1、PC2、PC3 和 PC4。

（2）添加一台型号为 S3700-26C-HI 的交换机，标签名为 SWA，将交换机的名称设置为 SWA。

（3）交换机 VLAN 的划分及接口分配情况如表 2.2.1 所示。

表 2.2.1　交换机 VLAN 的划分及接口分配情况

VLAN 编号	VLAN 名称	接口范围	连接的计算机
10	CAIWU	Ethernet 0/0/1～0/0/4	PC1、PC2
20	JISHU	Ethernet 0/0/5～0/0/8	PC3、PC4

（4）开启所有的交换机和计算机。

（5）根据图 2.2.1 所示的网络拓扑结构，使用直通线连接好所有的计算机，并为每台计算机设置好相应的 IP 地址和子网掩码。

（6）验证接入相同 VLAN 的计算机是否能相互通信，而接入不同 VLAN 的计算机是否不能通信。

任务实施

❶ 创建 VLAN。

除了默认的 VLAN 1，其他的 VLAN 需要通过命令来手动创建。创建 VLAN 有两种方式：一种是使用 vlan 命令一次创建单个 VLAN；另一种是使用 vlan batch 命令一次创建多个 VLAN。

```
<Huawei>
<Huawei>system-view                              //进入系统视图
[Huawei]sysname SWA                              //修改主机名
[SWA]vlan 10                                     //创建VLAN
[SWA-vlan10]description CAIWU                    //命名VLAN
[SWA-vlan10]vlan 20
[SWA-vlan20]description JISHU
[SWA-vlan20]quit                                 //回到系统视图
```

❷ 查看 VLAN 的相关信息。

```
[SWA]display vlan                                                //查看VLAN
The total number of vlans is : 3
--------------------------------------------------------------------------------
U: Up;          D: Down;        TG: Tagged;         UT: Untagged;
MP: Vlan-mapping;               ST: Vlan-stacking;
#: ProtocolTransparent-vlan;    *: Management-vlan;
--------------------------------------------------------------------------------
VID  Type    Ports
--------------------------------------------------------------------------------
1    common  UT:Eth0/0/1(D)    Eth0/0/2(D)      Eth0/0/3(D)      Eth0/0/4(D)
                Eth0/0/5(D)    Eth0/0/6(D)      Eth0/0/7(D)      Eth0/0/8(D)
                Eth0/0/9(D)    Eth0/0/10(D)     Eth0/0/11(D)     Eth0/0/12(D)
                Eth0/0/13(D)   Eth0/0/14(D)     Eth0/0/15(D)     Eth0/0/16(D)
                Eth0/0/17(D)   Eth0/0/18(D)     Eth0/0/19(D)     Eth0/0/20(D)
                Eth0/0/21(D)   Eth0/0/22(D)     GE0/0/1(D)       GE0/0/2(D)

10   common
20   common
VID  Status   Property       MAC-LRN Statistics Description
--------------------------------------------------------------------------------
1    enable   default        enable  disable    VLAN 0001
10   enable   default        enable  disable    CAIWU
20   enable   default        enable  disable    JISHU
```

由此可知，SWA 已经成功创建了相应的 VLAN，但目前没有任何接口加入所创建的 VLAN 10 和 VLAN 20 中，在默认情况下，交换机上的所有接口都属于 VLAN 1。

❸ 配置 Access 接口及分配 VLAN 接口。

```
[SWA]interface Ethernet 0/0/1                    //进入Ethernet 0/0/1接口
[SWA-Ethernet0/0/1]port link-type access         //将接口设置为Access模式
[SWA-Ethernet0/0/1]port default vlan 10          //将接口划分到VLAN 10中
[SWA-Ethernet0/0/1]quit
[SWA]interface Ethernet 0/0/2                    //进入Ethernet 0/0/2接口
[SWA-Ethernet0/0/2]port link-type access         //将接口设置为Access模式
[SWA-Ethernet0/0/2]port default vlan 10          //将接口划分到VLAN 10中
[SWA-Ethernet0/0/2]quit
[SWA]interface Ethernet 0/0/3
[SWA-Ethernet0/0/3]port link-type access
[SWA-Ethernet0/0/3]port default vlan 10
[SWA-Ethernet0/0/3]quit
```

```
[SWA]interface Ethernet 0/0/4
[SWA-Ethernet0/0/4]port link-type access
[SWA-Ethernet0/0/4]port default vlan 10
[SWA-Ethernet0/0/4]quit
[SWA]port-group 1
[SWA-port-group-1]group-member Ethernet 0/0/5 to Ethernet 0/0/8
[SWA-port-group-1]port link-type access
[SWA-Ethernet0/0/5]port link-type access
[SWA-Ethernet0/0/6]port link-type access
[SWA-Ethernet0/0/7]port link-type access
[SWA-Ethernet0/0/8]port link-type access
[SWA-port-group-1]port default vlan 20
[SWA-Ethernet0/0/5]port default vlan 20
[SWA-Ethernet0/0/6]port default vlan 20
[SWA-Ethernet0/0/7]port default vlan 20
[SWA-Ethernet0/0/8]port default vlan 20
[SWA-port-group-1]quit
```

❹ 查看 VLAN 的相关信息。

```
[SWA]display vlan
The total number of vlans is : 3
--------------------------------------------------------------------
U: Up;          D: Down;         TG: Tagged;         UT: Untagged;
MP: Vlan-mapping;                ST: Vlan-stacking;
#: ProtocolTransparent-vlan;     *: Management-vlan;
--------------------------------------------------------------------
VID  Type    Ports
--------------------------------------------------------------------
1    common  UT:Eth0/0/9(D)    Eth0/0/10(D)   Eth0/0/11(D)   Eth0/0/12(D)
                Eth0/0/13(D)   Eth0/0/14(D)   Eth0/0/15(D)   Eth0/0/16(D)
                Eth0/0/17(D)   Eth0/0/18(D)   Eth0/0/19(D)   Eth0/0/20(D)
                Eth0/0/21(D)   Eth0/0/22(D)   GE0/0/1(D)     GE0/0/2(D)
10   common  UT:Eth0/0/1(U)    Eth0/0/2(U)    Eth0/0/3(D)    Eth0/0/4(D)
20   common  UT:Eth0/0/5(U)    Eth0/0/6(U)    Eth0/0/7(D)    Eth0/0/8(D)
VID  Status  Property      MAC-LRN Statistics Description
--------------------------------------------------------------------
1    enable  default       enable  disable    VLAN 0001
10   enable  default       enable  disable    CAIWU
20   enable  default       enable  disable    JISHU
```

通过以上操作，在交换机上进行了 VLAN 的创建和接口的分配，从而实现了交换机接口的隔离。

任务验收

使用 ping 命令验证结果。

❶ 确认计算机已经正确连接到对应 VLAN 的接口上，如 PC1、PC2 接入的是 VLAN 10，

只能接入交换机的 Ethernet 0/0/1～0/0/4 接口。

❷ 使用相同 VLAN 的计算机和不同 VLAN 的计算机进行 ping 测试。下面分别用 PC1 和 PC2、PC1 和 PC3 进行 ping 测试，连通性测试结果如图 2.2.2 所示。

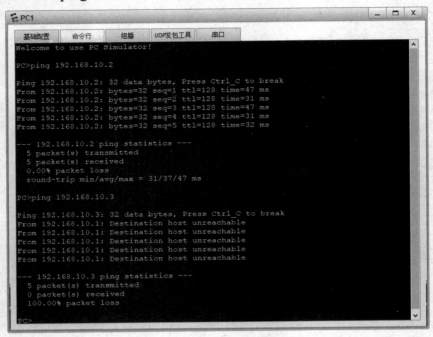

图 2.2.2　连通性测试结果

知识链接

为了避免冲突域，同时扩展传统局域网以接入更多计算机，可以在局域网中使用二层交换机。交换机能有效隔离冲突域，但是由于所有计算机仍处于同一个广播域，任意设备都能收到所有报文，不但降低了网络的效率，而且降低了安全性，即广播域和信息安全问题依旧存在。为了减少广播，提高局域网的安全性，人们使用 VLAN 技术把一个物理的 LAN 在逻辑上划分成多个广播域。相同 VLAN 的主机之间可以直接通信，不同 VLAN 的主机之间不能直接通信。这样，广播报文被限制在一个 VLAN 内，同时提高了网络安全性。不同的 VLAN 使用不同的 VLAN ID 进行区分，VLAN ID 的范围是 0～4095，可配置的值为 1～4094，0 和 4095 为保留值。

Access 是交换机上用来连接用户主机的接口。当 Access 接口从主机收到一个不带 VLAN 标签的数据帧时，会给该数据帧加上与 PVID 一致的 VLAN 标签（PVID 可手动配置，默认是 1，即所有交换机上的接口都默认属于 VLAN 1）。当 Access 接口要给主机发送一个带有 VLAN 标签的数据帧时，需要先检查该数据帧的 VLAN ID 是否与自己的 PVID 相同：若相同，则去掉 VLAN 标签后将该数据帧发送给主机；若不相同，则直接丢弃该数据帧。

交换机 VLAN 的创建在全局配置模式下进行，因此要先进入全局配置模式。创建 VLAN 的命令很简单。

（1）创建 VLAN：vlan [vlan id]（如 vlan 10）。

（2）删除 VLAN：undo vlan [vlan id]（如 undo vlan 10）。

（3）如果要同时创建 3 个 VLAN，分别为 VLAN 10、VLAN 20 和 VLAN 30，则可以使用一条 vlan bath 命令，具体的实施过程如下。

```
[huawei]vlan batch 10 20 30
```

（4）创建好 VLAN 之后，需要将接口分配到 VLAN 中，具体的实施过程如下。

```
[SWA]interface Ethernet 0/0/1
[SWA-Ethernet0/0/1]port link-type access
[SWA-Ethernet0/0/1]port default vlan 10
```

（5）华为交换机可以通过接口组的功能，把一些接口添加到一个组中，然后可以对这个组进行配置，这样就能很方便地批量配置接口信息，具体的实施过程如下。

```
[Huawei]port-group 1
[Huawei-port-group-1]group-member e0/0/1 to e0/0/4
[Huawei-port-group-1]port link-type access
[Huawei-Ethernet0/0/1]port link-type access
[Huawei-Ethernet0/0/2]port link-type access
[Huawei-Ethernet0/0/3]port link-type access
[Huawei-Ethernet0/0/4]port link-type access
[Huawei-port-group-1]port default vlan 10
[Huawei-Ethernet0/0/1]port default vlan 10
[Huawei-Ethernet0/0/2]port default vlan 10
[Huawei-Ethernet0/0/3]port default vlan 10
[Huawei-Ethernet0/0/4]port default vlan 10
```

任务小结

在一台交换机中划分 VLAN 之后，所有计算机设置了同一个网段的 IP 地址，只有相同 VLAN 的计算机之间可以相互通信，不同 VLAN 的计算机之间不能通信。通过对 VLAN 进行划分，可以实现广播域的控制。

活动 2　交换机之间相同 VLAN 的通信

同一台交换机上同一 VLAN 内的计算机可以通信，不同 VLAN 的计算机会被隔离。但是由于网络规模的增大或地域范围的限制，同一 VLAN 的用户可能跨接在不同的交换机上，因此需要配置跨交换机链路以实现交换机之间相同 VLAN 的通信。

任务描述

艺腾公司有财务部、市场部等多个部门，其中不同楼层可能都有财务部和市场部员工的计算机，为了使公司的管理更加安全与便捷，公司的领导想让网络管理员组建公司局域网，使各个部门内部的计算机之间可以通信，但基于安全性的考虑，禁止不同部门的计算机之间互相访问。

任务分析

通过划分 VLAN，财务部和市场部的计算机之间不可以互相访问，但部门内的计算机分布在不同楼层的交换机上，又要求可以互相访问，这就需要使用 802.1Q 进行跨交换机的相同部门的访问，也就是在两台交换机之间开启 Trunk 进行通信。

下面通过实验来验证和实现交换机之间相同 VLAN 的计算机的相互通信，其网络拓扑结构如图 2.2.3 所示。

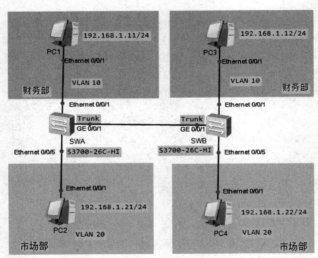

图 2.2.3　交换机之间相同 VLAN 的计算机的网络拓扑结构

具体要求如下。

（1）添加 4 台计算机，将标签名分别更改为 PC1、PC2、PC3 和 PC4。

（2）添加两台型号为 S3700-26C-HI 的交换机，标签名为 SWA 和 SWB，将交换机的名称分别设置为 SWA 和 SWB。

（3）PC1 连接 SWA 的 Ethernet 0/0/1 接口，PC2 连接 SWA 的 Ethernet 0/0/5 接口，PC3 连接 SWB 的 Ethernet 0/0/1 接口，PC4 连接 SWB 的 Ethernet 0/0/5 接口，两台交换机通过各自的 GE 0/0/1 接口互连。

（4）开启所有的交换机和计算机。

（5）根据图 2.2.3 所示的网络拓扑结构，使用直通线连接好所有计算机，并设置每台计算机的 IP 地址和子网掩码。

（6）在 SWA 和 SWB 上分别划分两个 VLAN（VLAN 10 和 VLAN 20），接口的分配如表 2.2.2 所示。

表 2.2.2　两台交换机的 VLAN 划分情况

VLAN 编号	接口范围
10	Ethernet 0/0/1～0/0/4
20	Ethernet 0/0/5～0/0/8
Trunk 接口	GE 0/0/1

（7）实现 PC1 与 PC3 相互通信，PC2 与 PC4 相互通信，其他组合不能通信。

任务实施

❶ 设置交换机的名称，创建 VLAN，配置 Access 并分配接口。

对两台交换机进行相同的 VLAN 划分，下面是 SWA 配置过程，同理可实现 SWB 的配置。

```
<Huawei>system-view
[Huawei]sysname SWA
[SWA]vlan 10
[SWA-vlan10]description Caiwubu
[SWA-vlan10]vlan 20
[SWA-vlan20]description Shichangbu
[SWA-vlan20]quit
[SWA]port-group 1
[SWA-port-group-1]group-member e0/0/1 to e0/0/4
[SWA-port-group-1]port link-type access
[SWA-Ethernet0/0/1]port link-type access
[SWA-Ethernet0/0/2]port link-type access
[SWA-Ethernet0/0/3]port link-type access
[SWA-Ethernet0/0/4]port link-type access
[SWA-port-group-1]port default vlan 10
[SWA-Ethernet0/0/1]port default vlan 10
[SWA-Ethernet0/0/2]port default vlan 10
[SWA-Ethernet0/0/3]port default vlan 10
[SWA-Ethernet0/0/4]port default vlan 10
[SWA-port-group-1]quit
[SWA]port-group 2
[SWA-port-group-2]group-member e0/0/5 to e0/0/8
[SWA-port-group-2]port link-type access
[SWA-Ethernet0/0/5]port link-type access
[SWA-Ethernet0/0/6]port link-type access
[SWA-Ethernet0/0/7]port link-type access
```

```
[SWA-Ethernet0/0/8]port link-type access
[SWA-port-group-2]port default vlan 20
[SWA-Ethernet0/0/5]port default vlan 20
[SWA-Ethernet0/0/6]port default vlan 20
[SWA-Ethernet0/0/7]port default vlan 20
[SWA-Ethernet0/0/8]port default vlan 20
```

❷ 查看 SWA 的 VLAN 配置。

```
[SWA]display vlan
The total number of vlans is : 3
--------------------------------------------------------------------------------
VID  Type    Ports
--------------------------------------------------------------------------------
1    common  UT:Eth0/0/9(D)    Eth0/0/10(D)   Eth0/0/11(D)   Eth0/0/12(D)
             Eth0/0/13(D)      Eth0/0/14(D)   Eth0/0/15(D)   Eth0/0/16(D)
             Eth0/0/17(D)      Eth0/0/18(D)   Eth0/0/19(D)   Eth0/0/20(D)
             Eth0/0/21(D)      Eth0/0/22(D)   GE0/0/1(U)     GE0/0/2(D)
10   common  UT:Eth0/0/1(U)    Eth0/0/2(D)    Eth0/0/3(D)    Eth0/0/4(D)
20   common  UT:Eth0/0/5(U)    Eth0/0/6(D)    Eth0/0/7(D)    Eth0/0/8(D)
VID  Status  Property       MAC-LRN Statistics Description
--------------------------------------------------------------------------------
1    enable  default        enable  disable    VLAN 0001
10   enable  default        enable  disable    CAIWUBU
20   enable  default        enable  disable    SHICHANGBU
```

❸ 查看 SWB 的 VLAN 配置。

```
[SWB]display vlan
The total number of vlans is : 3
--------------------------------------------------------------------------------
VID  Type    Ports
--------------------------------------------------------------------------------
1    common  UT:Eth0/0/9(D)    Eth0/0/10(D)   Eth0/0/11(D)   Eth0/0/12(D)
             Eth0/0/13(D)      Eth0/0/14(D)   Eth0/0/15(D)   Eth0/0/16(D)
             Eth0/0/17(D)      Eth0/0/18(D)   Eth0/0/19(D)   Eth0/0/20(D)
             Eth0/0/21(D)      Eth0/0/22(D)   GE0/0/1(U)     GE0/0/2(D)
10   common  UT:Eth0/0/1(U)    Eth0/0/2(D)    Eth0/0/3(D)    Eth0/0/4(D)
20   common  UT:Eth0/0/5(U)    Eth0/0/6(D)    Eth0/0/7(D)    Eth0/0/8(D)
VID  Status  Property       MAC-LRN Statistics Description
--------------------------------------------------------------------------------
1    enable  default        enable  disable    VLAN 0001
10   enable  default        enable  disable    CAIWUBU
20   enable  default        enable  disable    SHICHANGBU
```

当两台交换机都按照上面的命令配置完成后，在进行测试时可以发现，现在 4 台计算机都不能相互通信。经过分析可知，交换机通过 GE 0/0/1 接口相连，而 GE 0/0/1 接口并不在 VLAN 10 和 VLAN 20 中。可以尝试把与交换机互连的接口改为 Ethernet 0/0/2（VLAN 10 的接口），再次测试时发现 PC1 和 PC2 可以相互通信，而 PC3 和 PC4 仍然不能相互通信。

❹ 将 GE 0/0/1 接口设置为 Trunk 模式。

要解决上述难题，仍然采用与 GE 0/0/1 接口相连的两台交换机，可以将 GE 0/0/1 接口设置为 Trunk 模式,然后在 Trunk 链路上配置允许单个、多个或交换机上划分的所有 VLAN 通过它进行通信。

```
[SWA]interface GigabitEthernet 0/0/1
[SWA-GigabitEthernet0/0/1]port link-type trunk    //将接口设置成 Trunk 模式
[SWA-GigabitEthernet0/0/1]port trunk allow-pass vlan ?
  INTEGER<1-4094>  VLAN ID                //允许通过的 VLAN 的 ID
  all              All                    //允许所有 VLAN 通过
[SWA-GigabitEthernet0/0/1]port trunk allow-pass vlan 10 20
                                          //允许 VLAN 10 和 VLAN 20 通过
```

小贴士:

配置华为交换机时要明确被允许通过的 VLAN,从而实现对 VLAN 流量转发的控制。

这时可使用 display vlan 命令查看接口模式,GE 0/0/1 接口的链路类型为 TG,说明已经是 Trunk 链路状态。

```
[SWA]display vlan
The total number of vlans is : 3
--------------------------------------------------------------------------------
U: Up;         D: Down;         TG: Tagged;         UT: Untagged;
MP: Vlan-mapping;               ST: Vlan-stacking;
#: ProtocolTransparent-vlan;    *: Management-vlan;
--------------------------------------------------------------------------------
VID  Type    Ports
--------------------------------------------------------------------------------
10   common  UT:Eth0/0/1(U)    Eth0/0/2(D)    Eth0/0/3(D)    Eth0/0/4(D)
             TG:GE0/0/1(U)
20   common  UT:Eth0/0/5(U)    Eth0/0/6(D)    Eth0/0/7(D)    Eth0/0/8(D)
             TG:GE0/0/1(U)
```

同理,可以将 SWB 的 GE 0/0/1 接口设置为 Trunk 模式,并设置允许所有 VLAN 10 和 VLAN 20 通过。至此,本实验配置完成。这时两台交换机的相同 VLAN 中的计算机已经可以通信。

❺ 检查 GE 0/0/1 接口上 Trunk 的配置情况。

使用 display port vlan GigabitEthernet 0/0/1 命令查看接口模式,GE 0/0/1 接口的链路类型为 Trunk,允许 VLAN 10 和 VLAN 20 通过。

```
在交换机 A 上:
[SWA]display port vlan GigabitEthernet 0/0/1
Port                    Link Type    PVID   Trunk VLAN List
--------------------------------------------------------------------------------
GigabitEthernet0/0/1    trunk        1      1 10 20
在交换机 B 上:
[SWB]display port vlan GigabitEthernet 0/0/1
Port                    Link Type    PVID   Trunk VLAN List
--------------------------------------------------------------------------------
GigabitEthernet0/0/1    trunk        1      1 10 20
```

任务验收

在 PC1 上 ping PC3 的 IP 地址 192.168.1.12，网络是连通的，表明交换机之前的 Trunk 链路已经成功建立；在 PC1 上 ping PC4 的 IP 地址 192.168.1.22，网络不通，表明不同 VLAN 之间无法通信。连通性测试结果如图 2.2.4 所示。

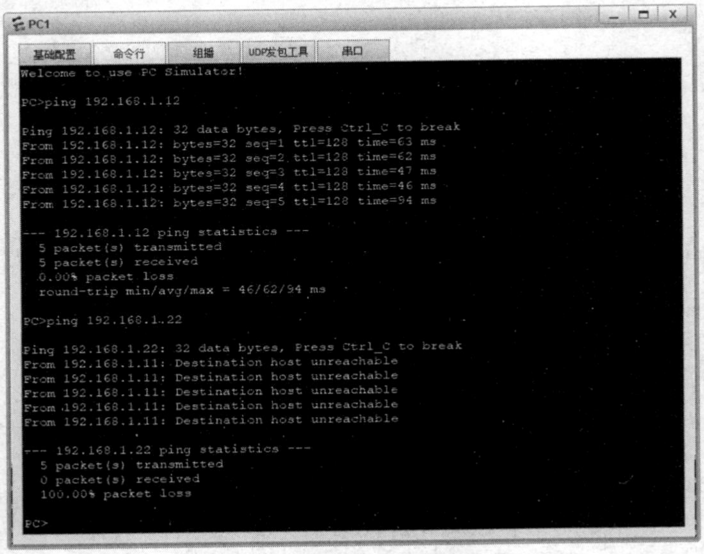

图 2.2.4　连通性测试结果

知识链接

在以太网中，通过划分 VLAN 来隔离广播域和增强网络通信的安全性。以太网通常由多台交换机组成，为了使 VLAN 的数据帧可以跨越多台交换机进行传递，交换机之间互连的链路需要被配置为干道链路（Trunk Link）。和接入链路不同，干道链路是用来在不同的设备之间（如交换机和路由器之间、交换机和交换机之间）承载多个不同 VLAN 数据的，它不属于任何一个具体的 VLAN，既可以承载所有的 VLAN 数据，也可以配置为只能传输指定的 VLAN 数据。

Trunk 接口一般用于交换机之间的连接，可以属于多个 VLAN，可以接收和发送多个 VLAN 的报文。

当 Trunk 接口接收数据帧时，如果该数据帧不包含 802.1Q 的 VLAN 标签，则将打上该 Trunk 接口的 PVID；如果该数据帧包含 802.1Q 的 VLAN 标签，则该数据帧不改变。

当 Trunk 接口发送数据帧时，在所发送数据帧的 VLAN ID 与接口的 PVID 不同时，检查是否允许该 VLAN 通过，若允许则直接透明传输，否则直接丢弃；在所发送数据帧的 VLAN ID 与接口的 PVID 相同时，剥离 VLAN 标签后转发。

任务小结

在一个网络中存在两台或两台以上的交换机，并且交换机都进行了相同的 VLAN 配置时，设置交换机相互连接的接口为 Trunk 模式，并允许相应的 VLAN 通过，可以实现交换机之间相同 VLAN 的计算机的相互通信。

活动 3 三层交换机实现 VLAN 之间的通信

三层交换机是内置了路由功能的交换机，在转发数据帧时，还可以在不同网段之间路由数据包。在交换式局域网中，三层交换机可以配置多个虚拟 VLAN 接口（VLANIF）作为 VLAN 内计算机的网关，同时转发数据包，以实现 VLAN 之间的通信。

任务描述

艺腾公司由于业务的需要，内部办公系统需要控制不同业务部门之间的访问。该公司准备用一台华为 S5700-28C-HI 交换机作为路由设备来实现不同部门之间的互访需求。

任务分析

通过划分 VLAN，财务部和市场部的计算机之间不可以互相访问，但部门内的计算机分布在不同楼层的交换机上，又要求可以互相访问，这就需要使用 802.1Q 进行跨交换机的相同部门的访问，也就是在两台交换机之间开启 Trunk 进行通信。

下面使用三层交换机搭建网络实训环境，验证三层交换机的路由功能，其网络拓扑结构如图 2.2.5 所示。

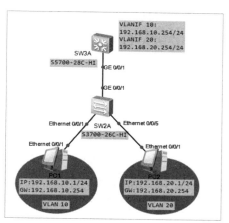

图 2.2.5 三层交换机实现 VLAN 之间的通信的网络拓扑结构

具体要求如下。

（1）添加两台计算机，将标签名分别更改为 PC1、PC2。

（2）添加一台型号为 S3700-26C-HI 的交换机，标签名为 SW2A，将交换机的名称设置为 SW2A。

（3）添加一台型号为 S5700-28C-HI 的交换机，标签名为 SW3A，将交换机的名称设置为 SW3A。

（4）开启所有交换机和计算机。

（5）PC1 连接 SW2A 的 Ethernet 0/0/1 接口，PC2 连接 SW2A 的 Ethernet 0/0/5 接口。

（6）在 SW2A 上划分两个 VLAN（VLAN 10、VLAN 20），并将 GE 0/0/1 接口设置为 Trunk 模式，其 VLAN 参数如表 2.2.3 所示。

表 2.2.3　SW2A 的 VLAN 参数

VLAN 编号	接口范围	接口模式
10	Ethernet 0/0/1～0/0/4	Access
20	Ethernet 0/0/5～0/0/8	Access
	GE 0/0/1	Trunk

（7）在 SW3A 上划分两个 VLAN（VLAN 10、VLAN 20），并将 GE 0/0/1 接口设置为 Trunk 模式，其 VLAN 参数如表 2.2.4 所示。

表 2.2.4　SW3A 的 VLAN 参数

VLANIF 编号	接口范围	IP 地址/子网掩码
10		192.168.10.254/24
20		192.168.20.254/24
	GE 0/0/1	Trunk

（8）根据图 2.2.5 所示的网络拓扑结构，使用直通线连接好所有的计算机，并设置每台计算机的 IP 地址、子网掩码和网关（GW）。

（9）实现不同 VLAN 的两台计算机可以相互通信。

任务实施

❶ 划分 SW2A 的 VLAN，并分配接口，配置命令如下。

```
<Huawei>system-view
[Huawei]sysname SW2A
[SW2A]vlan batch 10 20                                        //创建VLAN 10 和VLAN 20
[SW2A]port-group 1
[SW2A-port-group-1]group-member Ethernet 0/0/1 to Ethernet 0/0/4
[SW2A-port-group-1]port link-type access
[SW2A-Ethernet0/0/1]port link-type access
[SW2A-Ethernet0/0/2]port link-type access
[SW2A-Ethernet0/0/3]port link-type access
[SW2A-Ethernet0/0/4]port link-type access
```

```
[SW2A-port-group-1]port default vlan 10
[SW2A-Ethernet0/0/1]port default vlan 10
[SW2A-Ethernet0/0/2]port default vlan 10
[SW2A-Ethernet0/0/3]port default vlan 10
[SW2A-Ethernet0/0/4]port default vlan 10
[SW2A-port-group-1]quit
[SW2A]port-group 2
[SW2A-port-group-2]group-member Ethernet 0/0/5 to Ethernet 0/0/8
[SW2A-port-group-2]port link-type access
[SW2A-Ethernet0/0/5]port link-type access
[SW2A-Ethernet0/0/6]port link-type access
[SW2A-Ethernet0/0/7]port link-type access
[SW2A-Ethernet0/0/8]port link-type access
[SW2A-port-group-2]port default vlan 20
[SW2A-Ethernet0/0/5]port default vlan 20
[SW2A-Ethernet0/0/6]port default vlan 20
[SW2A-Ethernet0/0/7]port default vlan 20
[SW2A-Ethernet0/0/8]port default vlan 20
[SW2A-port-group-2]quit
[SW2A]interface GigabitEthernet 0/0/1
[SW2A-GigabitEthernet0/0/1]port link-type trunk
[SW2A-GigabitEthernet0/0/1]port trunk allow-pass vlan 10 20
```

❷ 划分 SW3A 的 VLAN，设置每个 VLAN 接口的 IP 地址，配置命令如下。

```
<Huawei>system-view
[Huawei]sysname SW3A
[SW3A]vlan batch 10 20
[SW3A]interface Vlanif 10                    //进入 VLAN 10
[SW3A-Vlanif10]ip add 192.168.10.254 24      //设置 IP 地址
[SW3A-Vlanif10]quit
[SW3A]interface Vlanif 20
[SW3A-Vlanif20]ip add 192.168.20.254 24
[SW3A-Vlanif20]
[SW3A-Vlanif20]quit
[SW3A]interface GigabitEthernet 0/0/1
[SW3A-GigabitEthernet0/0/1]port link-type trunk
[SW3A-GigabitEthernet0/0/1]port trunk allow-pass vlan 10 20
```

❸ 配置交换机的 Trunk 链路。

```
在 SW2A 上：
[SW2A]interface GigabitEthernet 0/0/1
[SW2A-GigabitEthernet0/0/1]port link-type trunk
[SW2A-GigabitEthernet0/0/1]port trunk allow-pass vlan 10 20
在 SW3A 上：
[SW3A]interface GigabitEthernet 0/0/1
[SW3A-GigabitEthernet0/0/1]port link-type trunk
[SW3A-GigabitEthernet0/0/1]port trunk allow-pass vlan 10 20
```

❹ 设置计算机的网关，实现不同 VLAN 之间和不同网络之间的通信。

计算机之间在实现跨网络连接时，必须通过网关进行路由转发，所以要想实现交换机

VLAN 之间的路由，还要为每台计算机设置网关。

设置计算机的网关时应该选择该计算机的上连设备的 IP 地址，也可以称为下一跳 IP 地址。对于本活动的网络拓扑结构，PC1 的上连设备为 SA 的 VLAN 10，而 VLAN 10 接口的 IP 地址为 192.168.10.254，那么 VLAN 10 接口的 IP 地址为 PC1 的下一跳地址。因此，PC1 的网关应该被设置为 192.168.10.254。同理，PC2 的网关为 VLAN 20 的接口的 IP 地址，即 192.168.20.254。

设置网关在计算机桌面的 IP 地址设置中完成。设置 PC1 的网关如图 2.2.6 所示。

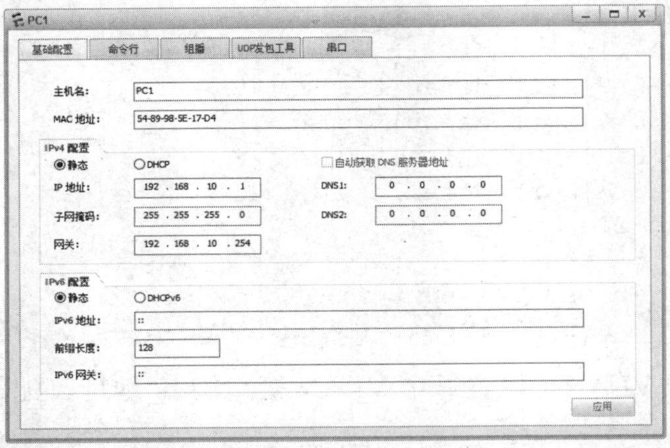

图 2.2.6　设置 PC1 的网关

小贴士：

在计算机中设置完 IP 地址等信息后，一定要单击"应用"按钮，否则不会生效。

使用同样的方法为 PC2 的网关进行相应的设置。至此，本活动的所有设置均已完成。下面进行验证及测试。

任务验收

下面测试网络的连通性。

在 PC1 上 ping PC2 的 IP 地址 192.168.20.1，发现网络是连通的，如图 2.2.7 所示。

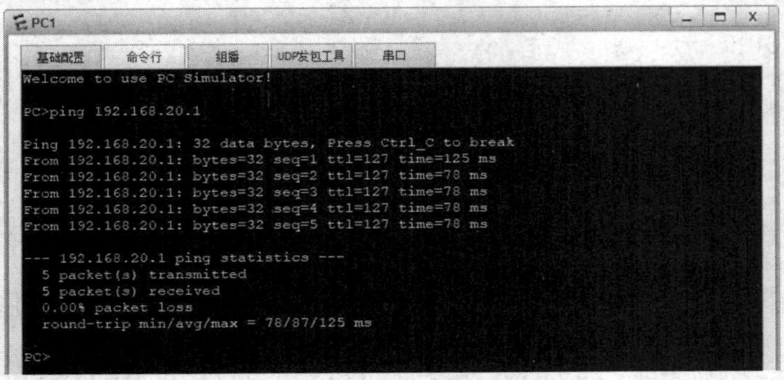

图 2.2.7　连通性测试结果

知识链接

三层交换技术就是"二层交换技术+三层转发技术"。传统的交换技术是在 OSI 网络标准模型中的第二层（数据链路层）进行操作的，而三层交换技术是在网络模型中的第三层实现数据包的高速转发的。应用三层交换技术既可以实现网络路由功能，又可以根据不同的网络状况实现最优的网络性能。

三层交换机也具有路由功能，并且与传统路由器的路由功能从总体上来说是一致的。虽然如此，三层交换机与路由器还是存在相当大的本质区别的。

VLAN 将一个物理的 LAN 在逻辑上划分成多个广播域。相同 VLAN 的计算机之间可以直接通信，而不同 VLAN 的计算机之间不能直接通信。

在现实网络中，经常会遇到需要跨 VLAN 相互访问的情况，工程师通常会选择一些方法来实现不同 VLAN 的计算机的相互访问，如单臂路由。但是单臂路由技术在带宽、转发效率等方面存在一些局限性，因此这项技术应用较少。

三层交换机在原有二层交换机的基础之上增加了路由功能，同时由于数据没有像单臂路由那样经过物理线路进行路由，因此很好地解决了带宽瓶颈的问题，为网络设计提供了一个灵活的解决方案。

VLANIF 接口是基于网络层的，可以配置 IP 地址。借助 VLANIF 接口，三层交换机能实现路由转发功能。

任务小结

如果在三层交换机上划分了多个 VLAN，并且每个 VLAN 使用不同网段的 IP 地址，那么要实现交换机下连的所有计算机可以相互通信，必须设置每个 VLAN 接口的 IP 地址，并且所有计算机都要设置网关，网关为上连的 VLAN 接口的 IP 地址。

任务3　交换机的常用技术

交换机是一种功能非常强大、应用非常广泛的网络设备。其中，VLAN 技术是交换机最典型的应用。另外，还有链路聚合技术、STP 技术、RSTP 技术、DHCP 技术和 VRRP 技术等应用。本任务重点介绍交换机的 5 个常用技术。

活动 1　交换机的链路聚合技术

活动 2　交换机的 STP 技术

活动3　交换机的RSTP技术

活动4　交换机的DHCP技术

活动5　交换机的VRRP技术

活动1　交换机的链路聚合技术

链路聚合又称接口汇聚，是指两台交换机之间在物理上将两个或多个接口连接起来，将多条链路聚合成一条逻辑链路，从而增加链路带宽，使多条物理链路之间能够相互冗余备份。

任务描述

艺腾公司的局域网已经被投入使用，在功能上完全可以满足公司的办公需求和业务需求，但有时会出现上网高峰期访问服务器或外网时速度降低，影响办公效率的情况。网络管理员需要想办法增加骨干交换机之间的带宽。

任务分析

链路聚合技术可以将交换机与核心交换机之间的多个接口并行连接，将多条链路聚合成一条链路，从而增加链路带宽，解决交换网络中因带宽引起的网络瓶颈问题，其中任意一条链路断开都不会影响其他链路正常转发数据。

下面利用两台交换机搭建网络实训环境，以验证交换机的链路聚合功能，其网络拓扑结构如图2.3.1所示。

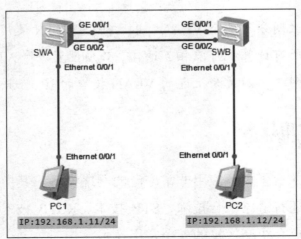

图2.3.1　交换机的链路聚合网络拓扑结构

具体要求如下。

（1）添加两台计算机，将标签名分别更改为PC1、PC2。

（2）添加两台型号为 S3700-26C-HI 的交换机，标签名分别为 SWA 和 SWB，将交换机的名称分别设置为 SWA 和 SWB。

（3）PC1 连接 SWA 的 Ethernet 0/0/1 接口，PC2 连接 SWB 的 Ethernet 0/0/1 接口，SWA 的 GE 0/0/1 接口和 GE 0/0/2 接口分别与 SWB 的 GE 0/0/1 接口和 GE 0/0/2 接口相连。

（4）开启所有的交换机和计算机。

（5）根据图 2.3.1 所示的网络拓扑结构，使用直通线连接好所有计算机。设置每台计算机的 IP 地址和子网掩码，如表 2.3.1 所示。

表 2.3.1　计算机的 IP 地址和子网掩码

计算机	IP 地址	子网掩码
PC1	192.168.1.11	255.255.255.0
PC2	192.168.1.12	255.255.255.0

（6）将两台交换机的 GE 0/0/1 接口和 GE 0/0/2 接口设置为接口汇聚，从而实现链路聚合功能。

任务实施

❶ 完成 SWA 的配置。

```
<Huawei>system-view
Enter system view, return user view with Ctrl+Z.
[Huawei]sysname SWA
[SWA]interface eth-trunk 1                  //创建 ID 为 1 的 Eth-Trunk 接口
[SWA-Eth-Trunk1] quit                       //退出 Eth-Trunk 1 接口视图
[SWA]interface GigabitEthernet 0/0/1        //进入 GE 0/0/1 接口视图
[SWA-GigabitEthernet0/0/1]eth-trunk 1       //加入 Eth-Trunk 1 聚合接口
[SWA-GigabitEthernet0/0/1]quit              //退出 GE 0/0/1 接口视图
[SWA]interface GigabitEthernet 0/0/2
[SWA-GigabitEthernet0/0/2]eth-trunk 1       //加入 Eth-Trunk 1 聚合接口
[SWA-GigabitEthernet0/0/2]quit
[SWA]interface Eth-Trunk 1                  //进入 Eth-Trunk 1 聚合接口
[SWA-Eth-Trunk1]port link-type trunk        //设置接口链路类型为 Trunk
[SWA-Eth-Trunk1]quit                        //退出 Eth-Trunk1 接口视图
```

❷ 完成 SWB 的配置。

```
[SWB]interface Eth-Trunk 1                  //创建 ID 为 1 的 Eth-Trunk 接口
[SWB-Eth-Trunk1]trunkport GigabitEthernet 0/0/1 to 0/0/2
//将 GE 0/0/1 接口和 GE 0/0/2 接口加入 Eth-Trunk1
[SWB-Eth-Trunk1]port link-type trunk        //设置聚合接口链路类型为 Trunk
[SWB-Eth-Trunk1]quit                        //退出 Eth-Trunk1 接口视图
```

这里 SWB 使用的是将成员接口批量加入聚合组的方法。

❸ 在 SWA 上查看链路聚合组 1 的信息。

```
[SWA]display eth-trunk 1
Eth-Trunk1's state information is:
WorkingMode: NORMAL          Hash arithmetic: According to SIP-XOR-DIP
Least Active-linknumber: 1   Max Bandwidth-affected-linknumber: 8
Operate status: up           Number Of Up Port In Trunk: 2
--------------------------------------------------------------------
--
PortName                     Status        Weight
GigabitEthernet0/0/1         Up            1
GigabitEthernet0/0/2         Up            1
```

❹ 在 SWB 上查看链路聚合组 1 的信息。

```
[SWB]dis eth-trunk 1
Eth-Trunk1's state information is:
WorkingMode: NORMAL          Hash arithmetic: According to SIP-XOR-DIP
Least Active-linknumber: 1   Max Bandwidth-affected-linknumber: 8
Operate status: up           Number Of Up Port In Trunk: 2
--------------------------------------------------------------------
---------
PortName                     Status        Weight
GigabitEthernet0/0/1         Up            1
GigabitEthernet0/0/2         Up            1
```

由此可知，Eth-Trunk 工作状态正常，成员接口均已被正确加入。

任务验收

（1）测试计算机的连通性。在 PC1 上测试 PC1 与 PC2 的连通性，如图 2.3.2 所示。

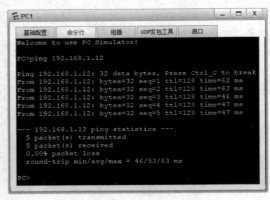

图 2.3.2　测试 PC1 与 PC2 的连通性

（2）改变拓扑，重新测试。把聚合接口的连线去掉一根（将其所在接口关闭即可），重新测试连通性。可以发现，去掉一根连线，计算机的连通性没有受到影响（会有短暂的丢包），如图 2.3.3 所示。

图 2.3.3　连通性测试结果

以太网链路聚合（Eth-Trunk）简称链路聚合，它通过将多条以太网物理链路捆绑在一起成为一条逻辑链路，从而实现增加链路带宽的目的。同时，这些捆绑在一起的链路通过相互之间的动态备份，可以有效地提高链路的可靠性。

随着网络规模的不断扩大，用户对骨干链路的带宽和可靠性提出了越来越高的要求。在传统技术中，常常使用更换高速率的接口板或更换支持高速率接口板的设备的方式来增加带宽，但这种方式需要付出高额的费用，而且不够灵活。

采用链路聚合技术可以在不进行硬件升级的条件下，将多个物理接口捆绑为一个逻辑接口，达到增加链路带宽的目的。在实现增加带宽目的的同时，链路聚合采用备份链路的机制，可以有效地提高设备之间链路的可靠性。

链路聚合技术主要有以下几方面优势。

（1）增加带宽：链路聚合接口的最大带宽可以达到各成员接口的带宽之和。

（2）提高可靠性：当某条活动链路出现故障时，流量可以切换到其他可用的成员链路上，从而提高链路聚合接口的可靠性。

（3）负载分担：在一个链路聚合组内，可以实现在各成员活动链路上的负载分担。

常见的链路聚合操作命令详解如下所示。

（1）将成员接口批量加入聚合组。

在 Eth-Trunk1 中批量加入 5 个成员接口，即 Ethernet 0/0/1～Ethernet 0/0/5。

```
<Huawei>system-view
[Huawei]interface eth-trunk 1
[Huawei-Eth-Trunk1]trunkport Ethernet 0/0/1 to 0/0/5
```

（2）将指定成员接口从聚合组中删除。

删除成员接口有如下两种方式，请根据需要选择其一即可。一种是在 Eth-Trunk 接口视图下使用 undo trunkport 命令。

```
<Huawei>system-view
[Huawei]interface eth-trunk 1
[Huawei-Eth-Trunk1]undo trunkport Ethernet 0/0/1
```

另一种是在成员接口视图下使用 undo eth-trunk 命令。

```
<Huawei>system-view
[Huawei]interface Ethernet 0/0/1
[Huawei-Ethernet0/0/1]undo eth-trunk
```

（3）删除聚合组。

在系统视图下使用 undo interface eth-trunk trunk-id 命令。

```
<Huawei>system-view
[Huawei]undo interface eth-trunk 10
```

小贴士：

删除聚合组的前提条件是已将所有成员接口从聚合组中删除。

任务小结

（1）在设置交换机的接口聚合时，既可以将每个接口依次加入聚合组，也可以将成员接口批量加入聚合组。

（2）选择的接口必须是连续的。

（3）因为接口聚合组一般和 VLAN 联合使用，所以应将其设置为 Trunk 模式。

活动 2　交换机的 STP 技术

在交换式网络中使用生成树协议（Spanning Tree Protocol，STP）可以将有环路的物理拓扑变成无环路的逻辑拓扑，从而为网络提供安全机制，使冗余拓扑中不会产生交换环路问题。

任务描述

由于最近业务的迅速发展和对网络可靠性的要求，艺腾公司使用两台高性能交换机作为核心交换机，并将接入层交换机与核心层交换机互连，形成冗余结构，从而满足网络的可靠性要求，达到最佳的工作效率。

任务分析

STP 既可以在交换机网络中消除第二层环路，也可以在提供冗余链路的同时防止网络产生环路，在网络出现故障时还可以及时补充有效链路以保障网络的可用性。

下面利用实验来介绍交换机的 STP 技术的应用及配置方法，其网络拓扑结构如图 2.3.4 所示。

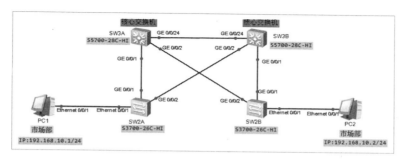

图 2.3.4　交换机的 STP 网络拓扑结构

具体要求如下。

（1）添加两台计算机，将标签名分别更改为 PC1 和 PC2。

（2）添加两台型号为 S3700-26C-HI 的交换机，将标签名分别更改为 SW2A 和 SW2B，将交换机的名称分别设置为 SW2A 和 SW2B。

（3）添加两台型号为 S5700-28C-HI 的交换机，将标签名分别更改为 SW3A 和 SW3B，将交换机的名称分别设置为 SW3A 和 SW3B。

（4）开启所有的交换机和计算机。

（5）PC1 连接 SW2A 的 Ethernet 0/0/1 接口，PC2 连接 SW2B 的 Ethernet 0/0/1 接口。

（6）SW2A 的 GE 0/0/1 接口连接 SW3A 的 GE 0/0/1 接口，SW2A 的 GE 0/0/2 接口连接 SW3B 的 GE 0/0/2 接口，SW2B 的 GE 0/0/1 接口连接 SW3B 的 GE 0/0/1 接口，SW2B 的 GE 0/0/2 接口连接 SW3A 的 GE 0/0/2 接口，SW3A 的 GE 0/0/24 接口连接 SW3B 的 GE 0/0/24 接口。

（7）在 SW3A、SW3B、SW2A 和 SW2B 上划分 VLAN 10，并对接口进行分配，如表 2.3.2 所示。

表 2.3.2　交换机的 VLAN 划分情况和接口的分配

设备名称	VLAN 编号	接口范围
SW3A	10	
	Trunk	GE 0/0/1
		GE 0/0/2
		GE 0/0/24
SW3B	10	
	Trunk	GE 0/0/1
		GE 0/0/2
		GE 0/0/24

续表

设备名称	VLAN 编号	接口范围
SW2A	10	Ethernet 0/0/1
	Trunk	GE 0/0/1
		GE 0/0/2
SW2B	10	Ethernet 0/0/1
	Trunk	GE 0/0/1
		GE 0/0/2

（8）根据图 2.3.4 所示的网络拓扑结构，使用直通线连接好所有计算机。设置每台计算机的 IP 地址和子网掩码，如表 2.3.3 所示。

表 2.3.3　计算机的 IP 地址和子网掩码

计算机	IP 地址	子网掩码
PC1	192.168.10.1	255.255.255.0
PC2	192.168.10.2	255.255.255.0

（9）为了避免产生交换环路问题，需要配置交换机的 STP 功能，加快网络收敛。要求核心交换机有较高优先级，SW3A 为根交换机，SW3B 为备用根交换机，从 SW3A 到 SW2A 的链路和从 SW3A 到 SW2B 的链路为主链路。

任务实施

❶ 交换机的基本配置。

（1）SW3A 的配置如下。

```
<Huawei>system-view
[Huawei]sysname SW3A
[SW3A]vlan 10
[SW3A-vlan10]description Market
[SW3A-vlan10]quit
[SW3A]port-group group-member G0/0/1 to G0/0/2 G0/0/24
[SW3A-port-group]port link-type trunk
[SW3A-GigabitEthernet0/0/1]port link-type trunk
[SW3A-GigabitEthernet0/0/2]port link-type trunk
[SW3A-GigabitEthernet0/0/24]port link-type trunk
[SW3A-port-group]port trunk allow-pass vlan 10
[SW3A-GigabitEthernet0/0/1]port trunk allow-pass vlan 10
[SW3A-GigabitEthernet0/0/2]port trunk allow-pass vlan 10
[SW3A-GigabitEthernet0/0/24]port trunk allow-pass vlan 10
[SW3A-port-group]quit
```

（2）SW3B 的配置如下。

```
[Huawei]system-view
[Huawei]sysname SW3B
[SW3B]vlan 10
```

```
[SW3B-vlan10]description Market
[SW3B-vlan10]quit
[SW3B]port-group group-member G0/0/1 to G0/0/2 G0/0/24
[SW3B-port-group]port link-type trunk
[SW3B-GigabitEthernet0/0/1]port link-type trunk
[SW3B-GigabitEthernet0/0/2]port link-type trunk
[SW3B-GigabitEthernet0/0/24]port link-type trunk
[SW3B-port-group]port trunk allow-pass vlan 10
[SW3B-GigabitEthernet0/0/1]port trunk allow-pass vlan 10
[SW3B-GigabitEthernet0/0/2]port trunk allow-pass vlan 10
[SW3B-GigabitEthernet0/0/24]port trunk allow-pass vlan 10
[SW3B-port-group]quit
```

（3）SW2A 的配置如下。

```
<Huawei>system-view
[Huawei]sysname SW2A
[SW2A]vlan 10
[SW2A-vlan10]description Market
[SW2A-vlan10]quit
[SW2A]interface Ethernet 0/0/1
[SW2A-Ethernet0/0/1]port link-type access
[SW2A-Ethernet0/0/1]port default vlan 10
[SW2A-Ethernet0/0/1]quit
[SW2A]interface GigabitEthernet 0/0/1
[SW2A-GigabitEthernet0/0/1]port link-type trunk
[SW2A-GigabitEthernet0/0/1]port trunk allow-pass vlan 10
[SW2A-GigabitEthernet0/0/1]quit
[SW2A]interface GigabitEthernet 0/0/2
[SW2A-GigabitEthernet0/0/2]port link-type trunk
[SW2A-GigabitEthernet0/0/2]port trunk allow-pass vlan 10
[SW2A-GigabitEthernet0/0/2]quit
```

（4）SW2B 的配置如下。

```
[Huawei]system-view
[Huawei]sysname SW2B
[SW2B]vlan 10
[SW2B-vlan10]description Market
[SW2B-vlan10]quit
[SW2B]interface Ethernet 0/0/1
[SW2B-Ethernet0/0/1]port link-type access
[SW2B-Ethernet0/0/1]port default vlan 10
[SW2B-Ethernet0/0/1]quit
[SW2B]interface GigabitEthernet 0/0/1
[SW2B-GigabitEthernet0/0/1]port link-type trunk
[SW2B-GigabitEthernet0/0/1]port trunk allow-pass vlan 10
[SW2B-GigabitEthernet0/0/1]quit
[SW2B]interface GigabitEthernet 0/0/2
[SW2B-GigabitEthernet0/0/2]port link-type trunk
[SW2B-GigabitEthernet0/0/2]port trunk allow-pass vlan 10
[SW2B-GigabitEthernet0/0/2]quit
```

❷ 开启交换机的 STP。

（1）SW3A 的配置如下。

```
[SW3A]stp enable
[SW3A]stp mode stp
```

（2）SW3B 的配置如下。

```
[SW3B]stp enable
[SW3B]stp mode stp
```

（3）SW2A 的配置如下。

```
[SW2A]stp enable
[SW2A]stp mode stp
```

（4）SW2B 的配置如下。

```
[SW2B]stp enable
[SW2B]stp mode stp
```

❸ 配置 SW3A 和 SW3B 上 STP 的优先级。

将 SW3A 配置为根交换机，SW3B 配置为备用根交换机。

方法 1：通过修改交换机的优先级指定根交换机。

（1）在 SW3A 上的配置如下。

将 SW3A 的优先级改为 0。

```
[SW3A]stp priority 0
```

（2）在 SW3B 上的配置如下。

将 SW3B 的优先级改为 4096。

```
[SW3B]stp priority 4096
```

小贴士：

优先级的取值是 0~65 535，默认值是 32 768，要求将该值设置为 4096 的倍数，如 4096、8192 等。

方法 2：通过命令直接指定根交换机。

（1）在 SW3A 上的配置如下。

删除在 SW3A 上所配置的优先级，使用 stp root primary 命令配置根交换机。

```
[SW3A]undo stp priority
[SW3A]stp root primary
```

（2）在 SW3B 上的配置如下。

删除在 SW3B 上所配置的优先级，使用 stp root secondary 命令配置备用根交换机。

```
[SW3B]undo stp priority
[SW3B]stp root secondary
```

小贴士：

在设备上配置了 stp root primary 命令后，设备的桥优先级的值会被自动设为 0，并且不能通过修改优先级的方式来更改该设备的桥优先级的值。

任务验收

❶ 使用 display vlan 命令验证各台交换机上的 VLAN 配置信息。

❷ 使用 display stp 命令查看 SW3A 和 SW3B 上的 STP 模式。

（1）在 SW3A 上查看 STP 模式是否正确。

```
[SW3A]display stp
-------[CIST Global Info][Mode STP]-------
CIST Bridge          :0    .4c1f-cc60-485e
Config Times         :Hello 2s MaxAge 20s FwDly 15s MaxHop 20
Active Times         :Hello 2s MaxAge 20s FwDly 15s MaxHop 20
CIST Root/ERPC       :0    .4c1f-cc60-485e / 0
CIST RegRoot/IRPC    :0    .4c1f-cc60-485e / 0
CIST RootPortId      :0.0
BPDU-Protection      :Disabled
……省略部分内容
这里可以看到 "CIST Bridge" 的值为 0，表示根交换机
```

（2）在 SW3B 上查看 STP 模式是否正确。

```
[SW3B]display stp
-------[CIST Global Info][Mode STP]-------
CIST Bridge          :4096 .4c1f-ccb2-4bba
Config Times         :Hello 2s MaxAge 20s FwDly 15s MaxHop 20
Active Times         :Hello 2s MaxAge 20s FwDly 15s MaxHop 20
CIST Root/ERPC       :0    .4c1f-cc60-485e / 20000
CIST RegRoot/IRPC    :4096 .4c1f-ccb2-4bba / 0
CIST RootPortId      :128.24
BPDU-Protection      :Disabled
……省略部分内容
这里可以看到 "CIST Bridge" 的值为 4096，表示备用根交换机
```

❸ 使用 display stp brief 命令查看 SW2A 和 SW2B 上的 STP 状态。

（1）在 SW2A 上查看备用接口是否处于丢弃状态。

```
[SW2A]display stp brief
MSTID  Port                     Role  STP State    Protection
  0    Ethernet0/0/1            DESI  FORWARDING   NONE
  0    GigabitEthernet0/0/1     ROOT  FORWARDING   NONE
  0    GigabitEthernet0/0/2     ALTE  DISCARDING   NONE
```

（2）在 SW2B 上查看备用接口是否处于丢弃状态。

```
[SW2B]display stp brief
MSTID  Port                     Role  STP State    Protection
```

```
0       Ethernet0/0/1           DESI  FORWARDING    NONE
0       GigabitEthernet0/0/1    ALTE  DISCARDING    NONE
0       GigabitEthernet0/0/2    ROOT  FORWARDING    NONE
```

❹ 使用 ping 命令测试计算机之间的连通情况。

使用 ping 命令测试计算机之间的连通情况,例如,在 PC1 上测试 PC1 和 PC2 之间的连通性,如图 2.3.5 所示。

图 2.3.5　PC1 和 PC2 之间的连通性

知识链接

1. STP 的由来

为了解决冗余链路引起的问题,IEEE 通过了 IEEE 802.1d 协议,即生成树协议(Spanning Tree Protocol,STP)。IEEE 802.1d 协议通过在交换机上运行一套复杂的算法,使冗余端口置于"阻塞"状态,这样网络中的计算机在通信时只有一条链路生效,而当这条链路出现故障时,IEEE 802.1d 协议会重新计算网络的最优链路,将处于"阻塞"状态的端口重新打开,从而确保网络连接稳定、可靠。

STP 目前常见的版本有 STP(生成树协议,IEEE 802.1d)、RSTP(快速生成树协议,IEEE 802.1w)和 MSTP(多生成树协议,IEEE 802.1s)。

生成树算法会利用 SPA 算法,在存在交换环路的网络中生成一个没有环路的树形网络。运用该算法可以将交换网络冗余的备份链路在逻辑上断开,当主要链路出现故障时,能够自动切换到备份链路,保证数据的正常转发。

2. STP 的术语

1)桥

早期的交换机被称为"桥(Bridge)",或者"网桥",由于性能方面的限制等因素,早期交换机的接口数量少得可怜,一般只有两个转发端口,交换机仅能实现数据帧在这两个接口之间的交换,这也是"桥"这一称呼的由来。在 IEEE 的术语中,桥这个术语一直被沿用至今,但并不是仅指只有两个转发端口的交换机,而是泛指具有任意多个转发端口的交换机。

2)桥的 MAC 地址

一个桥有多个转发端口,每个端口有一个 MAC 地址。通常,交换机会把端口编号最小的那个端口的 MAC 地址作为整个桥的 MAC 地址(Bridge MAC Address)。

3)桥 ID

一个桥(交换机)的桥 ID(Bridge Identifier,BID)由两部分组成,前面的两个字节是这个桥的桥优先级,后面的 6 个字节是这个桥的 MAC 地址。桥优先级的值可以手动设置,其默认值为 0×8000(相当于十进制的 32 768)。桥 ID 的组成如图 2.3.6 所示。

图 2.3.6 桥 ID 的组成

4)端口 ID

一个桥(交换机)的端口 ID(Port Identifier,PID)的定义方法有很多种,常见的有两种,如图 2.3.7 所示。

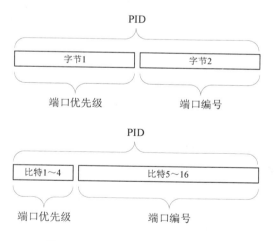

图 2.3.7 端口 ID 的定义方法

第一种:端口 ID 由两个字节组成,第一个字节是该端口的端口优先级,第二个字节是该端口的端口编号。

第二种:端口 ID 由 16 个比特组成,前 4 个比特是该端口的端口优先级,后 12 个比特是该端口的端口编号。

端口优先级的值既可以手动设定，也可以由设备自动生成。当由设备自动生成端口 ID 时，不同设备厂商所采用的 PID 的定义方法可能不同。

3．生成树的生成过程

生成树的生成过程主要分为以下 4 步。

（1）选举根桥（Root Bridge，RB），即根交换机，作为整个生成树的根节点。

（2）确定根端口（Root Port，RP），确定非根交换机与根交换机连接最优的端口。

（3）确定指定端口（Designated Port，DP），确定每条链路与根交换机连接最优的端口。

（4）阻塞备用端口（Alternate Port，AP），形成一个无环网络。

1）选举根交换机

根交换机是生成树的根节点。要生成一棵生成树，首先要确定一个根交换机。根交换机是整个交换网络的逻辑中心，但不一定是它的物理中心。当网络拓扑结构发生变化时，根交换机也可能会发生变化。

运行 STP 的交换机（简称 STP 交换机）会相互交换 STP 协议帧，这些协议帧的载荷数据被称为网桥协议数据单元（Bridge Protocol Data Unit，BPDU）。BPDU 中包含了与 STP 相关的所有信息，其中包含 BID。

交换机之间选举根交换机的主要步骤如下。

（1）STP 交换机在初始启动之后，都会认为自己是根交换机，并在发送给其他交换机的 BPDU 中宣告自己是根交换机。

（2）当交换机从网络中收到其他设备发送过来的 BPDU 时，会比较 BPDU 中的根交换机 BID 和自己的 BID，并将较小的 BID 作为根交换机 BID。

（3）交换机之间通过不断地交互 BPDU，同时对 BID 进行比较，直至最终选出一台 BID 最小的交换机作为根交换机。

2）确定根端口

根交换机确定后，其他没有成为根交换机的交换机都成为非根交换机。一台非根交换机可能通过多个端口与根交换机通信，为了保证从非根交换机到根交换机的工作路径是最优且唯一的，就必须从非根交换机的端口中确定一个被称为根端口的端口，由根端口实现非根交换机与根交换机设备之间的报文交互。

因此，一台非根交换机设备上最多只能有一个根端口，根端口的确定过程如下。

（1）比较根路径开销，将开销较小的端口作为根端口。

（2）比较上行设备的 BID，将 BID 较小的端口作为根端口。

（3）比较发送方端口 ID，将 ID 较小的端口作为根端口。

STP 把根路径开销（Root Path Cost，RPC）作为确定根端口的一个重要依据。在一个运行 STP 的网络中，交换机的某个端口到根交换机的累计路径开销（即从该端口到根交换机所经过的所有链路的路径开销总和）称为该端口的 RPC。链路的路径开销与端口速率有关，端口转发速率越大，路径开销就越小。端口速率与路径开销的对应关系如表 2.3.4 所示。

表 2.3.4　端口速率与路径开销的对应关系

端口速率	路径开销（IEEE 802.1t 标准）
10Mbit/s	2 000 000
100Mbit/s	200 000
1Gbit/s	20 000
10Gbit/s	2 000

3）确定指定端口

指定端口也是通过比较 RPC 来确定的，RPC 较小的端口将成为指定端口。如果 RPC 相同，则需要比较 BID、PID 等。根交换机上不存在任何根端口，只存在指定端口。

4）阻塞备用端口

（1）确定根端口和指定端口后，所有剩余端口称为备用端口。STP 会对备用端口进行逻辑阻塞。

（2）备用端口被逻辑阻塞后，生成树的生成过程就结束了。

4．STP 端口状态

STP 将端口状态分为 5 种：禁用状态、阻塞状态、侦听状态、学习状态和转发状态。这些状态的迁移用于防止网络 STP 收敛过程中可能存在的临时环路。5 种 STP 端口状态的简要说明如表 2.3.5 所示。

表 2.3.5　5 种 STP 端口状态的简要说明

端口状态	说明
禁用（Disabled）	禁用状态的端口不能收发 BPDU，也不能收发业务数据帧，端口处于关闭（Down）状态
阻塞（Blocking）	阻塞状态的端口不能发送 BPDU，但会持续侦听 BPDU，而且不能收发业务数据帧，也不会进行 MAC 地址学习
侦听（Listening）	侦听状态的端口可以接收并发送 STP 协议帧，但不能进行 MAC 地址学习，也不能转发业务数据帧

端口状态	说明
学习（Learning）	学习状态的端口既可以接收并发送 STP 协议帧，也可以进行 MAC 地址学习，但不能转发用户业务数据帧
转发（Forwarding）	转发状态的端口可以正常地收发业务数据帧，也会进行 BPDU 处理，也可以进行 MAC 地址学习

（1）STP 交换机的端口在初始启动时，会从禁用状态进入阻塞状态。在阻塞状态下，端口只能接收和分析 BPDU，不能发送 BPDU。

（2）如果端口被选为根端口或指定端口，则会进入侦听状态，此时端口接收并发送 BPDU，这种状态会持续一个转发延迟的时间长度，默认为 15 秒。

（3）如果没有因"意外情况"而回到阻塞状态，则该端口会进入学习状态，并在此状态持续一个转发延迟的时间长度。处于学习状态的端口可以接收和发送 BPDU，同时开始构建 MAC 地址表，为转发用户数据帧做好准备。处于学习状态的端口仍然不能转发用户数据帧，因为此时网络中可能还存在因生成树的计算过程不同步而产生的临时环路。

（4）端口由学习状态进入转发状态，开始进行用户数据帧的转发工作。

（5）在整个状态的迁移过程中，端口一旦被关闭或发生了链路故障，就会进入禁用状态；在端口状态的迁移过程中，如果端口的角色被判定为非根端口或非指定端口，则其端口状态会立即回退到阻塞状态。端口状态的迁移过程如图 2.3.8 所示。

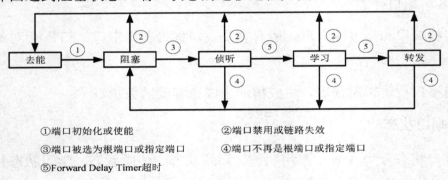

①端口初始化或使能　②端口禁用或链路失效
③端口被选为根端口或指定端口　④端口不再是根端口或指定端口
⑤Forward Delay Timer 超时

图 2.3.8　端口状态的迁移过程

任务小结

（1）STP 是一个用于在局域网中消除环路的协议，使冗余拓扑中不会产生交换环路问题。

（2）华为交换机默认开启 STP。

（3）根交换机上不存在任何根端口，只存在指定端口。

活动 3　交换机的 RSTP 技术

任务描述

由于业务的迅速发展和对网络可靠性的要求，艺腾公司在核心交换机上使用 STP 技术形成冗余结构，以满足网络的可靠性要求。但是在网络出现故障时，网络拓扑结构发生变化，网络收敛需要较长的时间，就会对生产环境产生一定的影响。

任务分析

为了解决网络拓扑结构发生变化时网络收敛所需时间比较长的问题，可以采用 RSTP。RSTP 的标准为 IEEE 802.1w，它改进了 STP，缩短了网络的收敛时间。RSTP 的收敛速度最快可以缩短到 1 秒之内，在网络拓扑结构发生变化时能快速恢复网络的连通性。

下面利用实验来介绍交换机的 RSTP 技术的应用及配置方法，其网络拓扑结构如图 2.3.9 所示。

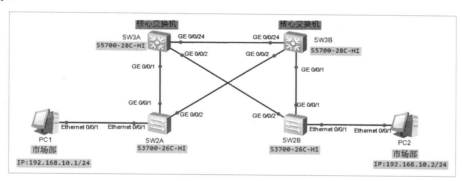

图 2.3.9　交换机的 RSTP 网络拓扑结构

具体要求如下。

（1）添加两台计算机，将标签名分别更改为 PC1 和 PC2。

（2）添加两台型号为 S3700-26C-HI 的交换机，将标签名分别更改为 SW2A 和 SW2B，将交换机的名称分别设置为 SW2A 和 SW2B。

（3）添加两台型号为 S5700-28C-HI 的交换机，将标签名分别更改为 SW3A 和 SW3B，将交换机的名称分别设置为 SW3A 和 SW3B。

（4）开启所有的交换机和计算机。

（5）PC1 连接 SW2A 的 Ethernet 0/0/1 接口，PC2 连接 SW2B 的 Ethernet 0/0/1 接口。

（6）SW2A 的 GE 0/0/1 接口连接 SW3A 的 GE 0/0/1 接口，SW2A 的 GE 0/0/2 接口连接 SW3B 的 GE 0/0/2 接口，SW2B 的 GE 0/0/1 接口连接 SW3B 的 GE 0/0/1 接口，SW3B 的

GE 0/0/2 接口连接 SW2A 的 GE 0/0/2 接口,SW3A 的 GE 0/0/24 接口连接 SW3B 的 GE 0/0/24 接口。

(7) 在 SW3A、SW3B、SW2A 和 SW2B 上划分 VLAN 10,并对接口进行分配,如表 2.3.6 所示。

表 2.3.6 交换机的 VLAN 划分情况和接口的分配

设备名称	VLAN 编号	接口范围
SW3A	10	
	Trunk	GE 0/0/1
		GE 0/0/2
		GE 0/0/24
SW3B	10	
	Trunk	GE 0/0/1
		GE 0/0/2
		GE 0/0/24
SW2A	10	Ethernet 0/0/1
	Trunk	GE 0/0/1
		GE 0/0/2
SW2B	10	Ethernet 0/0/1
	Trunk	GE 0/0/1
		GE 0/0/2

(8) 根据图 2.3.9 所示的网络拓扑结构,使用直通线连接好所有计算机。设置每台计算机的 IP 地址和子网掩码,如表 2.3.7 所示。

表 2.3.7 计算机的 IP 地址和子网掩码

计算机	IP 地址	子网掩码
PC1	192.168.10.1	255.255.255.0
PC2	192.168.10.2	255.255.255.0

(9) 为了避免产生交换环路问题,需要配置交换机的 RSTP 功能,加快网络收敛。要求核心交换机有较高优先级,SW3A 为根交换机,SW3B 为备用根交换机,从 SW3A 到 SW2A 的链路和从 SW3A 到 SW2B 的链路为主链路。

任务实施

❶ 交换机的基本配置。

设置各台交换机的基本配置,具体的配置方法请参照活动 2 中的 SW3A、SW3B、SW2A 和 SW2B 的基本配置。

❷ 开启交换机的 RSTP。

（1）SW3A 的配置如下。

```
[SW3A]stp enable
[SW3A]stp mode rstp
```

（2）SW3B 的配置如下。

```
[SW3B]stp enable
[SW3B]stp mode rstp
```

（3）SW2A 的配置如下。

```
[SW2A]stp enable
[SW2A]stp mode rstp
```

（4）SW2B 的配置如下。

```
[SW2B]stp enable
[SW2B]stp mode rstp
```

❸ 配置 SW3A 和 SW3B 上 STP 的优先级。

将 SW3A 配置为根交换机，SW3B 配置为备用根交换机。

（1）在 SW3A 上的配置如下。

```
[SW3A]stp root primary
```

（2）在 SW3B 上的配置如下。

```
[SW3B]stp root secondary
```

❹ 配置 SW2A 和 SW2B 的边缘接口。

（1）在 SW2A 上的配置如下。

```
[SW2A]interface Ethernet0/0/1
[SW2A-Ethernet0/0/1]stp edged-port enable
```

（2）在 SW2B 上的配置如下。

```
[SW2B]interface Ethernet0/0/1
[SW2B-Ethernet0/0/1]stp edged-port enable
```

任务验收

❶ 使用 display vlan 命令验证各台交换机上的 VLAN 配置信息。

❷ 使用 display stp 命令查看 SW3A 和 SW3B 上的 STP 状态。

❸ 使用 display stp brief 命令查看 SW2A 和 SW2B 上的 STP 状态。

❹ 使用 ping 命令测试计算机之间的连通性。

❺ 将 SW2A 的 GE 0/0/1 接口关闭，同时查看使用 display stp brief 命令时 SW2 其他接口的角色及状态变化。

```
[SW2A]interface GigabitEthernet 0/0/1
```

```
[SW2A-GigabitEthernet0/0/1]shutdown
[SW2A]dis stp brief
 MSTID  Port                        Role  STP State    Protection
   0    Ethernet0/0/1               DESI  FORWARDING   NONE
   0    GigabitEthernet0/0/2        ROOT  FORWARDING   NONE
```

可以发现，当网络拓扑结构发生变化时，RSTP 根接口快速切换机制使接口从丢弃状态进入转发状态，缩短了网络收敛的时间，减少了对网络通信的影响。

知识链接

1. RSTP 的由来

STP 虽然能够解决环路问题，但是收敛速度慢，当网络拓扑结构发生变化时，STP 重新收敛需要较长的时间。当前生产环境对网络的依赖度越来越高，等待时间较长会严重影响业务效率。快速生成树协议（Rapid Spanning Tree Protocol，RSTP）的提出弥补了 STP 的缺陷。

RSTP 的标准为 IEEE 802.1w，它改进了 STP，缩短了网络的收敛时间。RSTP 的收敛速度最多可以缩短到 1 秒之内，在拓扑发生变化时能快速恢复网络的连通性。RSTP 的算法和 STP 的算法基本一致。

2. RSTP 的特点

RSTP 在 STP 的基础上增加了两种接口角色：替代（Alternate）接口和备份（Backup）接口。因此，在 RSTP 中共有 4 种接口角色：根接口、指定接口、替代接口、备份接口。

（1）替代接口：可以简单地将其理解为根接口的备份，它是非根交换机收到其他设备发送的 BPDU 而被阻塞的接口。如果设备的根接口发生故障，那么替代接口可以成为新的根接口，这加快了网络的收敛过程。

（2）备份接口：是指交换机由于收到自己所发送的 BPDU 从而被阻塞的接口。如果一台交换机的多个接口接入同一个网段，并且在这些接口中有一个被选举为该网段的指定接口，那么这些接口中的其他接口将被选举为备份接口，备份接口将作为该网段到达根桥的冗余接口。在通常情况下，备份接口处于丢弃状态。

3. RSTP 接口状态

STP 定义了 5 种接口状态，它们分别是禁用、阻塞、侦听、学习和转发，而在 RSTP 中简化了接口状态，将 STP 的禁用状态、阻塞状态及侦听状态简化为丢弃（Discarding）状态，学习状态和转发状态则被保留下来。STP 与 RSTP 的接口状态对比如表 2.3.8 所示。

表 2.3.8　STP 与 RSTP 的接口状态对应关系

STP 的接口状态	RSTP 的接口状态
禁用（Disabled）	丢弃（Discarding）
阻塞（Blocking）	丢弃（Discarding）
侦听（Listening）	丢弃（Discarding）
学习（Learning）	学习（Learning）
转发（Forwarding）	转发（Forwarding）

在 RSTP 中，处于丢弃状态的接口既不会转发业务数据帧，也不会学习 MAC 地址

4．RSTP 的 BPDU 报文

RSTP 的配置 BPDU 被称为 RST BPDU（Rapid Spanning Tree BPDU），它的格式与 STP 的配置 BPDU 大体相同，只是对其中的个别字段进行了修改，以适应新的工作机制和特性。对于 RST 的 BPDU 来说，"协议版本 ID"字段的值为 0x02，"BPDU 类型"字段的值也为 0x02。最重要的变化体现在"标志"字段中，该字段一共 8 位，STP 只使用了其中的最低比特位和最高比特位，而 RSTP 在 STP 的基础上，使用了剩余的 6 位，并且分别对这些比特位进行了定义。

5．边缘接口

边缘接口主要是为了节省接口从初始启动到转发状态的时间间隔。边缘接口默认不参与生成树计算，不用经历转发延迟；边缘接口的关闭或激活并不会触发 RSTP 拓扑变更。在实际项目中，通常会把用于连接终端设备的接口配置为边缘接口。

任务小结

（1）RSTP 缩短了网络的收敛时间，收敛速度最快可以缩短到 1 秒之内。

（2）在 RSTP 中简化了接口状态，只有丢弃状态、学习状态和转发状态。

（3）RSTP 的算法和 STP 的算法基本一致。

活动 4　交换机的 DHCP 技术

在企业网络中，DHCP 技术既可以有规划地分配 IP 地址，也可以避免因用户私设 IP 地址而引起的地址冲突。三层交换机提供了 DHCP 技术，不仅能够为用户动态分配 IP 地址，还可以推送 DNS 服务地址等网络参数，使用户零配置上网。

任务描述

艺腾公司的员工反映经常出现 IP 地址冲突影响上网的情况，网络管理员决定在整个局域网上统一规划 IP 地址，使用动态获取地址的方式接入局域网，这样既节约了地址空间，也避免了地址冲突现象的发生。

任务分析

可以提供 DHCP 服务的设备有路由器、三层交换机和专用的 DHCP 服务器。因为网络中使用的核心交换机、分布层交换机都为三层交换机，所以可以在分布层交换机上开启 DHCP 服务，配置用户地址池，统一分配规划的用户 IP 地址。

下面利用实验来介绍交换机的 DHCP 技术的应用及配置方法，其网络拓扑结构如图 2.3.10 所示。

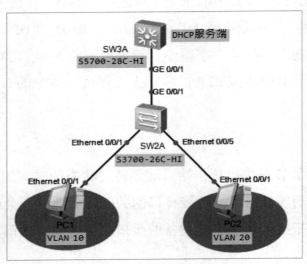

图 2.3.10 交换机的 DHCP 网络拓扑

具体要求如下。

（1）添加 4 台计算机，将标签名分别更改为 PC1、PC2、PC3、PC4。

（2）添加一台型号为 S3700-26C-HI 的交换机，标签名为 SW2A，将交换机的名称设置为 SW2A。

（3）添加一台型号为 S5700-28C-HI 的交换机，标签名为 SW3A，将交换机的名称设置为 SW3A。

（4）开启所有的交换机和计算机。

（5）PC1 连接 SW2A 的 Ethernet 0/0/1 接口，PC2 连接 SW2A 的 Ethernet 0/0/5 接口。

（6）SW2A 的 GE 0/0/1 接口连接 SW3A 的 GE 0/0/1 接口。

（7）在 SW2A 上划分两个 VLAN（VLAN 10、VLAN 20），并将 GE 0/0/1 接口设置为 Trunk 模式，详细参数如表 2.3.9 所示。

表 2.3.9　SW2A 的 VLAN 参数

VLAN 编号	接口范围	接口模式
10	Ethernet 0/0/1～0/0/4	Access
20	Ethernet 0/0/5～0/0/8	Access
	GE 0/0/1	Trunk

（8）在 SW3A 上划分两个 VLAN（VLAN 10、VLAN 20），并将 GE 0/0/1 接口设置为 Trunk 模式，详细参数如表 2.3.10 所示。

表 2.3.10　SW3A 的 VLAN 参数

VLAN 编号	IP 地址/子网掩码
10	192.168.10.254/24
20	192.168.20.254/24

（9）根据图 2.3.10 所示的网络拓扑结构，使用直通线连接好所有计算机，并将两台计算机的 IP 地址设置为 DHCP 获取方式。

（10）在 SW3A 上划分两个 VLAN，同时开启 DHCP 服务，使连接在交换机上的不同 VLAN 的计算机获得相应的 IP 地址，最终实现全网互通。

任务实施

❶ 交换机的基本配置。

将二层交换机的名称配置为 SW2A，在交换机上划分两个 VLAN，即 VLAN 10 和 VLAN 20，并按要求为两个 VLAN 分配接口，具体命令如下。

```
<Huawei>system-view
[Huawei]sysname SW2A
[SW2A]vlan batch 10 20
[SW2A]port-group 1
[SW2A-port-group-1]group-member Ethernet 0/0/1 to Ethernet 0/0/4
[SW2A-port-group-1]port link-type access
[SW2A-Ethernet0/0/1]port link-type access
[SW2A-Ethernet0/0/2]port link-type access
[SW2A-Ethernet0/0/3]port link-type access
[SW2A-Ethernet0/0/4]port link-type access
[SW2A-port-group-1]port default vlan 10
[SW2A-Ethernet0/0/1]port default vlan 10
[SW2A-Ethernet0/0/2]port default vlan 10
[SW2A-Ethernet0/0/3]port default vlan 10
[SW2A-Ethernet0/0/4]port default vlan 10
```

```
[SW2A-port-group-1]quit
[SW2A]port-group 2
[SW2A-port-group-2]group-member Ethernet 0/0/5 to Ethernet 0/0/8
[SW2A-port-group-2]port link-type access
[SW2A-Ethernet0/0/5]port link-type access
[SW2A-Ethernet0/0/6]port link-type access
[SW2A-Ethernet0/0/7]port link-type access
[SW2A-Ethernet0/0/8]port link-type access
[SW2A-port-group-2]port default vlan 20
[SW2A-Ethernet0/0/5]port default vlan 20
[SW2A-Ethernet0/0/6]port default vlan 20
[SW2A-Ethernet0/0/7]port default vlan 20
[SW2A-Ethernet0/0/8]port default vlan 20
[SW2A-port-group-2]quit
```

将三层交换机的名称配置为 SW3A，在交换机上划分两个 VLAN，即 VLAN 10 和 VLAN 20，具体命令如下。

```
<Huawei>system-view
[Huawei]sysname SW3A
[SW3A]vlan batch 10 20
```

❷ 将交换机的接口配置为 Trunk 模式，并允许 VLAN 10 和 VLAN 20 通过。

配置 SW2A 的 GE 0/0/1 接口，具体命令如下。

```
[SW2A]interface GigabitEthernet 0/0/1
[SW2A-GigabitEthernet0/0/1]port link-type trunk
[SW2A-GigabitEthernet0/0/1]port trunk allow-pass vlan 10 20
```

配置 SW3A 的 GE 0/0/1 接口，具体命令如下。

```
[SW3A]interface GigabitEthernet 0/0/1
[SW3A-GigabitEthernet0/0/1]port link-type trunk
[SW3A-GigabitEthernet0/0/1]port trunk allow-pass vlan 10 20
```

❸ 开启交换机的 DHCP 功能。

```
[SW3A]dhcp enable
```

❹ 配置交换机的 DHCP 服务。

```
[SW3A]ip pool vlan10                                          //创建地址池，名称为 VLAN 10
[SW3A-ip-pool-vlan10]network 192.168.10.0 mask 255.255.255.0
                                                              //配置可分配的网段范围
[SW3A-ip-pool-vlan10]gateway-list 192.168.10.254    //配置出口网关地址
[SW3A-ip-pool-vlan10]lease 5                         //租期为 5 天
[SW3A-ip-pool-vlan10]dns-list 114.114.114.114        //配置 DNS 服务器地址
[SW3A-ip-pool-vlan10]quit
[SW3A]ip pool vlan20
[SW3A-ip-pool-vlan20]network 192.168.20.0 mask 255.255.255.0
[SW3A-ip-pool-vlan20]gateway-list 192.168.20.254
[SW3A-ip-pool-vlan20]lease 5
[SW3A-ip-pool-vlan20]dns-list 8.8.8.8
[SW3A-ip-pool-vlan20]quit
```

❺ 配置 VLAN 的 VLANIF 接口的 IP 地址，并开启 VLAN 的 VLANIF 接口的 DHCP 功能。

配置交换机上划分的每个 VLAN 的 VLANIF 接口的 IP 地址，同时开启 VLAN 的 VLANIF 接口的 DHCP 功能，具体命令如下。

```
[SW3A]interface Vlanif 10
[SW3A-Vlanif10]ip add 192.168.10.254 24
[SW3A-Vlanif10]dhcp select global        //配置设备指定接口采取全局地址
[SW3A-Vlanif10]quit
[SW3A]interface Vlanif 20
[SW3A-Vlanif20]ip add 192.168.20.254 24
[SW3A-Vlanif20]dhcp select global
[SW3A-Vlanif20]quit
```

❻ 配置计算机采用 DHCP 方式获取 IP 地址。

（1）在 PC1 上右击，在弹出的快捷菜单中选择"设置"命令，打开 PC1 的配置界面。在"基础配置"选项卡的"IPv4 配置"选项组中，选中"DHCP"单选按钮，然后单击右下角的"应用"按钮，如图 2.3.11 所示。

图 2.3.11　PC1 的配置界面

（2）单击 PC1 的配置界面中的"命令行"选项卡，在其中输入 ipconfig 命令，查看接口的 IP 地址，如图 2.3.12 所示。

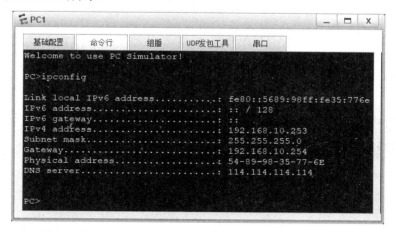

图 2.3.12　查看 PC1 的 IP 地址

（3）使用同样的方法，将另一台计算机也配置为采用 DHCP 方式获取 IP 地址，并查看计算机所获得的 IP 地址，最后得到的内容如表 2.3.11 所示。

表 2.3.11　计算机获得的 IP 地址等信息

计算机	IP 地址	子网掩码	网关	DNS 服务器地址
PC1	192.168.10.253	255.255.255.0	192.168.10.254	114.114.114.114
PC2	192.168.20.253	255.255.255.0	192.168.20.254	8.8.8.8

通过分析表 2.3.10 可知，两台计算机都获得了 IP 地址、子网掩码、网关及 DNS 服务器地址，而且连接到 VLAN 10 的计算机获得的 IP 地址属于 192.168.10.0/24 网段，连接到 VLAN 20 的计算机获得的 IP 地址属于 192.168.20.0/24 网段，实现了任务的要求。

❼ 设置保留的 IP 地址。

在配置 DHCP 服务时，通常需要保留部分 IP 地址，用于以固定分配方式给服务器或其他网络设备使用。例如，在本活动中，交换机的两个 VLAN 的接口的 IP 地址就属于固定分配。这些保留的 IP 地址不能以 DHCP 方式被分配给其他计算机。

如果在本实验中要对 192.168.10.0/24 网段保留前 53 个 IP 地址以留作备用，对 192.168.20.0/24 网段保留前 100 个 IP 地址以留作备用，那么具体的实现命令如下。

```
[SW3A-ip-pool-vlan10]excluded-ip-address 192.168.10.201 192.168.10.253
[SW3A-ip-pool-vlan20]excluded-ip-address 192.168.20.154 192.168.20.253
```

添加完以上命令之后，再次检测计算机获得的 IP 地址。检测方法可参考步骤 6，计算机将重新获得 IP 地址等信息，于是可以得到如表 2.3.12 所示的内容。

表 2.3.12　计算机重新获得的 IP 地址等信息

计算机	IP 地址	子网掩码	网关	DNS 服务器地址
PC1	192.168.10.200	255.255.255.0	192.168.10.254	114.114.114.114
PC2	192.168.20.153	255.255.255.0	192.168.20.254	8.8.8.8

由表 2.3.11 可知，所有计算机都重新获得了新的 IP 地址，而且它们都是在保留地址以外的 IP 地址，实现了保留 IP 地址的目的。

任务验收

在两台计算机中，查看 IP 地址的获取情况，使用 ping 命令测试其他计算机的连通情况。由此可知，当前网络中的计算机之间是连通的。

知识链接

动态主机配置协议（Dynamic Host Configuration Protocol，DHCP）是 TCP/IP 协议簇

中的一种，该协议提供了一种动态分配网络配置参数的机制，并且可以后向兼容 BOOTP 协议。

随着网络规模的扩大和网络复杂程度的提高，计算机位置变化（如便携机或无线网络）和计算机数量超过可分配的 IP 地址的情况将会经常出现。DHCP 协议就是为了满足这些需求而发展起来的。DHCP 协议采用客户端/服务器（Client/Server）方式工作，DHCP 客户端向 DHCP 服务器动态地请求配置信息，DHCP 服务器根据策略返回相应的配置信息（如 IP 地址等）。

DHCP 客户端首次登录网络时，主要通过 4 个阶段与 DHCP 服务器建立联系。

（1）发现阶段：即 DHCP 客户端寻找 DHCP 服务器的阶段。DHCP 客户端以广播方式发送 DHCP_Discover 报文，只有 DHCP 服务器才会进行响应。

（2）提供阶段：即 DHCP 服务器提供 IP 地址的阶段。当 DHCP 服务器收到 DHCP 客户端的 DHCP_Discover 报文后，从 IP 地址池中挑选一个尚未分配的 IP 地址分配给 DHCP 客户端，向该客户端发送包含出租 IP 地址和其他设置的 DHCP_Offer 报文。

（3）选择阶段：即 DHCP 客户端选择 IP 地址的阶段。如果有多台 DHCP 服务器向 DHCP 客户端发送 DHCP_Offer 报文，那么该客户端只接收第一个 DHCP_Offer 报文，然后以广播方式向各 DHCP 服务器回应 DHCP_Request 报文。

（4）确认阶段：即 DHCP 服务器确认所提供 IP 地址的阶段。当 DHCP 服务器收到 DHCP 客户端回答的 DHCP_Request 报文后，便向 HDCP 客户端发送包含它所提供的 IP 地址和其他设置的 DHCP_ACK 报文。

任务小结

本活动使用三层交换机作为 DHCP 服务器，可以使下连的计算机通过交换机获取 IP 地址、子网掩码、网关和 DNS 服务器地址。当一个网络中计算机数量庞大时，使用 DHCP 服务可以很方便地为每台计算机配置好相应的 IP 地址，从而减轻网络管理员分配 IP 地址的工作。

活动 5　交换机的 VRRP 技术

虚拟路由器冗余协议（VRRP）是一种选择协议，它可以把虚拟路由器的责任动态分配给局域网中的一台 VRRP 路由器。控制虚拟路由器 IP 地址的 VRRP 路由器称为 Master 路由器，它负责将数据包转发到这些虚拟 IP 地址。一旦 Master 路由器不可用，这种选择过程就可以提供动态的故障转移机制，这就允许虚拟路由器的 IP 地址作为终端主机的默认第一跳路由器。使用 VRRP 技术的好处是有更高的默认路径的可用性，而无须在每个终端主机上配置动态路由或路由发现协议。

任务描述

艺腾公司的网络核心层原来采用一台三层交换机,随着网络应用的日益增多,对网络的可靠性也提出了越来越高的要求,所以艺腾公司决定采用默认网关进行冗余备份,以便在其中一台设备出现故障时,备份设备能够及时接管数据转发工作,为用户提供透明的切换功能,提高网络的稳定性。

任务分析

本活动可以采用两台三层交换机作为核心层设备,使用 VRRP 技术使两台交换机互相备份,以此来提高网络的可靠性和稳定性。

下面利用实验来介绍交换机的 VRRP 技术的应用及配置方法,其网络拓扑结构如图 2.3.13 所示。

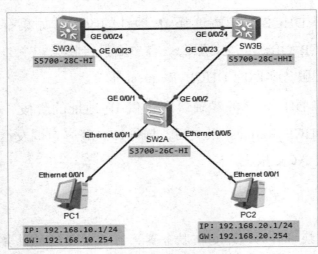

图 2.3.13 交换机的 VRRP 网络拓扑结构

具体要求如下。

(1)添加两台计算机,将标签名分别更改为 PC1 和 PC2。

(2)添加一台型号为 S3700-26C-HI 的交换机,标签名为 SW2A,将交换机的名称设置为 SW2A。

(3)添加两台型号为 S5700-28C-HI 的交换机,将标签名分别更改为 SW3A 和 SW3B,交换机的名称分别设置为 SW3A 和 SW3B。

(4)开启所有的交换机和计算机。

(5)PC1 连接 SW2A 的 Ethernet 0/0/1 接口,PC2 连接 SW2A 的 Ethernet 0/0/5 接口。

(6) SW2A 的 GE 0/0/1 接口连接 SW3A 的 GE 0/0/23 接口，SW2A 的 GE 0/0/2 接口连接 SW3B 的 GE 0/0/23 接口，SW3A 的 GE 0/0/24 接口连接 SW3B 的 GE 0/0/24 接口。

(7) 在 SW2A 上划分两个 VLAN（VLAN 10、VLAN 20），并将 GE 0/0/1 接口和 GE 0/0/2 接口设置为 Trunk 模式，详细参数如表 2.3.13 所示。

表 2.3.13　SW2A 的 VLAN 参数

VLAN 编号	接口范围	接口模式
10	1～4	Access
20	5～8	Access
	GE 0/0/1	Trunk
	GE 0/0/2	Trunk

(8) 在 SW3A 上划分两个 VLAN（VLAN 10、VLAN 20），并将 GE 0/0/23 接口和 GE 0/0/24 接口设置为 Trunk 模式，详细参数如表 2.3.14 所示。

表 2.3.14　SW3A 的 VLAN 参数

VLAN 编号	接口范围	IP 地址/接口模式
10		192.168.10.100/24
20		192.168.20.100/24
	GE 0/0/23	Trunk
	GE 0/0/24	Trunk

(9) 在 SW3B 上划分两个 VLAN（VLAN 10、VLAN 20），并将 GE 0/0/23 接口和 GE 0/0/24 接口设置为 Trunk 模式，详细参数如表 2.3.14 所示。

表 2.3.15　SW3B 的 VLAN 参数

VLAN 编号	接口范围	IP 地址/接口模式
10		192.168.10.200/24
20		192.168.20.200/24
	GE 0/0/23	Trunk
	GE 0/0/24	Trunk

(10) 根据图 2.3.13 所示的网络拓扑结构，使用直通线连接好所有计算机，并设置每台计算机的 IP 地址、子网掩码和网关，如表 2.3.16 所示。

表 2.3.16　计算机的 IP 地址、子网掩码和网关

计算机	IP 地址	子网掩码	网关
PC1	192.168.10.1	255.255.255.0	192.168.10.254
PC2	192.168.20.1	255.255.255.0	192.168.20.254

(11) 在 SW3A 和 SW3B 上配置 VRRP 服务，使连接在 SW2A 上的不同 VLAN 的计算机实现透明切换，提高网络的可靠性。

任务实施

❶ 交换机的基本配置。

将二层交换机的名称配置为 SW2A，在交换机上划分两个 VLAN，即 VLAN 10 和 VLAN 20，并按要求为两个 VLAN 分配接口，具体命令如下。

```
<Huawei>system-view
[Huawei]sysname SW2A
[SW2A]vlan batch 10 20
[SW2A]port-group 1
[SW2A-port-group-1]group-member Ethernet 0/0/1 to Ethernet 0/0/4
[SW2A-port-group-1]port link-type access
[SW2A-Ethernet0/0/1]port link-type access
[SW2A-Ethernet0/0/2]port link-type access
[SW2A-Ethernet0/0/3]port link-type access
[SW2A-Ethernet0/0/4]port link-type access
[SW2A-port-group-1]port default vlan 10
[SW2A-Ethernet0/0/1]port default vlan 10
[SW2A-Ethernet0/0/2]port default vlan 10
[SW2A-Ethernet0/0/3]port default vlan 10
[SW2A-Ethernet0/0/4]port default vlan 10
[SW2A-port-group-1]quit
[SW2A]port-group 2
[SW2A-port-group-2]group-member Ethernet 0/0/5 to Ethernet 0/0/8
[SW2A-port-group-2]port link-type access
[SW2A-Ethernet0/0/5]port link-type access
[SW2A-Ethernet0/0/6]port link-type access
[SW2A-Ethernet0/0/7]port link-type access
[SW2A-Ethernet0/0/8]port link-type access
[SW2A-port-group-2]port default vlan 20
[SW2A-Ethernet0/0/5]port default vlan 20
[SW2A-Ethernet0/0/6]port default vlan 20
[SW2A-Ethernet0/0/7]port default vlan 20
[SW2A-Ethernet0/0/8]port default vlan 20
[SW2A-port-group-2]quit
```

将三层交换机的名称配置为 SW3A，在交换机上划分两个 VLAN，即 VLAN 10 和 VLAN 20，具体命令如下。

```
<Huawei>system-view
[Huawei]sysname SW3A
[SW3A]vlan batch 10 20
```

将三层交换机的名称配置为 SW3B，在交换机上划分两个 VLAN，即 VLAN 10 和 VLAN 20，具体命令如下。

```
<Huawei>system-view
[Huawei]sysname SW3B
[SW3B]vlan batch 10 20
```

❷ 将交换机接口配置为 Trunk 模式，并允许 VLAN 10 和 VLAN 20 通过。

配置 SW2A 的 GE 0/0/1 接口，具体命令如下。

```
[SW2A]interface GigabitEthernet 0/0/1
[SW2A-GigabitEthernet0/0/1]port link-type trunk
[SW2A-GigabitEthernet0/0/1]port trunk allow-pass vlan 10 20
[SW2A-GigabitEthernet0/0/1]quit
[SW2A]interface GigabitEthernet 0/0/2
[SW2A-GigabitEthernet0/0/2]port link-type trunk
[SW2A-GigabitEthernet0/0/2]port trunk allow-pass vlan 10 20
[SW2A-GigabitEthernet0/0/2]quit
```

配置 SW3A 的 GE 0/0/23 接口和 GE 0/0/24 接口，具体命令如下。

```
[SW3A]interface GigabitEthernet 0/0/23
[SW3A-GigabitEthernet0/0/23]port link-type trunk
[SW3A-GigabitEthernet0/0/23]port trunk allow-pass vlan 10 20
[SW3A-GigabitEthernet0/0/23]quit
[SW3A]interface GigabitEthernet 0/0/24
[SW3A-GigabitEthernet0/0/24]port link-type trunk
[SW3A-GigabitEthernet0/0/24]port trunk allow-pass vlan 10 20
[SW3A-GigabitEthernet0/0/24]quit
```

配置 SW3B 的 GE 0/0/23 接口和 GE 0/0/24 接口，具体命令如下。

```
[SW3B]interface GigabitEthernet 0/0/23
[SW3B-GigabitEthernet0/0/23]port link-type trunk
[SW3B-GigabitEthernet0/0/23]port trunk allow-pass vlan 10 20
[SW3B-GigabitEthernet0/0/23]quit
[SW3B]interface GigabitEthernet 0/0/24
[SW3B-GigabitEthernet0/0/24]port link-type trunk
[SW3B-GigabitEthernet0/0/24]port trunk allow-pass vlan 10 20
[SW3B-GigabitEthernet0/0/24]quit
```

❸ 配置交换机 VLAN 的 VLANIF 接口的 IP 地址。

配置在 SW3A 上划分的每个 VLAN 的 VLANIF 接口的 IP 地址，具体命令如下。

```
[SW3A]interface vlan
[SW3A]interface Vlanif 10
[SW3A-Vlanif10]ip add 192.168.10.100 24
[SW3A-Vlanif10]quit
[SW3A]interface Vlanif 20
[SW3A-Vlanif20]ip add 192.168.20.100 24
[SW3A-Vlanif20]quit
```

配置在 SW3B 上划分的每个 VLAN 的 VLANIF 接口的 IP 地址，具体命令如下。

```
[SW3B]interface vlan
[SW3B]interface Vlanif 10
[SW3B-Vlanif10]ip add 192.168.10.200 24
[SW3B-Vlanif10]quit
[SW3B]interface Vlanif 20
[SW3B-Vlanif20]ip add 192.168.20.200 24
[SW3B-Vlanif20]quit
```

❹ 配置交换机的 VRRP 服务。

先配置 SW3A 的 VRRP 服务，然后配置交换机上每个 VLAN 虚拟接口的 IP 地址、优先级、抢占模式和延迟时间，具体命令如下。

```
[SW3A]interface Vlanif 10
[SW3A-Vlanif10]vrrp vrid 1 virtual-ip 192.168.10.254
//配置虚拟接口的 IP 地址
[SW3A-Vlanif10]vrrp vrid 1 priority 150      //配置优先级
[SW3A-Vlanif10]vrrp vrid 1 preempt-mode timer delay 5
//配置抢占模式和延迟时间
[SW3A-Vlanif10]vrrp vrid 1 track interface GigabitEthernet0/0/23
                                       //将 GE 0/0/23 配置为跟踪接口
[SW3A-Vlanif10]quit
[SW3A]interface Vlanif 20
[SW3A-Vlanif20]vrrp vrid 2 virtual-ip 192.168.20.254
[SW3A-Vlanif20]vrrp vrid 2 priority 110
[SW3A-Vlanif20]quit
```

先配置 SW3B 的 VRRP 服务，然后配置交换机上每个 VLAN 虚拟接口的 IP 地址、优先级、抢占模式和延迟时间，具体命令如下。

```
[SW3B]interface Vlanif 10
[SW3B-Vlanif10]vrrp vrid 1 virtual-ip 192.168.10.254
[SW3B-Vlanif10]vrrp vrid 1 priority 110
[SW3B-Vlanif10]quit
[SW3B]interface Vlanif 20
[SW3B-Vlanif20]vrrp vrid 2 virtual-ip 192.168.20.254
[SW3B-Vlanif20]vrrp vrid 2 priority 150
[SW3B-Vlanif20]vrrp vrid 2 preempt-mode timer delay 5
[SW3A-Vlanif20]vrrp vrid 2 track interface GigabitEthernet0/0/23
[SW3B-Vlanif20]quit
```

❺ 查看交换机的 VRRP 服务。

在 SW3A 上使用 display vrrp brief 命令，查看其当前工作状况。

```
[SW3A]display vrrp brief
VRID  State      Interface      Type       Virtual IP
----------------------------------------------------------------
1     Master     Vlanif10       Normal     192.168.10.254
2     Backup     Vlanif20       Normal     192.168.20.254
----------------------------------------------------------------
Total:2    Master:1    Backup:1    Non-active:0
```

在 SW3A 上使用 display vrrp 1 命令，查看其当前工作状况。

```
[SW3A]display vrrp 1
  Vlanif10 | Virtual Router 1
    State : Master
    Virtual IP : 192.168.10.254
    Master IP : 192.168.10.100
    PriorityRun : 150
    PriorityConfig : 150
    MasterPriority : 150
    Preempt : YES   Delay Time : 5 s
```

在 SW3B 上使用 display vrrp brief 命令，查看其当前工作状况。

```
[SW3B]display vrrp brief
VRID  State    Interface           Type      Virtual IP
----------------------------------------------------------------
1     Backup   Vlanif10            Normal    192.168.10.254
2     Master   Vlanif20            Normal    192.168.20.254
----------------------------------------------------------------
Total:2    Master:1     Backup:1     Non-active:0
```

任务验收

（1）在 PC1 的配置界面中单击"命令行"选项卡，使用 ping 命令与 tracert 命令测试 PC1 和 PC2 之间的连通性，如图 2.3.14 所示。

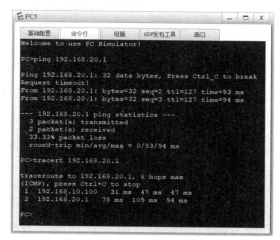

图 2.3.14　使用 ping 命令与 tracert 命令测试 PC1 和 PC2 之间的连通性

（2）断开 SW2A 右边 GE 0/0/1 接口的上连线，验证计算机的连通性，发现此时有短暂的丢包现象，之后又恢复连通，如图 2.3.15 所示。可以得出结论，当前网络中的所有计算机之间是连通的。

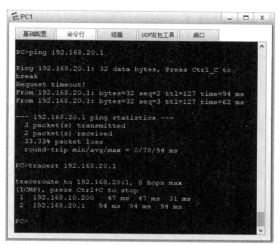

图 2.3.15　使用 ping 命令与 tracert 命令再次测试 PC1 和 PC2 之间的连通性

（3）此时 SW3A 上 VRRP 的状态由 Master 变为 Backup。

```
[SW3A]display vrrp brief
VRID  State      Interface        Type      Virtual IP
--------------------------------------------------------------
1     Backup     Vlanif10         Normal    192.168.10.254
2     Backup     Vlanif20         Normal    192.168.20.254
--------------------------------------------------------------
Total:2    Master:0    Backup:2    Non-active:0
```

（4）在 SW3B 上，使用 display vrrp 1 命令和 display vrrp brief 命令查看当前工作状况，并注意观察 VRRP 的状态变化。

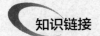
知识链接

1. VRRP 简介

虚拟路由冗余协议（Virtual Router Redundancy Protocol，VRRP）是由 IETF 提出的，用于解决局域网中配置静态网关出现单点失效的现象，已于 1998 年推出正式的 RFC2338 协议标准。VRRP 广泛应用在边缘网络中，它的设计目标是在特定情况下 IP 数据流量转移失败不会引起混乱，允许主机使用单路由器，以及在实际第一跳路由器使用失败的情形下仍然能够维护路由器之间的连通性。

VRRP 是一种 LAN 接入设备备份协议。对一个局域网内的所有主机都设置默认网关，这样主机发出的目的地址不在本网段的报文将通过默认网关发往三层交换机，从而实现主机和外部网络的通信。

VRRP 是一种路由容错协议，也可以称为备份路由协议。对一个局域网内的所有主机都设置默认路由，当主机发出的报文的目的地址不在本网段时，报文将通过默认路由发往外部路由器，从而实现主机与外部网络的通信。当默认路由器的接口关闭之后，内部主机将无法与外部通信，如果路由器设置了 VRRP，那么这时虚拟路由将启用 Backup 路由器，从而实现全网通信。

2. 相关术语

虚拟路由器：由一台 Master 路由器和多台 Backup 路由器组成。主机将虚拟路由器当作默认网关。

VRID：虚拟路由器的标识。由具有相同 VRID 的一组路由器构成一台虚拟 Master 路由器。

Master 路由器：虚拟路由器中承担报文转发任务的路由器。

Backup 路由器：当 Master 路由器出现故障时，能够代替 Master 路由器工作的路由器。

虚拟 IP 地址：虚拟路由器的 IP 地址。一台虚拟路由器可以拥有一个或多个 IP 地址。

IP 地址拥有者：接口 IP 地址与虚拟 IP 地址相同的路由器称为 IP 地址拥有者。

虚拟 MAC 地址：一台虚拟路由器拥有一个虚拟 MAC 地址。虚拟 MAC 地址的格式为 00-00-5E-00-01-{VRID}。在通常情况下，虚拟路由器回应 ARP 请求使用的是虚拟 MAC 地址，只有对虚拟路由器进行特殊配置时，才回应接口的真实 MAC 地址。

优先级：VRRP 根据优先级确定虚拟路由器中每台路由器的地位。

非抢占方式：若 Backup 路由器在非抢占方式下工作，则只要 Master 路由器没有出现故障，Backup 路由器即使随后被配置了更高的优先级也不会成为 Master 路由器。

抢占方式：若 Backup 路由器在抢占方式下工作，当它收到 VRRP 报文后，就会将自己的优先级与通告报文中的优先级进行比较，若自己的优先级比当前的 Master 路由器的优先级高，则会主动抢占并成为 Master 路由器，否则将保持 Backup 状态。

3．工作过程

（1）虚拟路由器中的路由器根据优先级选举出 Master 路由器。Master 路由器通过发送免费 ARP 报文，将自己的虚拟 MAC 地址通知与它连接的设备或主机，从而承担报文转发任务。

（2）Master 路由器周期性地发送 VRRP 报文，以公布其配置信息（优先级等）和工作状况。

（3）若 Master 路由器出现故障，则虚拟路由器中的 Backup 路由器将根据优先级重新选举新的 Master 路由器。

（4）当虚拟路由器状态切换时，Master 路由器由一台设备切换为另一台设备。新的 Master 路由器只要简单地发送一个携带虚拟路由器的 MAC 地址和虚拟 IP 地址信息的免费 ARP 报文，就可以更新与它连接的主机或设备中的 ARP 相关信息。网络中的主机无法感知 Master 路由器的改变。

（5）当 Backup 路由器的优先级高于 Master 路由器的优先级时，由 Backup 路由器的工作方式（抢占方式和非抢占方式）决定是否重新选举 Master 路由器。

由此可见，为了保证 Master 路由器和 Backup 路由器可以协调工作，VRRP 需要实现以下功能。

（1）Master 路由器的选举。

（2）Master 路由器状态的通告。

（3）为了提高安全性，VRRP 还提供了认证功能。

任务小结

对交换机开启 VRRP 服务，可以使下连的计算机在链路出现故障且影响正常通行的情况下仍然保持连接。一旦 Master 路由器出现故障，VRRP 将激活 Backup 路由器并取代 Master 路由器，从而实现透明切换，提高网络的可靠性，并解决路由器切换的问题。

项目 3
路由技术的配置

项目描述

路由器的英文名称为 Router。路由器是连接 Internet 中各局域网和广域网的不可缺少的网络设备，它会根据整个网络的通信情况自动进行路由选择，以最佳的路径，按先后顺序给其他网络设备发送信息，从而实现信息的路由转发。网络规模的不断扩大，为路由的发展提供了良好的基础和广阔的平台。随着 Internet 对数据传输效率要求的不断提高，路由在网络通信过程中的作用也越来越重要。

目前，路由器已经广泛应用于各行各业，不同档次的产品已经成为实现各种骨干网内部连接、骨干网间互联和骨干网与 Internet 互联互通业务的主力军。

本项目重点介绍模拟器中路由器的配置、路由器的基本配置、路由器的远程配置、路由器的 DHCP 配置和单臂路由的配置。

知识目标

1. 了解模拟器中路由器的配置。
2. 理解路由器的工作原理。
3. 熟悉路由器的基本配置。
4. 理解路由器远程管理的作用。
5. 理解路由器实现 DHCP 技术的两种方法。

能力目标

1. 能实现模拟器中路由器的配置。
2. 能熟练使用路由器的基本配置命令。
3. 能实现路由器的单臂路由配置。

4. 能实现路由器的两种 DHCP 配置。

5. 能实现路由器的 Telnet 配置。

6. 能实现路由器的 STelnet 配置。

素质目标

1. 培养读者的团队合作精神和良好的交流沟通能力,以及协同创新能力。

2. 培养读者的独立思考能力和逻辑思维能力。

3. 培养读者的信息素养和学习能力,使其能够运用正确的方法和技巧掌握新知识、新技能。

4. 培养读者系统分析与解决问题的能力,使其能够掌握相关知识点并完成项目任务。

5. 培养读者严谨的分析思维能力,使其能够按照规范完成路由网络的基础配置。

6. 培养读者良好的职业道德和严谨的职业素养,从而奠定专业基础。

思维导图

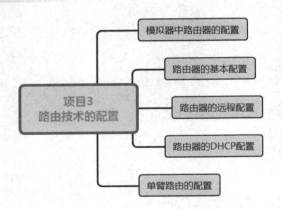

任务1 模拟器中路由器的配置

在现实应用中,路由器一般都提供了许多模块化功能,通过对模块的添加、更换,以支持不断提高的网络带宽要求和服务质量。为路由器添加模块就像为计算机添加了一张网卡一样,可以增加网络的接口。路由器的模块越多、功能越多,价格也相对越高。

任务描述

因为业务规模的扩大,艺腾公司购买了华为品牌新的路由器,网络管理员对此并不太熟悉,所以在 eNSP 模拟器中先练习如何使用。华为 eNSP 模拟器不仅提供了多款路由器供用户选择,还为路由器提供了大量的可选模块,同时提供了很好的使用环境。

任务分析

在默认情况下,在华为 eNSP 模拟器中添加的路由器没有广域网模块,不能进行 DCE 串口线的连接,因此,要完成本任务首先要为路由器添加相关的功能性模块。

下面以型号为 AR2220 的路由器为例来介绍华为 eNSP 模拟器中路由器的一些设置方法,其网络拓扑结构如图 3.1.1 所示,按照表 3.1.1 和表 3.1.2 添加相应设备、更改标签名称并连接设备。

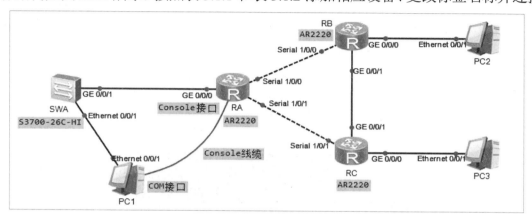

图 3.1.1 路由器设置任务的网络拓扑结构

表 3.1.1 网络设备与标签名称

设备类型	数量/台	标签名称
AR2220 路由器	3	RA、RB、RC
S3700-26C-HI 交换机	1	SWA
计算机	3	PC1、PC2、PC3

表 3.1.2 网络设备的相应接口

设备名称及接口	对端设备名称及接口	线缆类型
RA:GE 0/0/0	SWA:GE 0/0/1	双绞线
RA:Serial 1/0/0	RB:Serial 1/0/0	DCE 串口线
RA:Serial 1/0/1	RC:Serial 1/0/1	DCE 串口线
RA:Console	PC1:RS 232	配置线
RB:GE 0/0/1	RC:GE 0/0/1	双绞线
PC1	SWA:Ethernet 0/0/1	双绞线
PC2	RB:GE0/0/0	双绞线
PC3	RC:GE0/0/0	双绞线

具体要求如下。

(1)按照表 3.1.1 添加相应的网络设备并更改对应的标签名称。

(2)按照表 3.1.2 使用正确的线缆连接网络设备的相应接口。

任务实施

❶ 添加网络设备。

根据图 3.1.1 所示的网络拓扑结构，在华为 eNSP 模拟器的工作区中添加 3 台型号为 AR2220 的路由器、一台型号为 S3700-26C-HI 的交换机和 3 台计算机，然后调整相应位置，并更改设备的标签名称。

❷ 为路由器添加模块。

在真实操作中，为路由器添加模块时需要在断电的情况下进行，否则会损坏设备。在默认情况下，华为 eNSP 模拟器中路由器的电源是关闭的，如图 3.1.2 所示。需要注意的是，只有在设备电源关闭的情况下才能进行增加或删除接口卡的操作。

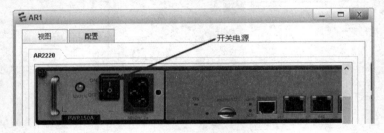

图 3.1.2　路由器电源

添加模块的操作很简单，可以在模块区域中寻找所需要的模块，选中该模块，按住鼠标左键，将其移至模块的添加区域，放开鼠标左键即可。添加模块时需要注意模块的形状及大小，并选择正确的插槽。

（1）在"视图"选项卡中，可以查看设备面板及可供使用的接口卡。如果需要为设备增加接口卡，可以在"eNSP 支持的接口卡"选项组中选择合适的接口卡，直接拖至上方的设备面板的相应槽位即可；如果需要删除某个接口卡，则直接将设备面板上的接口卡拖回"eNSP 支持的接口卡"选项组中即可。如图 3.1.3 所示，为路由器 RA、RB 和 RC 各添加一个 2SA 串口模块。

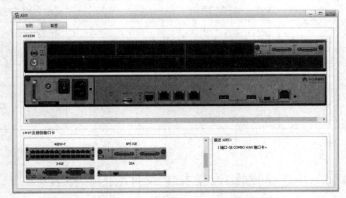

图 3.1.3　"视图"选项卡

（2）在"配置"选项卡中可以设置设备的串口号，串口号的范围为 2 000～65 535，在默认情况下从起始数字 2 000 开始使用。可自行更改串口号并单击"应用"按钮生效，如图 3.1.4 所示。

图 3.1.4　"配置"选项卡

❸ 查看路由器的接口。

如果路由器添加了新的模块，就会有新的网络接口，要想正确地实现网络配置，就要先弄清楚路由器中所有接口的类型。可以使用命令进行查看，具体如下。

```
[Huawei]display current-configuration
[V200R003C00]
#
 board add 0/1 2SA
#
……省略部分内容                          //省略
#
interface Serial1/0/0                    //广域网接口
 link-protocol ppp
#
interface Serial1/0/1                    //广域网接口
 link-protocol ppp
#
interface GigabitEthernet0/0/0           //千兆以太网接口
interface GigabitEthernet0/0/1           //千兆以太网接口
interface GigabitEthernet0/0/2           //千兆以太网接口
interface NULL0
……省略部分内容                          //省略
return
```

❹ 路由器的连接。

路由器与计算机通常是通过路由器的局域网接口与计算机的网卡接口进行连接的，如

图 3.1.5 所示。由于路由器本身就是一台没有显示器的计算机主机，因此在计算机与路由器直接连接时，应使用交叉线，而不能使用直通线。虽然现在市面上也存在使用直通线连接的路由器，但在 Cisco Packet Tracer 软件中是不支持的。

路由器与交换机连接通常是通过路由器的局域网接口与交换机接口进行的，如图 3.1.6 所示。在使用双绞线连接时，既可以使用交叉线，也可以使用直通线，在一般情况下采用直通线连接的方法。华为 eNSP 模拟器在使用时只有一种双绞线，不用区分是直通线还是交叉线。

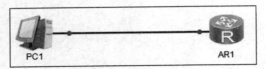   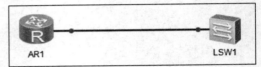

图 3.1.5　路由器与计算机连接　　　　图 3.1.6　路由器与交换机连接

从前面所有的网络拓扑结构中可以发现一个共同点，就是所有与路由器连接的接口的状态标记都是红色的，这是因为当前路由器还没有进行配置，所有接口全是 Shutdown（关闭）状态。

通过上面介绍的内容，读者可以使用正确的线缆完成本任务的所有网络设备的连接，最终效果应与图 3.1.1 中的一致。

任务验收

根据网络拓扑结构检查链路连接的接口是否正确。

知识链接

路由器具有非常强大的网络连接和路由功能，它可以与各种各样的网络进行物理连接，这就决定了路由器的接口技术非常复杂，越是高档的路由器，其接口种类也就越多，因为它所能连接的网络类型非常多。路由器的接口主要分为局域网接口、广域网接口和配置接口三大类。

路由器与路由器互连的方式有很多，因为路由可以添加的模块很多，所以路由器接口类型很多，而不同类型的接口使用不同的线缆进行互连。其主要分为以下 3 种。

（1）路由器通过广域网串口互连，要使用专用的 DTE 和 DCE 串口线连接。

（2）路由器通过局域网以太网接口互连，一般使用双绞线进行互连，并且一定要使用交叉线进行连接，使用直通线连接是无法通信的。

（3）路由器的高速网络接入，通常使用光纤接入。

在实际的网络工程中,当需要对网络设备添加或卸下模块时,一定要先断电才可以操作。

任务小结

(1)掌握路由器模块添加的方法。

(2)掌握路由器各种接口使用的线缆类型。

(3)掌握路由器接口的命名。

任务 2 路由器的基本配置

路由器在网络中担任了非常重要的角色,因此,路由器的基本配置显得尤为重要。路由器的基本配置包括给设备命名、设置接口的 IP 地址、设置密码和配置接口等。

任务描述

因业务发展需求,艺腾公司需要购买一台路由器扩展现有网络,根据公司的网络拓扑结构规划,网络管理员将刚刚购买的路由器经过配置后投入使用。

任务分析

网络管理员拿到刚刚购买的路由器时,首先要对出厂的路由器进行配置,可以通过路由器的 Console 接口进行配置。

本任务使用 Console 线缆将路由器的 Console 接口与计算机的 COM 接口连接起来,使用双绞线将路由器的 GE 0/0/0 接口与计算的网卡连接起来即可进行配置,其网络拓扑结构如图 3.2.1 所示。

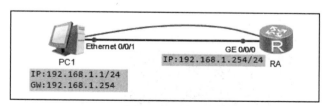

图 3.2.1 路由器的基本配置的网络拓扑结构

具体要求如下。

(1)添加一台计算机,将标签名更改为 PC1。

(2)添加一台型号为 AR2220 的路由器,将标签名更改为 RA,路由器的名称设置为 RA。

(3)开启路由器和计算机。

(4) PC1 连接路由器 RA 的 GE 0/0/0 接口。利用配置线连接计算机的 RS 232（COM 接口）和路由器的 Console 接口。

(5) 路由器和 PC1 的接口、IP 地址等的设置如表 3.2.1 所示。

表 3.2.1　路由器和 PC1 的接口、IP 地址等的设置

设备名称	接口	IP 地址/子网掩码	网关
RA	GE 0/0/0	192.168.1.254/24	无
PC1	Ethernet 0/0/1	192.168.1.1/24	192.168.1.254

(6) 按照图 3.2.1 所示的网络拓扑结构，使用直通线连接好计算机，并设置计算机的 IP 地址、子网掩码和网关。

(7) 在路由器上实现相关的基本配置，并进行测试。

任务实施

❶ 双击计算机，选择"串口"选项卡，显示如图 3.2.2 所示的界面。

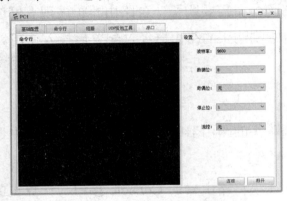

图 3.2.2　计算机桌面应用程序

❷ 设置超级终端参数，如图 3.2.3 所示，单击"连接"按钮。

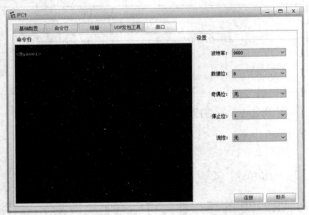

图 3.2.3　设置超级终端参数

❸ 用户已经成功进入路由器的配置界面,可以对路由器进行必要的配置。使用 display version 命令可以查询路由器软件和硬件的版本信息,如图 3.2.4 所示。

图 3.2.4　查询路由器软件和硬件的版本信息

❹ 切换路由器的配置模式。

```
<Huawei>                                    //用户视图
<Huawei>system-view                         //进入系统视图
[Huawei]interface GigabitEthernet 0/0/0     //进入接口视图
[Huawei-GigabitEthernet0/0/0]quit           //回到系统视图
[Huawei]quit                                //回到用户视图
<Huawei>save                                //保存配置
```

❺ 配置路由器的名称。

```
<Huawei>system-view                         //进入系统视图
[Huawei]sysname RA                          //将路由器命名为 RA
```

❻ 设置路由器的时间。

```
<RA>clock datetime 12:00:00 2021-02-02
<RA>clock timezone BJ add 08:00:00
```

❼ 配置设备接口的 IP 地址。

```
<RA>system-view
[RA]int GigabitEthernet 0/0/0
[RA-GigabitEthernet0/0/0]ip address 192.168.1.254 255.255.255.0
[RA-GigabitEthernet0/0/0]
```

❽ 配置交换机的 Console 接口的密码。

(1) 以登录用户界面的认证方式为密码认证,密码以 huawei 为例,配置如下。

```
[RA]user-interface console 0
[RA-ui-console0]authentication-mode password
Please configure the login password (maximum length 16):huawei
[RA-ui-console0]return
<RA>quit
```

```
Login authentication
Password:        //此处输入密码 huawei，可以进入用户视图
```

（2）以登录用户界面的认证方式为 AAA 认证，以用户名为 admin、密码为 huawei 为例，配置如下。

```
<RA>system-view
[RA]user-interface console 0
[RA-ui-console0]authentication-mode aaa
[RA-ui-console0]quit
[RA]aaa
[RA-aaa]local-user admin password cipher huawei
[RA-aaa]local-user admin service-type terminal
[RA-aaa]return
<RA>quit
Username:admin  //此处输入的用户名为 admin，密码为 huawei，可以进入用户视图
Password:
<RA>
```

任务验收

❶ 使用 display current-configuration 命令查看当前配置。查看路由器的管理方式是否配置成功。

❷ 测试路由器的 Console 接口的密码是否已经生效。

❸ 当配置完以上命令时，再次查看网络拓扑结构，可以发现，链路中的红色标记已经变成绿色。这时可以为 PC1 分配一个同网段的 IP 地址（如 192.168.1.1），设置网关为路由器 GE 0/0/0 接口的 IP 地址，测试它们之间的连通性。

知识链接

1. 路由器的管理方式

用户对网络设备的操作管理叫作网络管理。按照用户的配置管理方式，常见的网络管理方式分为 CLI 方式和 Web 方式。其中，通过 CLI 方式管理设备指的是用户通过 Console 接口（也称串口）、Telnet 或 STelnet 方式登录设备，使用设备提供的命令行对设备进行管理和配置。

通过 Console 接口进行本地登录是登录设备最基本的方式，也是其他登录方式的基础。在默认情况下，用户可以直接通过 Console 接口进行本地登录，用户级别是 15。该方式仅限于本地登录，通常在以下 3 种场景下应用。

（1）当对设备进行第一次配置时，可以通过 Console 接口登录设备进行配置。

（2）当用户无法远程登录设备时，可以通过 Console 接口进行本地登录。

（3）当设备无法启动时，可以通过 Console 接口进入 BootLoader 进行诊断或系统升级。

2．路由器的命令视图操作模式

路由器的命令视图操作模式主要有用户视图模式、系统视图模式和接口视图模式。

用户视图模式：进入路由器后的第一个操作模式，在此模式下用户只具有底层的权限，可以查看路由器软件和硬件的版本信息，但不能对路由器进行配置。

系统视图模式：在此模式下用户可以对路由器的配置文件进行管理，查看路由器的配置信息，进行网络的测试和调试等。

接口视图模式：在此模式下可以配置路由器相关接口的参数，如物理属性、接口地址等。

任务小结

（1）路由器具有与交换机一样的命令视图配置模式，并且切换命令一致。

（2）路由器的接口可以直接分配 IP 地址，需要注意的是，如果路由器的型号不同，那么接口号也会有所区别，如 GE 0/0/1 接口和 GE 1/0/1 接口是不同的。

任务 3　路由器的远程配置

如果已配置好路由器的接口的 IP 地址且能进行网络通信，则可以通过局域网或广域网，使用远程登录方式登录到路由器上，对路由器进行本地配置或远程配置，这样可以降低网络管理员的工作量。

任务描述

在组建局域网时，艺腾公司已经对公司的网络设备进行了基本配置，现在全部接入网络，并投入使用。为了方便对网络设备进行维护，现在需要配置其远程访问功能，以方便远程管理。

任务分析

远程管理极大地提高了用户操作的灵活性。远程管理主要分为 Telnet 和 STelnet 两种方式。如果为交换机分配了管理 IP 地址，则可以使用 Telnet 和 STelnet 客户端连接到交换机。

但是，VTY 线路并不安全，所以可以为 VTY 线路配置密码身份验证，以保护通过 VTY 线路对交换机的访问。

下面利用实验来介绍路由器的远程配置的方法及应用。路由器的远程配置的网络拓扑结构如图 3.3.1 所示。

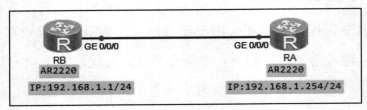

图 3.3.1 路由器的远程配置的网络拓扑结构

具体要求如下。

（1）添加两台型号为 AR2220 的路由器，将标签名分别更改为 RA 和 RB，路由器的名称分别设置为 RA 和 RB。

（2）RA 的 GE 0/0/0 接口连接 RB 的 GE 0/0/0 接口。

（3）开启所有的路由器和计算机。

（4）根据图 3.3.1 所示的网络拓扑结构，使用直通线连接好路由器，并设置路由器的接口、IP 地址/子网掩码，如表 3.3.1 所示。

表 3.3.1 设置路由器的接口、IP 地址/子网掩码

设备名称	接口	IP 地址/子网掩码
RA	GE 0/0/0	192.168.1.254/24
RB	GE 0/0/0	192.168.1.1/24

（5）在 RA 上，先配置 Telnet 远程管理，并使用 RB 对其进行验证；再配置 STelnet 远程管理，并进行验证。

1．配置通过 Telnet 登录系统

❶ RA 的基本配置如下。

```
<Huawei>system-view
[Huawei]sysname RA
[RA]interface GigabitEthernet 0/0/0
[RA-GigabitEthernet0/0/0]ip address 192.168.1.254 24
[RA-GigabitEthernet0/0/0]quit
```

❷ RB 的基本配置如下。

```
<Huawei>system-view
```

```
[Huawei]sysname RB
[RB]interface GigabitEthernet 0/0/0
[RB-GigabitEthernet0/0/0]ip address 192.168.1.1 24
[RB-GigabitEthernet0/0/0]quit
```

❸ 在 RA 上配置 Telnet 用户登录界面，此处有两种方式，分别为 Password 方式和 AAA 方式。

（1）使用 Password 认证方式。

```
[RA]user-interface vty 0 4
[RA-ui-vty0-4]authentication-mode password  //配置认证方式为 Password
Please configure the login password (maximum length 16):huawei
                                              //配置明文认证，密码为 huawei
[RA-ui-vty0-4]user privilege level 2          //配置用户级别为 2 级
[RA-ui-vty0-4]idle-timeout 10                 //断连时间为 10 分钟
[RA-ui-vty0-4]quit
```

（2）使用 AAA 认证方式。用户名为 admin，密码为 huawei。

```
[RA]user-interface vty 0 4
[RA-ui-vty0-4]authentication-mode aaa
[RA-ui-vty0-4]user privilege level 2
[RA-ui-vty0-4]quit
[RA]aaa
[RA-aaa]local-user admin password cipher huawei
[RA-aaa]local-user admin service-type telnet
[RA-aaa]quit
```

2. 配置通过 STelnet 登录系统

❶ RA 的基本配置如下。

```
<Huawei>system-view
[Huawei]sysname RA
[RA]interface GigabitEthernet 0/0/0
[RA-GigabitEthernet0/0/0]ip address 192.168.1.254 24
[RA-GigabitEthernet0/0/0]quit
```

❷ RB 的基本配置如下。

```
<Huawei>system-view
[Huawei]sysname RB
[RB]interface GigabitEthernet 0/0/0
[RB-GigabitEthernet0/0/0]ip address 192.168.1.1 24
[RB-GigabitEthernet0/0/0]quit
```

❸ 在 RA 上开启 SSH 服务。

```
[RA]stelnet server enable
Info: Succeeded in starting the Stelnet server.
```

❹ 在 RA 上使用 rsa local-key-pair create 命令来生成本地 RSA 主机密钥对。

成功完成 SSH 登录的首要操作是配置并产生本地 RSA 密钥对。在进行其他 SSH 配置之前先要生成本地密钥对，生成的密钥对将保存在设备中，重启后不会丢失。

```
[RA]rsa local-key-pair create
The key name will be: Host
% RSA keys defined for Host already exist.
Confirm to replace them? (y/n)[n]:y
The range of public key size is (512 ~ 2048).
NOTES: If the key modulus is greater than 512,
       It will take a few minutes.
Input the bits in the modulus[default = 512]:512
Generating keys...
......++++++++++++
......++++++++++++
.....+++++++
........................+++++++
```

❺ 配置 SSH 用户登录界面。设置用户为 AAA 授权认证方式。用户名为 admin，密码为 huawei。

```
[RA]user-interface vty 0 4                      //进入 VTY 用户界面
[RA-ui-vty0-4]authentication-mode aaa           //设置用户认证方式为 AAA
[RA-ui-vty0-4]user privilege level 2            //配置本地用户的优先级
[RA-ui-vty0-4]protocol inbound ssh              //只支持 SSH 协议，禁止 Telnet 功能
[RA-ui-vty0-4]idle-timeout 15                   //断连时间为 15 分钟
[RA-ui-vty0-4]quit
[RA]aaa
[RA-aaa]local-user admin password cipher huawei
//创建本地用户和口令，以密文方式显示用户口令
[RA-aaa]local-user admin service-type ssh       //本地用户的接入类型为 SSH
[RA-aaa]quit
[RA]ssh user admin authentication password
```

❻ 配置 SSH Client 首次认证功能。

当 SSH 用户第一次登录 SSH 服务器时，用户端还没有保存 SSH 服务器的 RSA 公钥，所以对服务器的 RSA 有效性公钥检查失败，从而导致登录服务器失败。因此，当用户端 RB 首次登录时，需要开启 SSH 用户端首次认证功能，不对 SSH 服务器的 RSA 公钥进行有效性检查。

```
[RB]ssh client first-time enable
```

任务验收

❶ 在 RB 上，使用 telnet 192.168.1.254 命令进行 Password 方式登录测试。

```
<RB>telnet 192.168.1.254
Trying 192.168.1.254 ...
Press Ctrl+K to abort
Connected to 192.168.1.254 ...
Login authentication
```

```
Password:                              //此处密码为 huawei
<RA>system-view
```

❷ 在 RB 上，使用 telnet 192.168.1.254 命令进行 AAA 方式登录测试。

```
<RB>telnet 192.168.1.254
Trying 192.168.1.254 ...
Press Ctrl+K to abort
Connected to 192.168.1.254 ...
Login authentication
Username:admin                         //此处用户名为 admin
Password:                              //此处密码为 huawei<RA>system-view
[RA]
```

❸ 在 RB 上，使用 stelnet 192.168.1.254 命令进行登录测试。

❹ 在 RA 上，使用 display users 命令查看已经登录的用户信息。

❺ 在 RA 上，使用 display rsa local-key-pair public 命令查看本地密钥对的公钥信息。

知识链接

1. Telnet 介绍

Telnet（Telecommunication Network Protocol）起源于 ARPANET，是最早的 Internet 应用之一。

Telnet 通常用在远程登录应用中，以便对本地或远端运行的网络设备进行配置、监控和维护。如果网络中有多台设备需要配置和管理，那么用户无须为每台设备都连接一个用户终端进行本地配置，可以通过 Telnet 方式在一台设备上对多台设备进行管理或配置。如果网络中需要管理或配置的设备不在本地，那么可以通过 Telnet 方式实现对网络中设备的远程维护，这极大地提高了用户操作的灵活性。

2. STelnet 介绍

由于 Telnet 缺少安全的认证方式，而且传输过程采用 TCP 协议进行明文传输，存在很大的安全隐患，单纯提供 Telnet 服务容易招致主机 IP 地址欺骗、路由欺骗等恶意攻击。传统的 Telnet 和 FTP 等通过明文传送密码和数据的方式，已经慢慢不被接受。

STelnet 是 Secure Telnet 的简称。在一个传统的不安全的网络环境中，服务器通过对用户端的认证及双向的数据加密，为网络终端访问提供安全的 Telnet 服务。

SSH（Secure Shell）是一个网络安全协议。通过对网络数据进行加密，SSH 能够在不安全的网络环境中，提供安全的远程登录和其他安全网络服务。SSH 可以提供安全的信息保障和强大的认证功能，以保护路由器不受诸如 IP 地址欺骗、明文密码截取等攻击。SSH 数据加密传输，认证机制更加安全，而且可以代替 Telnet，已经被广泛使用，成为当前重要的网络协议之一。

SSH基于TCP协议22号接口传输数据,支持Password认证。用户端向服务器发出Password认证请求,将用户名和密码加密后发送给服务器;服务器将该信息解密后得到用户名和密码的明文,与设备上保存的用户名和密码进行比较,并返回认证成功或失败的消息。

任务小结

本任务介绍了如何在路由器上实现Telnet和SSH,这对网络管理员来说是至关重要的,因为这可以在很大程度上方便网络管理员的工作,需要注意Telnet和SSH的区别,在实际工作中使用SSH更多一些,因为Telnet是明文传输的,而SSH是密文传输的,SSH相对来说更安全。

任务4 路由器的DHCP配置

任务描述

艺腾公司的总经理发现自己的计算机出现了"IP地址冲突"问题,并且连接不上网络,于是找网络管理员解决这个问题,网络管理员认为这是有些员工擅自修改IP地址导致的,可以通过现有的路由器使用DHCP技术来解决这个问题。

任务分析

网络管理员为每台计算机手动分配一个IP地址,这样会大大增加网络管理员的工作量,也容易导致IP地址分配错误,有什么办法既能减少网络管理员的工作量、减小输入错误的可能性,又能避免IP地址冲突呢?网络管理员的想法非常正确,使用DHCP技术可以在不需要增加硬件的情况下实现。

下面利用实验来介绍路由器的DHCP配置的方法及应用。路由器的DHCP配置的网络拓扑结构如图3.4.1所示。

具体要求如下。

(1)添加两台计算机,将标签名分别更改为PC1、PC2。

(2)添加两台型号为S3700-26C-HI的交换机,标签名分别为SWA、SWB,将交换机的名称分别设置为SWA、SWB。

(3)添加一台型号为AR2220的路由器,标签名为RA,将路由器的名称设置为RA。

（4）开启所有的路由器、交换机和计算机。

（5）PC1 连接 SWA 的 Ethernet 0/0/1 接口，PC2 连接 SWB 的 Ethernet 0/0/1 接口。

（6）SWA 的 GE 0/0/1 接口连接 RA 的 GE 0/0/0 接口，SWB 的 GE 0/0/1 接口连接 RA 的 GE 0/0/1 接口。

（7）根据图 3.4.1 所示的网络拓扑结构，使用双绞线连接好所有计算机，并将每台计算机的 IP 地址设置为 DHCP 获取方式。

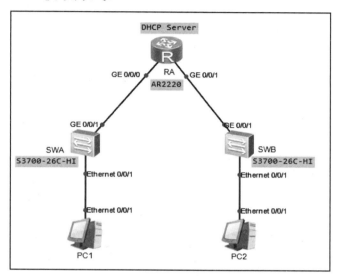

图 3.4.1　路由器的 DHCP 配置的网络拓扑结构

（8）在 RA 上开启 DHCP 服务，配置两个地址池，并设置保留 IP 地址，使连接在不同交换机上的计算机获得相应的 IP 地址，最终实现全网互通，详细参数如表 3.4.1 所示。

表 3.4.1　路由器和计算机的 IP 地址、子网掩码与网关

设备名称	接口	IP 地址	子网掩码	网关
RA	GE 0/0/0	192.168.10.254	255.255.255.0	无
	GE 0/0/1	192.168.20.254	255.255.255.0	无
PC1	Ethernet 0/0/1	DHCP 自动获取	DHCP 自动获取	DHCP 自动获取
PC2	Ethernet 0/0/1	DHCP 自动获取	DHCP 自动获取	DHCP 自动获取

任务实施

1. 配置基于接口地址池的 DHCP

❶ 交换机的基本配置。

交换机为二层设备，无须配置 IP 地址，只要修改主机名称就可以。

```
<Huawei>
<Huawei>system-view
[Huawei]sysname SWA
```

```
[SWA]
<Huawei>
<Huawei>system-view
[Huawei]sysname SWB
[SWB]
```

❷ 路由器的基本配置。

```
<Huawei>
<Huawei>system-view
[Huawei]sysname RA
[RA]interface GigabitEthernet 0/0/0
[RA-GigabitEthernet0/0/0]ip add 192.168.10.254 24
[RA-GigabitEthernet0/0/0]quit
[RA]interface GigabitEthernet 0/0/1
[RA-GigabitEthernet0/0/1]ip add 192.168.20.254 24
[RA-GigabitEthernet0/0/1]quit
```

❸ 开启路由器的 DHCP 服务器功能。

```
[RA]dhcp enable
```

❹ 配置路由器接口的 DHCP 功能。

```
[RA]interface GigabitEthernet 0/0/0
[RA-GigabitEthernet0/0/0]dhcp select interface
//指定从接口地址池分配地址
[RA-GigabitEthernet0/0/0]dhcp server lease day 3
//租用有效期限为 3 天
[RA-GigabitEthernet0/0/0]dhcp server excluded-ip-address 192.168.10.251 192.168.10.253                //不参与自动分配的地址范围
[RA-GigabitEthernet0/0/0]dhcp server dns-list 114.114.114.114
//自动分配的 DNS 服务器地址为 114.114.114.114
[RA-GigabitEthernet0/0/0]quit
[RA]interface GigabitEthernet 0/0/1
[RA-GigabitEthernet0/0/1]dhcp select interface
[RA-GigabitEthernet0/0/1]dhcp server lease day 3
[RA-GigabitEthernet0/0/1]dhcp server excluded-ip-address 192.168.20.241 192.168.20.253
[RA-GigabitEthernet0/0/1]dhcp server dns-list 8.8.8.8
[RA-GigabitEthernet0/0/1]quit
```

❺ 设置计算机使用 DHCP 方式获取 IP 地址。

（1）在 PC1 上右击，在弹出的快捷菜单中选择"设置"命令，打开 PC1 的配置界面。在"基础配置"选项卡的"IPv4 配置"选项组中，选中"DHCP"单选按钮，然后单击右下角的"应用"按钮，如图 3.4.2 所示。

（2）单击 PC1 的"命令行"选项卡，在其中输入 ipconfig 命令查看接口的 IP 地址，如图 3.4.3 所示。

图 3.4.2 "基础配置"选项卡

图 3.4.3 查看 PC1 的 IP 地址

（3）使用同样的方法，设置另一台计算机也使用 DHCP 方式获取 IP 地址，并查看计算机所获取到的其他信息，最后得到如表 3.4.2 所示的内容。

表 3.4.2 计算机获得的信息表

计算机	IP 地址	子网掩码	网关	DNS 服务器地址
PC1	192.168.10.250	255.255.255.0	192.168.10.254	114.114.114.114
PC2	192.168.20.240	255.255.255.0	192.168.20.254	8.8.8.8

通过分析表 3.4.2 可知，两台计算机都获取到了 IP 地址、子网掩码、网关及 DNS 服务器地址，而且连接到 VLAN 10 的计算机获取到的 IP 地址属于 192.168.10.0/24 网段，连接到 VLAN 20 的计算机获取到的 IP 地址属于 192.168.20.0/24 网段，而且它们都是在保留地址以外的 IP 地址。因此，不仅实现了保留 IP 地址的目的，还实现了任务的要求。

2．配置基于全局地址池的 DHCP

❶ 交换机的基本配置。

交换机为二层设备，无须配置 IP 地址，只要修改主机名称就可以。

```
<Huawei>system-view
[Huawei]sysname SWA
[SWA]
<Huawei>system-view
[Huawei]sysname SWB
[SWB]
```

❷ 路由器的基本配置。

```
<Huawei>
<Huawei>system-view
[Huawei]sysname RA
[RA]interface GigabitEthernet 0/0/0
[RA-GigabitEthernet0/0/0]ip add 192.168.10.254 24
[RA-GigabitEthernet0/0/0]quit
[RA]interface GigabitEthernet 0/0/1
[RA-GigabitEthernet0/0/1]ip add 192.168.20.254 24
[RA-GigabitEthernet0/0/1]quit
```

❸ 开启路由器的 DHCP 服务器功能。

```
[RA]dhcp enable
```

❹ 配置路由器接口的 DHCP 功能。

```
[RA]ip pool huawei1                                         //创建全局地址池
[RA-ip-pool-huawei1]network 192.168.10.0                    //配置可动态分配的网段
[RA-ip-pool-huawei1]lease day 3                             //租用有效期限为 3 天
[RA-ip-pool-huawei1]excluded-ip-address 192.168.10.251 192.168.10.253
                                                            //不参与分配的地址范围
[RA-ip-pool-huawei1]gateway-list 192.168.10.254//配置出口网关地址
[RA-ip-pool-huawei2]dns-list 114.114.114.114                //配置 DNS 服务器地址
[RA-ip-pool-huawei1]quit
[RA]interface GigabitEthernet 0/0/0
[RA-GigabitEthernet0/0/0]dhcp select global
//指定接口采用全局地址池为客户端分配 IP 地址
[RA-GigabitEthernet0/0/0]quit
[RA]ip pool huawei2
[RA-ip-pool-huawei2]network 192.168.20.0
[RA-ip-pool-huawei2]lease day 3
[RA-ip-pool-huawei2]excluded-ip-address 192.168.20.241 192.168.20.253
[RA-ip-pool-huawei2]gateway-list 192.168.20.254
[RA-ip-pool-huawei2]dns-list 8.8.8.8
[RA-ip-pool-huawei2]quit
[RA]interface GigabitEthernet 0/0/1
[RA-GigabitEthernet0/0/1]dhcp select global
[RA-GigabitEthernet0/0/1]quit
```

❺ 查看计算机采用 DHCP 方式获取的 IP 地址。

查看计算机所获取的 IP 地址，最后将得到如表 3.4.3 所示的内容。

表 3.4.3 计算机获得的信息表

计算机	IP 地址	子网掩码	网关	DNS 服务器地址
PC1	192.168.10.250	255.255.255.0	192.168.10.254	114.114.114.114
PC2	192.168.20.240	255.255.255.0	192.168.20.254	8.8.8.8

通过分析表 3.4.3 可知，两台计算机都获取到了 IP 地址、子网掩码、网关及 DNS 服务器地址，而且连接到 VLAN 10 的计算机获取到的 IP 地址属于 192.168.10.0/24 网段，连接到 VLAN 20 的计算机获取到的 IP 地址属于 192.168.20.0/24 网段，而且它们都是在保留地址以外的 IP 地址。因此，不仅实现了保留 IP 地址的目的，还实现了任务的要求。

任务验收

❶ 在 RA 上使用 display ip pool 命令查看 DHCP 地址池中的地址分配情况。

❷ 在两台计算机中，查看 IP 地址的获取情况，使用 ping 命令测试其他计算机的连通情况。可以得出结论，当前网络中的计算机之间是连通的。

知识链接

基于接口地址池的 DHCP 服务器，连接这个接口网段的用户都从该接口地址池中获取 IP 地址等配置信息，由于地址池绑定在特定的接口上，可以限制用户的使用条件，因此在保障安全性的同时也存在一定的局限性。当用户从不同接口接入 DHCP 服务器且需要从同一个地址池中获取 IP 地址时，就需要配置基于全局地址池的 DHCP 服务器。

配置基于全局地址池的 DHCP 服务器，从所有接口上连接的用户都可以选择该地址池中的地址，也就是说，全局地址池是一个公共地址池。在 DHCP 服务器上创建地址池并配置相关属性（包括地址范围、地址租期、不参与自动分配的 IP 地址等），再配置接口工作在全局地址池模式。路由器支持工作在全局地址池模式的接口有三层接口及其子接口、三层 Ethernet 接口及其子接口、三层 Eth-Trunk 接口及其子接口和 VLANIF 接口。

任务小结

本任务介绍了路由器的 DHCP 服务，可以使下连的计算机通过交换机获取 IP 地址、子网掩码、网关和 DNS 服务器地址。当一个网络中计算机数量庞大时，使用 DHCP 服务器，不仅可以很方便地为每台计算机配置好相应的 IP 地址，还可以减轻网络管理员分配 IP 地址的工作。

任务 5 单臂路由的配置

在以太网中,通常会使用 VLAN 技术隔离二层广播域来减少广播的影响,并增强网络的安全性和可管理性。VLAN 技术的缺点是严格地隔离了不同 VLAN 之间的任何二层广播域的流量,使分属于不同 VLAN 的用户不能互相通信。在现实中,经常会出现某些用户需要跨越不同 VLAN 实现通信的情况,由此而生的单臂路由技术就是解决 VLAN 之间通信的一种方法。

任务描述

艺腾公司针对部门划分了 VLAN 之后,发现两个部门之间无法进行通信,但有时两个部门的员工需要进行通信,因此,网络管理员需要通过简单的方法来实现此功能。

任务分析

通过在交换机上划分适当数目的 VLAN,不仅能有效隔离广播风暴,还能提高网络安全性及网络带宽的利用效率。划分 VLAN 之后,VLAN 与 VLAN 之间是不能通信的,但是使用路由器的单臂路由技术可以解决这个问题。

下面利用实验来介绍路由器单臂路由的配置。路由器单臂路由实验的网络拓扑结构如图 3.5.1 所示。

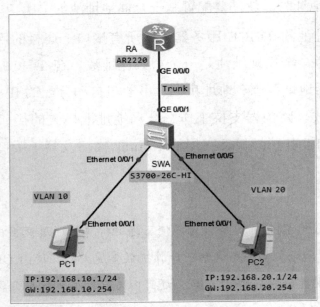

图 3.5.1 路由器单臂路由实验的网络拓扑结构

具体要求如下。

（1）添加两台计算机，将标签名分别更改为 PC1 和 PC2。

（2）添加一台型号为 S3700-26C-HI 的交换机，标签名为 SWA，将交换机的名称设置为 SWA。

（3）添加一台型号为 AR2220 的路由器，标签名为 RA，将路由器的名称设置为 RA。

（4）PC1 连接 SWA 的 Ethernet 0/0/1 接口，PC2 连接 SWA 的 Ethernet 0/0/5 接口，将 SWA 的 GE 0/0/1 接口与 RA 的 GE 0/0/0 接口相连。

（5）开启所有的交换机、路由器和计算机。

（6）根据图 3.5.1 所示的网络拓扑结构，使用直通线连接好所有的计算机，并设置每台计算机的 IP 地址、子网掩码和网关，如表 3.5.1 所示。

表 3.5.1　计算机的 IP 地址、子网掩码和网关

计算机	IP 地址	子网掩码	网关
PC1	192.168.10.1	255.255.255.0	192.168.10.254
PC2	192.168.20.1	255.255.255.0	192.168.20.254

（7）在 SWA 上划分的 VLAN 及分配接口如表 3.5.2 所示。

表 3.5.2　在 SWA 上划分的 VLAN 及分配接口

VLAN 编号	接口范围	连接的计算机
10	Ethernet 0/0/1	PC1
20	Ethernet 0/0/5	PC2

（8）在路由器上通过配置单臂路由实现两台计算机之间的正常通信。

任务实施

❶ SWA 的基本配置如下。

```
<Huawei>system-view
[Huawei]sysname SWA
[SWA]vlan batch 10 20
[SWA]interface Ethernet 0/0/1
[SWA-Ethernet0/0/1]port link-type access
[SWA-Ethernet0/0/1]port default vlan 10
[SWA-Ethernet0/0/1]quit
[SWA]interface Ethernet 0/0/5
[SWA-Ethernet0/0/5]port link-type access
[SWA-Ethernet0/0/5]port default vlan 20
[SWA-Ethernet0/0/5]quit
[SWA]interface GigabitEthernet 0/0/1
[SWA-GigabitEthernet0/0/1]port link-type trunk
[SWA-GigabitEthernet0/0/1]port trunk allow-pass vlan 10 20
```

```
[SWA-GigabitEthernet0/0/1]quit
```

❷ RA 的配置如下。

```
<Huawei>system-view
[Huawei]sysname RA
[RA]int g0/0/0.1
[RA-GigabitEthernet0/0/0.1]ip add 192.168.10.254 24
[RA-GigabitEthernet0/0/0.1]dot1q termination vid 10      //封装 802.1Q 协议
[RA-GigabitEthernet0/0/0.1]arp broadcast enable          //开启 ARP 广播功能
[RA-GigabitEthernet0/0/0.1]quit
[RA]int g0/0/0.2
[RA-GigabitEthernet0/0/0.2]ip add 192.168.20.254 24
[RA-GigabitEthernet0/0/0.2]dot1q termination vid 20      //封装 802.1Q 协议
[RA-GigabitEthernet0/0/0.2]arp broadcast enable          //开启 ARP 广播功能
[RA-GigabitEthernet0/0/0.2]quit
```

❸ 在 RA 上查看接口状态。

```
[RA]display ip interface brief
*down: administratively down
……省略部分内容
Interface                  IP Address/Mask      Physical    Protocol
GigabitEthernet0/0/0       unassigned           up          down
GigabitEthernet0/0/0.1     192.168.10.254/24    up          up
GigabitEthernet0/0/0.2     192.168.20.254/24    up          up
GigabitEthernet0/0/1       unassigned           down        down
GigabitEthernet0/0/2       unassigned           down        down
NULL0                      unassigned           up          up(s)
```

可以观察到，两个子接口的物理状态和协议状态都正常。

任务验收

❶ 使用 display ip routing-table 命令可以查看 RA 的路由表。观察路由表中是否已经有 192.168.10.0/24 和 192.168.20.0/24 路由条目。

❷ PC1 和 PC2 分别属于 VLAN 10 和 VLAN 20，SWA 是二层交换机，为了使 VLAN 10 和 VLAN 20 中的计算机可以相互通信，需要增加一台路由器来转发 VLAN 之间的数据包，路由器与交换机之间使用单条链路相连，这条链路又称为主干（Trunk），所有数据包的进出都要通过路由器 AR2220 的 GE 0/0/0 接口来实现数据转发。

当配置完以上命令时，再次查看网络拓扑结构，可以发现链路中的红色标记已经变成绿色。这时可以用 ping 命令测试 PC1 与 PC2 之间的连通性，结果发现它们之间是连通的，如图 3.5.2 所示。这说明路由器的单臂路由技术发挥了作用。

图 3.5.2　测试 PC1 与 PC2 之间的连通性

知识链接

1. 单臂路由的原理

单臂路由的原理是，通过一台路由器使 VLAN 之间互通的数据通过路由器进行三层转发。如果在路由器上为每个 VLAN 分配一个单独的路由器物理接口，随着 VLAN 数量的增加，必然需要更多的接口，而路由器能提供的接口数量比较有限，所以在路由器的一个物理接口上通过配置子接口（即逻辑接口）的方式来实现以一当多的功能。路由器同一物理接口的不同子接口作为不同 VLAN 的默认网关，当不同 VLAN 之间的用户主机需要通信时，只需要将数据包发送给网关，网关处理后再发送至目的主机所在的 VLAN，从而实现 VLAN 之间的通信。从网络拓扑结构来看，在交换机与路由器之间，数据仅通过一条物理链路进行传输，故被形象地称为单臂路由。

VLAN 能有效地分割局域网，实现各网络区域之间的访问控制，但在现实中，往往需要配置某些 VLAN 之间的互联互通。例如，某公司划分为销售部、财务部、人力资源部、科技部和审计部等，并为不同部门配置了不同的 VLAN，部门之间不能相互访问，这样可以有效地保证各部门的信息安全。但是领导层需要跨越 VLAN 访问其他各个部门的情况，这个功能就由单臂路由来实现。

路由器一般是基于软件处理方式来实现路由的，存在一定的延时，难以达到线速交换。所以，随着 VLAN 通信流量的增加，路由器将成为通信的瓶颈，因此，单臂路由适用于通信流量较少的情况。

2. 单臂路由的相关配置

（1）创建子接口，并封装 802.1Q 协议。

创建子接口，并封装 802.1Q 协议，其命令格式如下。

```
interface subinterface
dot1q termination vid vlan_id
```

其中，subinterface 表示子接口，vlan_id 表示 VLAN ID。

使用 dotlq termination vid 命令可以配置子接口对一层 tag 报文的终结功能。也就是说，配置该命令后，路由器子接口在接收带有 VLAN tag 的报文时，将剥掉该报文并对其进行三层转发，在发送报文时，会将与该子接口对应 VLAN 的 VLAN tag 添加到报文中。

（2）开启子接口的 ARP 广播功能。

开启子接口的 ARP 广播功能的命令格式如下。

```
arp broadcast enable
```

使用 arp broadcast enable 命令可以开启子接口的 ARP 广播功能。如果不配置该命令，则会导致子接口无法主动发送 ARP 广播报文，以及向外转发 IP 报文。

任务小结

（1）交换机与路由器相连的接口要设置成 Trunk 模式。

（2）路由器的接口不一定要在启动状态。

（3）配置路由器接口的子接口，同时要进行 802.1Q 的协议封装和开启 ARP 广播功能。

项目 4
路由协议的配置

项目描述

路由器提供了异构网互联的机制，可以实现将一个网络的数据包发送到另一个网络。而路由就是指导 IP 数据包发送的路径信息。路由协议就是在路由指导 IP 数据包发送过程中事先约定好的规定和标准。路由协议通过在路由器之间共享路由信息来支持可路由协议。路由信息在相邻路由器之间传递，确保所有的路由器知道到其他路由器的路径。总之，路由协议创建了路由表，描述了网络拓扑结构；路由协议与路由器协同工作，执行路由选择和数据包转发。在实际应用中，路由器通常连接许多不同的网络，如果要实现多个不同网络之间的通信，则要在路由器上配置路由协议。

本项目主要介绍静态路由的配置、默认路由和浮动静态路由的配置、动态路由 RIPv2 协议的配置，以及动态路由 OSPF 协议的配置。

知识目标

1. 了解路由表的产生方式。
2. 了解静态路由的作用。
3. 理解静态路由和动态路由的区别。
4. 理解静态路由的工作原理。
5. 理解默认路由和浮动静态路由的作用。
6. 理解多种路由协议共存的解决办法。

能力目标

1. 能实现路由器和三层交换机的静态路由的配置。
2. 能实现路由器和三层交换机的默认路由的配置。

3. 能实现路由器和三层交换机的浮动静态路由的配置。
4. 能实现路由器和三层交换机的动态路由 RIPv2 协议的配置。
5. 能实现路由器和三层交换机的动态路由 OSPF 协议的配置。

素质目标

1. 培养读者的合作精神和交流沟通能力，以及协同创新能力。
2. 培养读者的责任感和独立思考能力，以及逻辑思维能力。
3. 培养读者的信息素养和学习能力，使其能够运用正确的方法和技巧掌握新知识、新技能。
4. 培养读者系统分析与解决问题的能力，使其能够掌握相关知识点并完成项目任务。
5. 培养读者严谨的逻辑思维能力，使其能够正确地处理路由网络中的问题。
6. 培养读者良好的职业道德，严谨的职业素养，使其在处理网络故障时可以做到一丝不苟。

思维导图

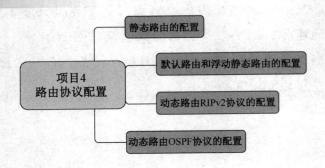

任务1　静态路由的配置

任务描述

艺腾公司刚刚成立，规模较小。该公司的网络管理员经过考虑，决定在公司的路由器、交换机与运营商的路由器之间使用静态路由，以实现网络互联。

任务分析

静态路由一般适用于比较简单的网络环境。在这样的环境中，网络管理员应非常清楚网络拓扑结构，以便设置正确的路由信息。由于艺腾公司的网络规模较小且不经常变动，因此使用静态路由比较合适。

下面以两台型号为 AR2220 的路由器、一台型号为 S5700-28C-HI 的三层交换机为例来模拟网络，使读者掌握静态路由的配置方法。配置静态路由的网络拓扑结构如图 4.1.1 所示。

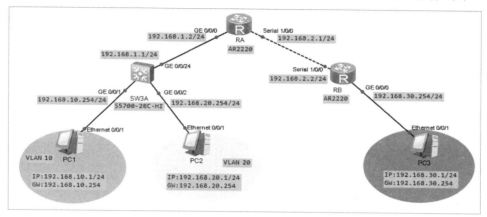

图 4.1.1　配置静态路由的网络拓扑结构

具体要求如下。

（1）添加 3 台计算机，将标签名分别更改为 PC1、PC2 和 PC3。

（2）添加两台型号为 AR2220 的路由器，标签名分别为 RA 和 RB，将路由器的名称分别设置为 RA 和 RB。

（3）为 RA 和 RB 添加 2SA 模块，并添加在 Serial 1/0/0 接口的位置。

（4）添加一台型号为 S5700-28C-HI 的交换机，标签名为 SW3A，将交换机的名称设置为 SW3A。

（5）PC1 连接 SW3A 的 GE 0/0/1 接口，PC2 连接 SW3A 的 GE 0/0/2 接口，PC3 连接 RB 的 GE 0/0/0 接口，SW3A 的 GE 0/0/24 接口连接 RA 的 GE 0/0/0 接口，RA 的 Serial 1/0/0 接口连接 RB 的 Serial 1/0/0 接口。

（6）开启所有的交换机、路由器和计算机。

（7）路由器和交换机的接口、IP 地址/子网掩码如表 4.1.1 所示。

表 4.1.1　路由器和交换机的接口、IP 地址/子网掩码

设备名称	接口	IP 地址/子网掩码
RA	GE 0/0/0	192.168.1.2/24
	Serial 1/0/0	192.168.2.1/24
RB	Serial 1/0/0	192.168.2.2/24
	GE 0/0/0	192.168.30.254/24
SW3A	GE 0/0/1（VLANIF 10）	192.168.10.254/24
	GE 0/0/2（VLANIF 20）	192.168.20.254/24
	GE 0/0/24（VLANIF 100）	192.168.1.1/24

(8) 根据图 4.1.1 所示的网络拓扑结构，使用直通线连接好所有的计算机。设置每台计算机的 IP 地址、子网掩码和网关，如表 4.1.2 所示。

表 4.1.2 每台计算机的 IP 地址、子网掩码和网关

计算机	IP 地址	子网掩码	网关
PC1	192.168.10.1	255.255.255.0	192.168.10.254
PC2	192.168.20.1	255.255.255.0	192.168.20.254
PC3	192.168.30.1	255.255.255.0	192.168.30.254

(9) 在两台路由器和一台交换机之间添加静态路由实现全网互通。

任务实施

❶ 设置交换机和路由器的基本配置。

(1) SW3A 的基本配置如下。

```
<Huawei>system-view
[Huawei]sysname SW3A
[SW3A]vlan batch 10 20 100
[SW3A]interface GigabitEthernet 0/0/1
[SW3A-GigabitEthernet0/0/1]port link-type access
[SW3A-GigabitEthernet0/0/1]port default vlan 10
[SW3A-GigabitEthernet0/0/1]quit
[SW3A]interface GigabitEthernet 0/0/2
[SW3A-GigabitEthernet0/0/2]port link-type access
[SW3A-GigabitEthernet0/0/2]port default vlan 20
[SW3A-GigabitEthernet0/0/2]quit
[SW3A]interface GigabitEthernet 0/0/24
[SW3A-GigabitEthernet0/0/24]port link-type access
[SW3A-GigabitEthernet0/0/24]port default vlan 100
[SW3A-GigabitEthernet0/0/24]quit
```

(2) 在 SW3A 上创建 VLANIF 接口，在接口视图下配置 IP 地址。

```
[SW3A]interface Vlanif 10
[SW3A-Vlanif10]ip add 192.168.10.254 24
[SW3A-Vlanif10]quit
[SW3A]interface Vlanif 20
[SW3A-Vlanif20]ip add 192.168.20.254 24
[SW3A-Vlanif20]quit
[SW3A]interface Vlanif 100
[SW3A-Vlanif100]ip add 192.168.1.1 24
[SW3A-Vlanif100]quit
```

(3) RA 的基本配置如下。

```
<Huawei>system-view
[Huawei]sysname RA
[RA]interface GigabitEthernet 0/0/0
[RA-GigabitEthernet0/0/0]ip add 192.168.1.2 24
```

```
[RA-GigabitEthernet0/0/0]quit
[RA]interface Serial 1/0/0
[RA-Serial1/0/0]ip add 192.168.2.1 24
[RA-Serial1/0/0]quit
```

（4）RB 的基本配置如下。

```
<Huawei>system-view
[Huawei]sysname RB
[RB]interface Serial 1/0/0
[RB-Serial1/0/0]ip add 192.168.2.2 24
[RB-Serial1/0/0]quit
[RB]interface GigabitEthernet 0/0/0
[RB-GigabitEthernet0/0/0]ip add 192.168.30.254 24
[RB-GigabitEthernet0/0/0]quit
```

当做好以上配置时可以发现，所有设备两两之间已经可以互相 ping 通，但是不是全网互通。要实现全网互通，需要建立相应的路由表。本任务是通过静态路由来实现全网互通的。

❷ 使用 display ip interface brief 命令查看接口配置信息。

```
[SW3A]display ip interface brief
Interface                IP Address/Mask      Physical        Protocol
MEth0/0/1                unassigned           down            down
NULL0                    unassigned           up              up(s)
Vlanif1                  unassigned           down            down
Vlanif10                 192.168.10.254/24    up              up
Vlanif20                 192.168.20.254/24    up              up
Vlanif100                192.168.1.1/24       up              up
```

❸ 配置静态路由，实现全网互通。

SW3A 不能直接到达的网络都要添加静态路由，分别有 192.168.2.0 和 192.168.30.0 这两个网络，而 SW3A 到达这两个网络都要通过 RA 的 GE 0/0/0 接口进行转发，那么 GE 0/0/0 接口的 IP 地址就是静态路由中的下一跳地址，于是在 SW3A 上添加的静态路由如下。

```
[SW3A]ip route-static 192.168.2.0 255.255.255.0 192.168.1.2
[SW3A]ip route-static 192.168.30.0 255.255.255.0 192.168.1.2
```

RA 不能直接到达的网络都要添加静态路由，分别有 192.168.10.0、192.168.20.0 和 192.168.30.0 这 3 个网络，而 RA 到达 192.168.10.0 和 192.168.20.0 这两个网络都要通过 SW3A 的 GE 0/0/24 接口进行转发，到达 192.168.30.0 这个网络要通过 RB 的 Serial 1/0/0 接口，于是在 RA 上添加的静态路由如下。

```
[RA]ip route-static 192.168.10.0 255.255.255.0 192.168.1.1
[RA]ip route-static 192.168.20.0 255.255.255.0 192.168.1.1
[RA]ip route-static 192.168.30.0 255.255.255.0 192.168.2.2
```

RB 不能直接到达的网络都要添加静态路由，分别有 192.168.1.0、192.168.10.0 和 192.168.20.0 这 3 个网络，而 RB 到达这 3 个网络都要通过 RA 的 Serial 1/0/0 接口进行转发，那么 Serial 1/0/0 接口的 IP 地址就是静态路由中的下一跳地址，于是在 RB 上添加的静态路由如下。

```
[RB]ip route-static 192.168.10.0 255.255.255.0 192.168.2.1
[RB]ip route-static 192.168.20.0 255.255.255.0 192.168.2.1
[RB]ip route-static 192.168.1.0 255.255.255.0 192.168.2.1
```

任务验收

❶ 在 RA 上，使用 display ip routing-table 命令查看路由表。

```
[RA]display ip routing-table
Route Flags: R - relay, D - download to fib
------------------------------------------------------------
Routing Tables: Public
        Destinations : 14       Routes : 14
Destination/Mask        Proto   Pre  Cost  Flags   NextHop         Interface
127.0.0.0/8             Direct  0    0     D       127.0.0.1       InLoopBack0
127.0.0.1/32            Direct  0    0     D       127.0.0.1       InLoopBack0
127.255.255.255/32      Direct  0    0     D       127.0.0.1       InLoopBack0
192.168.1.0/24          Direct  0    0     D       192.168.1.2
  GigabitEthernet0/0/0
192.168.1.2/32          Direct  0    0     D       127.0.0.1
  GigabitEthernet0/0/0
192.168.1.255/32        Direct  0    0     D       127.0.0.1
  GigabitEthernet0/0/0
192.168.2.0/24          Direct  0    0     D       192.168.2.1     Serial1/0/0
192.168.2.1/32          Direct  0    0     D       127.0.0.1       Serial1/0/0
192.168.2.2/32          Direct  0    0     D       192.168.2.2     Serial1/0/0
192.168.2.255/32        Direct  0    0     D       127.0.0.1       Serial1/0/0
192.168.10.0/24         Static  60   0     RD      192.168.1.1
  GigabitEthernet0/0/0
192.168.20.0/24         Static  60   0     RD      192.168.1.1
  GigabitEthernet0/0/0
192.168.30.0/24         Static  60   0     RD      192.168.2.2     Serial1/0/0
255.255.255.255/32      Direct  0    0     D       127.0.0.1       InLoopBack0
```

❷ 使用 PC1 ping PC2 和 PC3 的 IP 地址，可以看到是连通的，如图 4.1.2 所示。

图 4.1.2　使用 PC1 ping PC2 和 PC3 的 IP 地址

知识链接

1. 路由表的产生方式

路由器或三层交换机在转发数据时，首先要在路由表中查找相应的路由。路由表的产生方式有如下 3 种。

（1）直连网络：路由器或三层交换机自动添加和自己直接连接的网络路由。

（2）静态路由：由网络管理员手动配置的路由信息。当网络拓扑结构或链路状态发生变化时，需要网络管理员手动修改路由表中的相关路由信息。

（3）动态路由：由路由协议动态产生的路由。

2. 静态路由简介

静态路由是指用户或网络管理员手动配置的路由信息。当网络拓扑结构或链路状态发生变化时，需要网络管理员手动修改静态路由信息。与动态路由协议相比，静态路由无须频繁地交换各自的路由表，配置简单，比较适合小型、简单的网络环境。

静态路由不适合大型和复杂的网络环境，因为当网络拓扑结构或链路状态发生变化时，网络管理员需要做大量的调整，且无法自动感知错误发生，不易排错。

3. 静态路由的优点和缺点

静态路由的优点：网络安全且保密性高。

静态路由的缺点：大型和复杂的网络环境通常不宜采用静态路由。一方面，网络管理员难以全面地了解整个网络拓扑结构；另一方面，当网络拓扑结构或链路状态发生变化时，路由器中的静态路由信息需要进行大范围的调整，这项工作的难度和复杂程度非常高。

在小型网络中，使用静态路由是比较好的选择。如果网络管理员想控制数据转发路径，那么也可以使用静态路由。

4. 静态路由的配置

配置静态路由有两种方式：一种是在配置中采取指定下一跳 IP 地址的方式；另一种是指定接口的方式。静态路由的配置命令如下。

```
ip route-static  目的网络的 IP 地址  子网掩码  下一跳 IP 地址/本地接口
```

任务小结

（1）在添加静态路由时对非直连的网段都要进行配置。

（2）在小规模的网络环境中，静态路由是一个不错的选择，但对于大型网络，添加静态路由的工作量就很大。

（3）静态路由开销小，但不灵活，只适用于相对稳定的网络。

任务2　默认路由和浮动静态路由的配置

任务描述

随着规模的不断扩大，艺腾公司现有北京总部和天津分部两个办公地点，分部与总部之间使用路由器互连。经过考虑，该公司的网络管理员决定在北京总部和天津分部之间的路由器上配置默认路由和浮动静态路由，以提高链路的可用性，使所有的计算机能够互相访问。

任务分析

北京总部和天津分部的路由器分别为RA和RB，路由器需要配置默认路由和浮动静态路由，以提高链路的可用性，使所有的计算机能够互相访问。配置浮动静态路由实现北京总部和天津分部互连主链路断开时，可以通过备份链路互连。

下面通过两台型号为AR2220的路由器来模拟网络，读者可以由此学习和掌握默认路由和浮动静态路由的配置。配置默认路由和浮动静态路由的网络拓扑结构如图4.2.1所示。

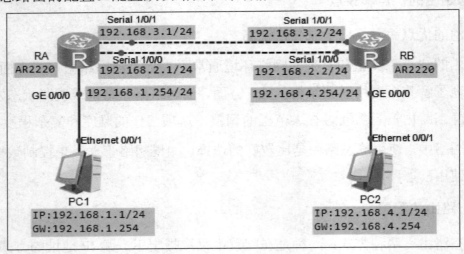

图4.2.1　配置默认路由和浮动静态路由的网络拓扑结构

具体要求如下。

（1）添加两台计算机，将标签名分别更改为PC1和PC2。

（2）添加两台型号为AR2220的路由器，将标签名分别更改为RA和RB，路由器的名称分别设置为RA和RB。

（3）为 RA 和 RB 添加 2SA 模块，并添加在 Serial 1/0/0 接口和 Serial 1/0/1 接口的位置。

（4）PC1 连接 RA 的 GE 0/0/0 接口，PC2 连接 RB 的 GE 0/0/0 接口，RA 的 Serial 1/0/0 接口连接 RB 的 Serial 1/0/0 接口，RA 的 Serial 1/0/1 接口连接 RB 的 Serial 1/0/1 接口。

（5）开启所有的路由器和计算机。

（6）路由器的接口、IP 地址/子网掩码如表 4.2.1 所示。

表 4.2.1 每台路由器的接口、IP 地址/子网掩码

设备名称	接口	IP 地址/子网掩码
RA	Serial 1/0/0	192.168.2.1/24
	Serial 1/0/1	192.168.3.1/24
	GE 0/0/0	192.168.1.254/24
RB	Serial 1/0/0	192.168.2.2/24
	Serial 1/0/1	192.168.3.2/24
	GE 0/0/0	192.168.4.254/24

（7）根据图 4.2.1 所示的网络拓扑结构，使用直通线连接好所有的计算机。设置每台计算机的 IP 地址、子网掩码和网关，如表 4.2.2 所示。

表 4.2.2 计算机的 IP 地址、子网掩码和网关

计算机	IP 地址	子网掩码	网关
PC1	192.168.1.1	255.255.255.0	192.168.1.254
PC2	192.168.4.1	255.255.255.0	192.168.4.254

（8）在两台路由器上添加默认路由和浮动静态路由实现全网互通和链路备份，在配置浮动静态路由的优先级时，将 192.168.2.0 网段配置为主链路，192.168.3.0 网段配置为备份链路，最终实现北京总部计算机与天津分部计算机的互通。

任务实施

❶ 路由器的基本配置。

（1）RA 的基本配置如下。

```
<Huawei>system-view
[Huawei]sysname RA
[RA]interface GigabitEthernet 0/0/0
[RA-GigabitEthernet0/0/0]ip add 192.168.1.254 24
[RA-GigabitEthernet0/0/0]quit
[RA]interface Serial 1/0/0
[RA-Serial1/0/0]ip add 192.168.2.1 24
[RA-Serial1/0/0]quit
[RA]interface Serial 1/0/1
```

```
[RA-Serial1/0/1]ip add 192.168.3.1 24
[RA-Serial1/0/1]quit
```

（2）RB 的基本配置如下。

```
<Huawei>system-view
[Huawei]sysname RB
[RB]interface GigabitEthernet 0/0/0
[RB-GigabitEthernet0/0/0]ip add 192.168.4.254 24
[RB-GigabitEthernet0/0/0]quit
[RB]interface Serial 1/0/0
[RB-Serial1/0/0]ip add 192.168.2.2 24
[RB-Serial1/0/0]quit
[RB]interface Serial 1/0/1
[RB-Serial1/0/1]ip add 192.168.3.2 24
[RB-Serial1/0/1]quit
```

❷ 配置默认路由，实现全网互通。

（1）RA 上的配置如下。

```
[RA]ip route-static 0.0.0.0 0.0.0.0 192.168.2.2
```

（2）RB 上的配置如下。

```
[RB]ip route-static 0.0.0.0 0.0.0.0 192.168.2.1
```

❸ 配置浮动静态路由，实现链路备份。

（1）RA 上的配置如下。

```
[RA]ip route-static 0.0.0.0 0.0.0.0 192.168.3.2 preference 90    //修改优先级为 90
```

（2）RB 上的配置如下。

```
[RB]ip route-static 0.0.0.0 0.0.0.0 192.168.3.1 preference 90
```

任务验收

❶ 在 RA 上，使用 display ip routing-table 命令查看路由表。

```
[RA]display ip routing-table
Route Flags: R - relay, D - download to fib
------------------------------------------------------------------------
Routing Tables: Public
        Destinations : 16     Routes : 16

Destination/Mask       Proto   Pre  Cost  Flags  NextHop         Interface
0.0.0.0/0              Static  60   0     RD     192.168.2.2     Serial1/0/0
127.0.0.0/8            Direct  0    0     D      127.0.0.1       InLoopBack0
127.0.0.1/32           Direct  0    0     D      127.0.0.1       InLoopBack0
127.255.255.255/32     Direct  0    0     D      127.0.0.1       InLoopBack0
192.168.1.0/24         Direct  0    0     D      192.168.1.254
   GigabitEthernet0/0/0
192.168.1.254/32       Direct  0    0     D      127.0.0.1
   GigabitEthernet0/0/0
```

```
 192.168.1.255/32         Direct  0      0            D       127.0.0.1
   GigabitEthernet0/0/0
 192.168.2.0/24           Direct  0      0            D       192.168.2.1     Serial1/0/0
 192.168.2.1/32           Direct  0      0            D       127.0.0.1       Serial1/0/0
 192.168.2.2/32           Direct  0      0            D       192.168.2.2     Serial1/0/0
 192.168.2.255/32         Direct  0      0            D       127.0.0.1       Serial1/0/0
 192.168.3.0/24           Direct  0      0            D       192.168.3.1     Serial1/0/1
 192.168.3.1/32           Direct  0      0            D       127.0.0.1       Serial1/0/1
 192.168.3.2/32           Direct  0      0            D       192.168.3.2     Serial1/0/1
 192.168.3.255/32         Direct  0      0            D       127.0.0.1       Serial1/0/1
 255.255.255.255/32       Direct  0      0            D       127.0.0.1       InLoopBack0
```

❷ 在 RB 上，使用 display ip routing-table 命令查看路由表。

```
[RB]display ip routing-table
Route Flags: R - relay, D - download to fib
------------------------------------------------------------------------
Routing Tables: Public
         Destinations : 16       Routes : 16

Destination/Mask        Proto   Pre    Cost         Flags   NextHop         Interface

       0.0.0.0/0        Static  60     0            RD      192.168.2.1     Serial1/0/0
       127.0.0.0/8      Direct  0      0            D       127.0.0.1       InLoopBack0
       127.0.0.1/32     Direct  0      0            D       127.0.0.1       InLoopBack0
 127.255.255.255/32     Direct  0      0            D       127.0.0.1       InLoopBack0
     192.168.2.0/24     Direct  0      0            D       192.168.2.2     Serial1/0/0
     192.168.2.1/32     Direct  0      0            D       192.168.2.1     Serial1/0/0
     192.168.2.2/32     Direct  0      0            D       127.0.0.1       Serial1/0/0
   192.168.2.255/32     Direct  0      0            D       127.0.0.1       Serial1/0/0
     192.168.3.0/24     Direct  0      0            D       192.168.3.2     Serial1/0/1
     192.168.3.1/32     Direct  0      0            D       192.168.3.1     Serial1/0/1
     192.168.3.2/32     Direct  0      0            D       127.0.0.1       Serial1/0/1
   192.168.3.255/32     Direct  0      0            D       127.0.0.1       Serial1/0/1
     192.168.4.0/24     Direct  0      0            D       192.168.4.254
   GigabitEthernet 0/0/0
   192.168.4.254/32     Direct  0      0            D       127.0.0.1
   GigabitEthernet 0/0/0
   192.168.4.255/32     Direct  0      0            D       127.0.0.1
   GigabitEthernet 0/0/0
 255.255.255.255/32     Direct  0      0            D       127.0.0.1       InLoopBack0
```

❸ 使用 PC1 ping PC2 的 IP 地址，测试 PC1 和 PC2 之间的连通性，可以看到是连通的，如图 4.2.2 所示。

通信正常，再次使用 tracert 命令检测此时 PC1 与 PC2 通信所经过的网关，检测所走路径是否为主链路，如图 4.2.3 所示。

❹ 测试计算机通信时使用的备用链路。

（1）将 RA 的 Serial 1/0/0 接口关闭。再次使用 PC1 ping PC2 的 IP 地址，测试 PC1 和 PC2 之间的连通性，可以看到在短暂的超时后，依然是连通的，如图 4.2.4 所示。

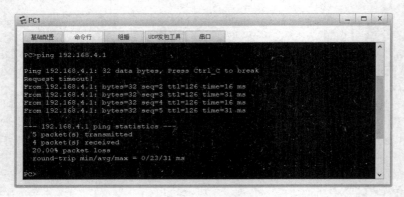

图 4.2.2　测试 PC1 和 PC2 之间的连通性

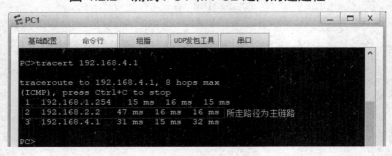

图 4.2.3　检测所走路径是否为主链路

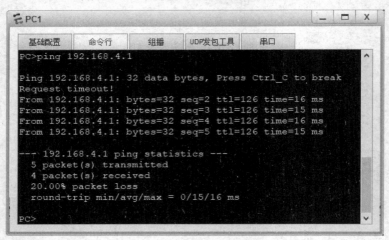

图 4.2.4　再次测试 PC1 和 PC2 之间的连通性

（2）使用 tracert 命令查看此时 PC1 与 PC2 通信所经过的网关，检测所走路径是否为备用链路，如图 4.2.5 所示。

图 4.2.5　检测所走路径是否为备用链路

知识链接

1. 默认路由

默认路由是一种特殊的静态路由,指的是包的目的地址在路由表中没有匹配表项时路由器能够做出的选择。如果没有默认路由,那么目的地址在路由表中没有匹配表项的包将被丢弃。默认路由在某些时候非常有效,例如,当存在末梢网络时,默认路由会大大简化路由器的配置,减轻网络管理员的工作负担,提高网络性能。

默认路由和静态路由的命令格式一样,只是把目的地的 IP 地址和子网掩码改为 0.0.0.0 和 0.0.0.0。默认路由的配置命令如下。

```
ip route-static 0.0.0.0 0.0.0.0 下一跳 IP 地址/本地接口
```

2. 浮动静态路由

浮动静态路由(Floating Static Route)是一种特殊的静态路由,可以保证在网络中优先级较高的路由(即主路由)失效的情况下,提供备份路由。正常情况下,备份路由不会出现在路由表中。

设备上的路由优先级一般具有默认值,不同厂家的设备对于优先级的默认值可能不同。路由器的优先级如表 4.2.3 所示。

表 4.2.3　路由器的优先级

路由类型	优先级的默认值
直连路由	0
动态路由 OSPF 协议	10
静态路由	60
RIP 路由	100
BGP 路由	255

任务小结

(1)默认路由是目的地址为 0.0.0.0/0 的路由。

(2)浮动静态路由是一种特殊的静态路由。

任务 3　动态路由 RIPv2 协议的配置

路由信息协议(Routing Information Protocol,RIP)是应用较早、使用较普遍的动态路由协议,也是内部网关协议,由于 RIP 协议以跳数作为衡量路径的开销,且规定最大跳数为 15，因此 RIP 协议在实际应用中是有一定限制的，通常适用于中小型的企业网络。

任务描述

随着业务规模的不断扩大，艺腾公司路由器的数量开始有所增加。该公司的网络管理员发现原有的静态路由已经不适合现在的公司，因此，决定在公司的路由器之间使用动态的 RIP 协议，实现网络互联。

任务分析

由于艺腾公司的网络规模开始扩大，在路由器较多的网络环境中，手动配置静态路由会给网络管理员带来很大的工作负担，而使用 RIP 协议可以很好地解决此问题，因此公司的网络管理员决定使用动态的 RIP 协议。

下面通过两台型号为 AR2220 的路由器、一台型号为 S5700-28C-HI 的三层交换机来模拟网络，读者可以由此学习和掌握动态路由 RIPv2 协议的配置。配置的动态路由 RIPv2 协议的网络拓扑结构如图 4.3.1 所示。

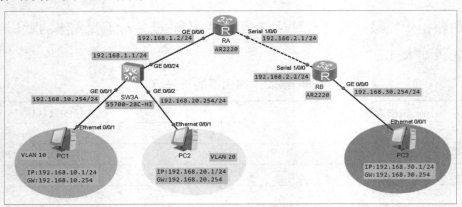

图 4.3.1　动态路由 RIPv2 协议的网络拓扑结构

具体要求如下。

（1）添加 3 台计算机，将标签名分别更改为 PC1、PC2 和 PC3。

（2）添加两台型号为 AR2220 的路由器，将标签名分别更改为 RA 和 RB，将路由器的名称分别设置为 RA 和 RB。

（3）为 RA 和 RB 添加 2SA 模块，并添加在 Serial 1/0/0 接口的位置。

（4）添加一台型号为 S5700-28C-HI 的交换机，标签名为 SW3A，将交换机的名称设置为 SW3A。

（5）PC1 连接 SW3A 的 GE 0/0/1 接口，PC2 连接 SW3A 的 GE 0/0/2 接口，PC3 连接

RB 的 GE 0/0/0 接口，SW3A 的 GE 0/0/24 接口连接 RA 的 GE 0/0/0 接口，RA 的 Serial 1/0/0 接口连接 RB 的 Serial 1/0/0 接口。

（6）开启所有的交换机、路由器和计算机。

（7）路由器和交换机的接口、IP 地址/子网掩码如表 4.3.1 所示。

表 4.3.1 路由器和交换机的接口、IP 地址/子网掩码

设备名称	接口	IP 地址/子网掩码
RA	GE 0/0/0	192.168.1.2/24
	Serial 1/0/0	192.168.2.1/24
RB	Serial 1/0/0	192.168.2.2/24
	GE 0/0/0	192.168.30.254/24
SW3A	GE 0/0/1（VLANIF 10）	192.168.10.254/24
	GE 0/0/2（VLANIF 20）	192.168.20.254/24
	GE 0/0/24（VLANIF 100）	192.168.1.1/24

（8）根据图 4.3.1 所示的网络拓扑结构，使用直通线连接好所有的计算机。设置每台计算机的 IP 地址、子网掩码和网关，如表 4.3.2 所示。

表 4.3.2 每台计算机的 IP 地址、子网掩码和网关

计算机	IP 地址	子网掩码	网关
PC1	192.168.10.1	255.255.255.0	192.168.10.254
PC2	192.168.20.1	255.255.255.0	192.168.20.254
PC3	192.168.30.1	255.255.255.0	192.168.30.254

（9）在两台路由器和一台交换机之间添加动态路由 RIPv2 协议，实现全网互通。

任务实施

❶ 配置交换机和路由器的接口的 IP 地址等参数。

配置交换机和路由器的接口的 IP 地址等参数，具体的配置方法请参照本项目中任务 1 的 SW3A、RA 和 RB 的基本配置。

❷ 配置动态路由 RIPv2 协议，实现全网互通。

（1）SW3A 的路由配置。SW3A 上直连的网络有 192.168.1.0、192.168.10.0 和 192.168.20.0，因此需要添加如下 RIP 协议。

```
[SW3A]rip                              //进入 RIP 协议
[SW3A-rip-1]version 2                  //配置为 RIPv2 协议
[SW3A-rip-1]network 192.168.1.0        //通告直连网段
[SW3A-rip-1]network 192.168.10.0       //通告直连网段
[SW3A-rip-1]network 192.168.20.0       //通告直连网段
```

```
[SW3A-rip-1]quit
```

（2）RA 的路由配置。RA 上直连的网络有 192.168.1.0 和 192.168.2.0，因此需要添加如下 RIP 协议。

```
[RA]rip                              //进入 RIP 协议
[RA-rip-1]version 2                  //配置为 RIPv2 协议
[RA-rip-1]network 192.168.1.0        //通告直连网段
[RA-rip-1]network 192.168.2.0        //通告直连网段
[RA-rip-1]quit
```

（3）RB 的路由配置。RB 上直连的网络有 192.168.2.0 和 192.168.30.0，因此需要添加如下 RIP 协议。

```
[RB]rip                              //进入 RIP 协议
[RB-rip-1]version 2                  //配置为 RIPv2 协议
[RB-rip-1]network 192.168.2.0        //通告直连网段
[RB-rip-1]network 192.168.30.0       //通告直连网段
[RB-rip-1]quit
```

任务验收

❶ 在 SW3A 上，使用 display ip routing-table 命令查看路由表。

```
[SW3A]display ip routing-table
Route Flags: R - relay, D - download to fib
------------------------------------------------------------------------
Routing Tables: Public
         Destinations : 10       Routes : 10

Destination/Mask    Proto   Pre   Cost   Flags   NextHop          Interface

      127.0.0.0/8   Direct  0     0      D       127.0.0.1        InLoopBack0
     127.0.0.1/32   Direct  0     0      D       127.0.0.1        InLoopBack0
   192.168.1.0/24   Direct  0     0      D       192.168.1.1      Vlanif100
   192.168.1.1/32   Direct  0     0      D       127.0.0.1        Vlanif100
   192.168.2.0/24   RIP     100   1      D       192.168.1.2      Vlanif100
  192.168.10.0/24   Direct  0     0      D       192.168.10.254   Vlanif10
192.168.10.254/32   Direct  0     0      D       127.0.0.1        Vlanif10
  192.168.20.0/24   Direct  0     0      D       192.168.20.254   Vlanif20
192.168.20.254/32   Direct  0     0      D       127.0.0.1        Vlanif20
  192.168.30.0/24   RIP     100   2      D       192.168.1.2      Vlanif100
```

❷ 在 RA 上，使用 display ip routing-table 命令查看路由表。

```
[RA]display ip routing-table
Route Flags: R - relay, D - download to fib
------------------------------------------------------------------------
Routing Tables: Public
         Destinations : 14       Routes : 14
Destination/Mask    Proto   Pre   Cost   Flags   NextHop          Interface
```

127.0.0.0/8	Direct	0	0	D	127.0.0.1	InLoopBack0
127.0.0.1/32	Direct	0	0	D	127.0.0.1	InLoopBack0
127.255.255.255/32	Direct	0	0	D	127.0.0.1	InLoopBack0
192.168.1.0/24	Direct	0	0	D	192.168.1.2	GigabitEthernet0/0/0
192.168.1.2/32	Direct	0	0	D	127.0.0.1	GigabitEthernet0/0/0
192.168.1.255/32	Direct	0	0	D	127.0.0.1	GigabitEthernet0/0/0
192.168.2.0/24	Direct	0	0	D	192.168.2.1	Serial1/0/0
192.168.2.1/32	Direct	0	0	D	127.0.0.1	Serial1/0/0
192.168.2.2/32	Direct	0	0	D	192.168.2.2	Serial1/0/0
192.168.2.255/32	Direct	0	0	D	127.0.0.1	Serial1/0/0
192.168.10.0/24	RIP	100	1	D	192.168.1.1	GigabitEthernet0/0/0
192.168.20.0/24	RIP	100	1	D	192.168.1.1	GigabitEthernet0/0/0
192.168.30.0/24	RIP	100	1	D	192.168.2.2	Serial1/0/0
255.255.255.255/32	Direct	0	0	D	127.0.0.1	InLoopBack0

❸ 在 RB 上，使用 display ip routing-table 命令查看路由表。

```
[RB]display ip routing-table
Route Flags: R - relay, D - download to fib
------------------------------------------------------------------
Routing Tables: Public
        Destinations : 14       Routes : 14

Destination/Mask    Proto   Pre  Cost    Flags  NextHop         Interface
```

Destination/Mask	Proto	Pre	Cost	Flags	NextHop	Interface
127.0.0.0/8	Direct	0	0	D	127.0.0.1	InLoopBack0
127.0.0.1/32	Direct	0	0	D	127.0.0.1	InLoopBack0
127.255.255.255/32	Direct	0	0	D	127.0.0.1	InLoopBack0
192.168.1.0/24	RIP	100	1	D	192.168.2.1	Serial1/0/0
192.168.2.0/24	Direct	0	0	D	192.168.2.2	Serial1/0/0
192.168.2.1/32	Direct	0	0	D	192.168.2.1	Serial1/0/0
192.168.2.2/32	Direct	0	0	D	127.0.0.1	Serial1/0/0
192.168.2.255/32	Direct	0	0	D	127.0.0.1	Serial1/0/0
192.168.10.0/24	RIP	100	2	D	192.168.2.1	Serial1/0/0
192.168.20.0/24	RIP	100	2	D	192.168.2.1	Serial1/0/0
192.168.30.0/24	Direct	0	0	D	192.168.30.254	GigabitEthernet0/0/0
192.168.30.254/32	Direct	0	0	D	127.0.0.1	GigabitEthernet0/0/0
192.168.30.255/32	Direct	0	0	D	127.0.0.1	GigabitEthernet 0/0/0
255.255.255.255/32	Direct	0	0	D	127.0.0.1	InLoopBack0

❹ 使用 PC1 ping PC2 和 PC3 的 IP 地址，可以看到是连通的。

1. RIP 协议简介

路由信息协议（Routing Information Protocol，RIP）是应用较早、使用较普遍的内部网关协议（Interior Gateway Protocol，IGP），是典型的距离矢量路由协议，适用于小型同类网络中一个自治系统内路由信息的传递。

RIP 协议要求网络中的每台路由器都要维护从自身到每个目的网络的路由信息。RIP 协议使用跳数来衡量网络之间的"距离"：将一台路由器到其直连网络的跳数定义为 1，将一台路由器到其非直连网络的距离定义为每经过一台路由器则"距离"加 1。"距离"也称"跳数"。RIP 协议允许路由的最大跳数为 15，因此，16 则表示不可达。由此可见，RIP 协议只适用于小型网络。RIP 协议的管理距离为 100。

使用距离矢量路由协议的路由器并不了解到达目的网络的整条路径。距离矢量路由协议将路由器作为通往最终目的地路径上的路标。路由器唯一了解的远程网络信息就是到该网络的距离（即度量），以及可以通过哪条路径或哪个接口到达该网络。距离矢量路由协议并不了解确切的网络拓扑结构。

2. RIP 协议的版本

RIPv1 协议的提出较早，其有许多缺陷。为了改善 RIPv1 协议的不足，在 RFC 1388 中提出了改进的 RIPv2 协议，并在 RFC 1723 和 RFC 2453 中进行了修订。

RIP 协议有两个版本，即 RIPv1 协议和 RIPv2 协议，RIPv2 协议针对 RIPv1 协议进行了扩展，能够携带更多的信息量，并且增强了安全性能。RIPv1 协议和 RIPv2 协议都基于 UDP 协议，使用 UDP520 号接口收发数据包。RIPv1 协议和 RIPv2 协议的区别如表 4.3.3 所示。

表 4.3.3　RIPv1 协议和 RIPv2 协议的区别

RIPv1 协议	RIPv2 协议
在路由更新的过程中不携带子网信息	在路由更新的过程中携带子网信息
不提供认证	提供明文和 MD5 认证
不支持路由聚合和连续子网	支持手动路由汇总和自动路由汇总
采用广播更新	采用组播（224.0.0.9）更新
有类别（Classful）路由协议	无类别（Classless）路由协议

3. RIP 定时器

RIP 协议在路由信息更新和维护时主要使用 4 个定时器，分别是更新定时器（Update Timer）、老化定时器（Age Timer）、垃圾收集定时器（Garbage-Collection Timer）和抑制定时器（Suppress Timer）。

（1）更新定时器：当此定时器超时时，立即发送路由更新报文，默认为每 30 秒发送一次。

（2）老化定时器：RIP 设备如果在老化时间内没有收到邻居发来的路由更新报文，则认为该路由不可达。当学习到一条路由并将其添加到 RIP 路由表中时，启动老化定时器。如果老化定时器超时，设备仍然没有收到邻居发来的路由更新报文，则把该路由的度量值设置为 16（表示路由不可达），并启动垃圾收集定时器。

（3）垃圾收集定时器：如果在垃圾收集时间内仍然没有收到原来某条不可达的路由更新报文，则该路由将被从 RIP 路由表中彻底删除。

（4）抑制定时器：当 RIP 设备收到对端的路由更新报文时，其度量值为 16，对应路由会进入抑制状态，并启动抑制定时器，默认为 180 秒。为了防止路由振荡，在抑制定时器超时之前，即使再收到对端路由度量值小于 16 的更新，也不接收。当抑制定时器超时后，就重新允许接收对端发送的路由更新报文。

任务小结

（1）RIP 协议有两个版本，即 RIPv1 协议和 RIPv2 协议，本任务使用的是 RIPv2 协议。

（2）RIP 协议只宣告和自己直连的网段。

（3）路由器之间必须都开启了相同版本的 RIP 协议才能互相学习，实现动态更新路由信息。

任务 4　动态路由 OSPF 协议的配置

任务描述

艺腾公司的业务规模逐渐扩大，网络中路由器的数量也逐渐增多，已经达到了 8 台。经过测试，该公司的网络管理员发现原有的路由协议已经不再适合现有公司的应用，因此，决定在公司的路由器之间使用动态路由 OSPF 协议，实现网络互联。

任务分析

由于公司的网络规模越来越大，网络管理员发现使用动态路由 OSPF 协议比较合适，因为动态路由 OSPF 协议可以实现快速收敛，出现环路的可能性不大，并且适合中型和大型企业网络。

下面通过两台型号为 AR2220 的路由器、一台型号为 S5700-28C-HI 的三层交换机来模拟网络，读者可以由此学习和掌握动态路由 OSPF 协议的配置。配置动态路由 OSPF 协议的网络拓扑结构，如图 4.4.1 所示。

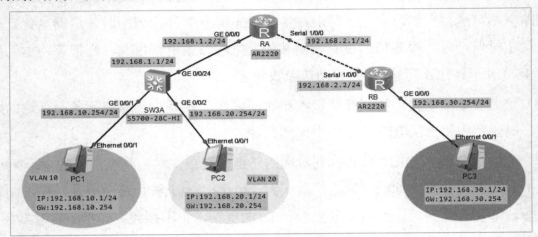

图 4.4.1　配置动态路由 OSPF 协议的网络拓扑结构

具体要求如下。

（1）添加 3 台计算机，将标签名分别更改为 PC1、PC2 和 PC3。

（2）添加两台型号为 AR2220 的路由器，将标签名分别更改为 RA 和 RB，将路由器的名称分别设置为 RA 和 RB。

（3）为 RA 和 RB 添加 2SA 模块，并添加在 Serial 1/0/0 接口的位置。

（4）添加一台型号为 S5700-28C-HI 的交换机，标签名为 SW3A，将交换机的名称设置为 SW3A。

（5）PC1 连接 SW3A 的 GE 0/0/1 接口，PC2 连接 SW3A 的 GE 0/0/2 接口，PC3 连接 RB 的 GE 0/0/0 接口，SW3A 的 GE 0/0/24 接口连接 RA 的 GE 0/0/0 接口，RA 的 Serial 1/0/0 接口连接 RB 的 Serial 1/0/0 接口。

（6）开启所有的交换机、路由器和计算机。

（7）路由器和交换机的接口、IP 地址/子网掩码如表 4.4.1 所示。

表 4.4.1　路由器和交换机的接口、IP 地址/子网掩码

设备名称	接口	IP 地址/子网掩码
RA	GE 0/0/0	192.168.1.2/24
	Serial 1/0/0	192.168.2.1/24
RB	Serial 1/0/0	192.168.2.2/24
	GE 0/0/0	192.168.30.254/24

续表

设备名称	接口	IP 地址/子网掩码
SW3A	GE 0/0/1（VLANIF 10）	192.168.10.254/24
	GE 0/0/2（VLANIF 20）	192.168.20.254/24
	GE 0/0/24（VLANIF 100）	192.168.1.1/24

（8）根据图 4.4.1 所示的网络拓扑结构，使用直通线连接好所有的计算机。设置每台计算机的 IP 地址、子网掩码和网关，如表 4.4.2 所示。

表 4.4.2　每台计算机的 IP 地址、子网掩码和网关

计算机	IP 地址	子网掩码	网关
PC1	192.168.10.1	255.255.255.0	192.168.10.254
PC2	192.168.20.1	255.255.255.0	192.168.20.254
PC3	192.168.30.1	255.255.255.0	192.168.30.254

（9）在两台路由器和一台交换机之间添加动态路由 OSPF 协议，实现全网互通。

任务实施

❶ 配置交换机和路由器的接口的 IP 地址等参数。

配置交换机和路由器的接口的 IP 地址等参数，具体的配置方法请参照本项目中任务 1 的 SW3A、RA 和 RB 的基本配置。

❷ 配置动态路由 OSPF 协议，实现全网互通。

（1）SW3A 的路由配置。SW3A 上直连的网络有 192.168.1.0、192.168.10.0 和 192.168.20.0，因此需要添加如下动态路由 OSPF 协议。

```
[SW3A]ospf 1                          //进入动态路由OSPF协议，1表示进程号，默认为1
[SW3A-ospf-1]area 0                   //指定骨干区域0
[SW3A-ospf-1-area-0.0.0.0]network 192.168.1.0 0.0.0.255    //通告直连网段
[SW3A-ospf-1-area-0.0.0.0]network 192.168.10.0 0.0.0.255   //通告直连网段
[SW3A-ospf-1-area-0.0.0.0]network 192.168.20.0 0.0.0.255   //通告直连网段
[SW3A-ospf-1-area-0.0.0.0]return
```

小贴士：

在通告直连网段时，尽量精确匹配所通告的网段。

（2）RA 的路由配置。RA 上直连的网络有 192.168.1.0 和 192.168.2.0，因此需要添加如下动态路由 OSPF 协议。

```
[RA]ospf 1
[RA-ospf-1]area 0
[RA-ospf-1-area-0.0.0.0]network 192.168.1.0 0.0.0.255
[RA-ospf-1-area-0.0.0.0]network 192.168.2.0 0.0.0.255
[RA-ospf-1-area-0.0.0.0]return
```

（3）RB 的路由配置。RB 上直连的网络有 192.168.2.0 和 192.168.30.0，因此需要添加如下动态路由 OSPF 协议。

```
[RB]ospf 1
[RB-ospf-1]area 0
[RB-ospf-1-area-0.0.0.0]network 192.168.2.0 0.0.0.255
[RB-ospf-1-area-0.0.0.0]network 192.168.30.0 0.0.0.255
[RB-ospf-1-area-0.0.0.0]return
```

任务验收

❶ 在 RB 上，使用 display ip routing-table 命令查看路由表。

```
[RB]display ip routing-table
Route Flags: R - relay, D - download to fib
------------------------------------------------------------------
Routing Tables: Public
        Destinations : 14      Routes : 14
Destination/Mask     Proto    Pre    Cost    Flags    NextHop         Interface
127.0.0.0/8          Direct   0      0       D        127.0.0.1       InLoopBack0
127.0.0.1/32         Direct   0      0       D        127.0.0.1       InLoopBack0
127.255.255.255/32   Direct   0      0       D        127.0.0.1       InLoopBack0
192.168.1.0/24       OSPF     10     49      D        192.168.2.1     Serial1/0/0
192.168.2.0/24       Direct   0      0       D        192.168.2.2     Serial1/0/0
192.168.2.1/32       Direct   0      0       D        192.168.2.1     Serial1/0/0
192.168.2.2/32       Direct   0      0       D        127.0.0.1       Serial1/0/0
192.168.2.255/32     Direct   0      0       D        127.0.0.1       Serial1/0/0
192.168.10.0/24      OSPF     10     50      D        192.168.2.1     Serial1/0/0
192.168.20.0/24      OSPF     10     50      D        192.168.2.1     Serial1/0/0
192.168.30.0/24      Direct   0      0       D        192.168.30.254
   GigabitEthernet0/0/0
192.168.30.254/32    Direct   0      0       D        127.0.0.1
   GigabitEthernet0/0/0
192.168.30.255/32    Direct   0      0       D        127.0.0.1
   GigabitEthernet0/0/0
255.255.255.255/32   Direct   0      0       D        127.0.0.1       InLoopBack0
```

❷ 使用 PC1 ping PC2 和 PC3 的 IP 地址，可以看到是连通的，如图 4.4.2 所示。

图 4.4.2　使用 PC1 ping PC2 和 PC3 的 IP 地址

知识链接

1. OSPF 协议的概念

开放最短路径优先（Open Shortest Path First，OSPF）协议是一种典型的链路状态路由协议，由 IETF 的 OSPF 工作小组开发，是目前业内使用最为广泛的内部网关路由协议。运行 OSPF 协议的路由器会将自己拥有的链路状态信息，通过启用了 OSPF 协议的接口发送给其他 OSPF 协议设备。同一个 OSPF 协议区域中的每台设备都会参与链路状态信息的创建、发送、接收与转发，直到这个区域中的所有 OSPF 协议设备都获得相同的链路状态信息为止。

2. OSPF 协议区域

一个 OSPF 协议网络可以被划分成多个区域（Area）。如果一个 OSPF 协议网络只包含一个区域，则将其称为单区域 OSPF 协议网络；如果一个 OSPF 协议网络包含多个区域，则将其称为多区域 OSPF 协议网络。

在 OSPF 协议网络中，每个区域都有一个编号，称为区域 ID（Area ID）。区域 ID 是一个 32 位的二进制数，一般用点分十进制数的形式来表示。区域 ID 为 0 的区域称为骨干区域（Backbone Area），其他区域都称为非骨干区域。单区域 OSPF 协议网络中只包含一个区域，这个区域是骨干区域。

在多区域 OSPF 协议网络中，除了骨干区域，还有若干非骨干区域，一般来说，每个非骨干区域都需要与骨干区域直连，当非骨干区域没有与骨干区域直连时，就需要采用虚链路（Virtual Link）技术从逻辑上实现非骨干区域与骨干区域直连。也就是说，非骨干区域之间的通信必须通过骨干区域中转才能进行。

要创建 OSPF 路由进程，可以在全局命令配置模式下使用以下命令。

```
[Huawei]ospf 1                                                    //创建OSPF路由进程
[Huawei-ospf-1]area 0                                             //定义所属区域
[Huawei-ospf-1-area-0.0.0.0]
[Huawei-ospf-1-area-0.0.0.0]network 192.168.3.0 0.0.0.255 //定义直连网段
```

需要注意的是，进程号的数值范围为 1~65 535。在网络中，每台路由器上的进程号既可以相同，也可以不同。在华为路由器中，当使用 OSPF 协议时，network 命令后面连接的是直连网段和相应的反掩码。

3. 链路状态及链路状态通告

OSPF 协议是一种基于链路状态的路由协议。链路状态也可以指路由器的接口状态。

OSPF 协议的核心思想是，每台路由器都将自己的各个接口的接口状态（链路状态）共享给其他路由器。在此基础上，每台路由器都可以依据自身的接口状态和其他路由器的接口状态计算去往各个目的地的路由。路由器的链路状态包含该接口的 IP 地址及子网掩码等信息。

链路状态通告（Link-State Advertisement，LSA）是链路状态信息的主要载体，链路状态信息主要包含在 LSA 中，并通过 LSA 的通告（泛洪）来实现共享。需要说明的是，不同类型的 LSA 所包含的内容、功能、通告的范围也是不同的，LSA 的类型主要有 Type-1 LSA（Router LSA）、Type-2 LSA（Network LSA）、Type-3 LSA（Network Summary LSA）和 Type-4 LSA（ASBR Summary LSA）等。由于本书的知识范围限制，因此不对 LSA 的类型作详细阐述。

任务小结

（1）使用动态路由 OSPF 协议在申明直连网段时，使用该网段的反掩码。

（2）先指明网段所属的区域，再宣告直连网段。

项目 5
网络安全技术的配置

项目描述

随着网络技术的发展和应用范围的不断扩大，网络已经成为人们日常生活中必不可少的一部分。园区网作为给终端用户提供网络接入和基础服务的应用环境，其存在的网络安全隐患不断显现出来，如非人为的或自然力造成的故障、事故，人为但属于操作人员无意的失误造成的数据丢失或损坏，来自园区网外部和内部人员的恶意攻击与破坏。网络安全状况直接影响人们的学习、工作和生活，网络安全问题已经成为信息社会关注的焦点之一，因此需要实施网络安全防范。

保护园区网的安全措施包括以下几点：在终端主机上安装防病毒软件，保护终端设备的安全；利用交换机的接口安全功能，防止局域网内部的 MAC 地址攻击、ARP 攻击、IP 地址/MAC 地址欺骗等；利用 IP 地址访问控制列表对网络流量进行过滤和管理，从而保护子网之间的通信安全及敏感设备，防止非授权访问；利用 NAT 技术在一定程度上为内网主机提供"隐私"保护；在网络出口部署防火墙，防范外网的未授权访问和非法攻击；建立保护内网安全的规章制度，保护内网设备的安全。

本项目重点介绍交换机接口安全的配置、访问控制列表的配置，以及网络地址转换。

知识目标

1. 理解交换机接口安全的功能与作用。
2. 理解访问控制列表的工作原理和分类。
3. 理解基本访问控制列表与高级访问控制列表的区别。
4. 了解网络地址转换的原理和作用。
5. 理解网络地址转换的分类。

能力目标

1. 能实现交换机接口安全的配置。
2. 能实现基本访问控制列表的配置。
3. 能实现高级访问控制列表的配置。
4. 能利用静态 NAT 技术实现外网主机访问内网服务器的配置。
5. 能利用动态 NAPT 技术实现局域网访问 Internet 的配置。

素质目标

1. 不仅培养读者的合作精神和交流沟通能力，还培养读者的协同创新能力。
2. 培养读者的信息素养和学习能力，使其能够运用正确的方法和技巧掌握新知识、新技能。
3. 具有法律意识，熟悉网络安全法等法律法规及产品管理规范。
4. 树立读者的网络安全意识，培养读者严谨的逻辑思维能力，以及较强的安全判断能力。
5. 培养读者良好的职业道德和严谨的职业素养，使其在处理网络安全故障时可以做到一丝不苟、有条不紊。

思维导图

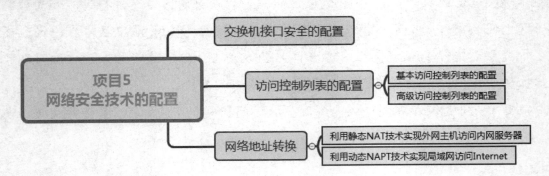

任务1 交换机接口安全的配置

通过 MAC 地址表记录连接到交换机接口的以太网 MAC 地址，并且只允许某个 MAC 地址通过本接口通信，其他 MAC 地址发送的数据包通过此接口时，接口安全特性会进行阻止。

任务描述

艺腾公司最近的网络速度变慢，网络管理员发现有些部门的员工通过自己携带的笔记本式计算机接入公司网络来下载电影，不仅给公司正常的上网带来了影响，还给公司的网络安全带来了隐患。

任务分析

非授权的计算机接入网络会造成公司信息管理成本的增加，不仅影响公司正常用户使用网络，还会造成严重的网络安全问题。在接入交换机上配置接口安全功能，利用 MAC 地址绑定不仅可以解决非授权计算机影响网络正常使用的问题，还可以避免用户利用未绑定 MAC 地址的接口来实施 MAC 地址泛洪攻击。

下面通过两台型号为 S3700-26C-HI 的交换机来模拟网络，读者可以由此学习和掌握交换机接口安全的配置方法。配置交换机接口安全的网络拓扑结构如图 5.1.1 所示。

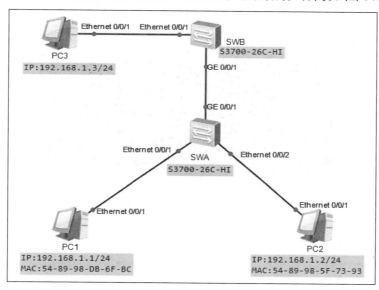

图 5.1.1 配置交换机接口安全的网络拓扑结构

具体要求如下。

（1）添加 3 台计算机，将标签名分别更改为 PC1、PC2 和 PC3。

（2）添加两台型号为 S3700-26C-HI 的交换机，将标签名分别更改为 SWA 和 SWB，交换机的名称分别设置为 SWA 和 SWB。

（3）PC1 连接 SWA 的 Ethernet 0/0/1 接口，PC2 连接 SWA 的 Ethernet 0/0/2 接口，PC3 连接 SWB 的 Ethernet 0/0/1 接口，SWA 的 GE 0/0/1 接口连接 SWB 的 GE 0/0/1 接口。

（4）开启所有的交换机和计算机。

（5）根据图 5.1.1 所示的网络拓扑结构，使用直通线连接好所有的计算机。设置每台计算机的 IP 地址和子网掩码，如表 5.1.1 所示。

表 5.1.1 计算机的 IP 地址和子网掩码

计算机	IP 地址	子网掩码
PC1	192.168.1.1	255.255.255.0
PC2	192.168.1.2	255.255.255.0
PC3	192.168.1.3	255.255.255.0

（6）出于安全方面的考虑，在交换机接口上配置接口安全，绑定计算机的 MAC 地址，防止非法计算机接入。

任务实施

❶ 查看计算机的 MAC 地址。

在计算机命令行输入ipconfig，查看MAC地址。

（1）查看 PC1 的 MAC 地址，如图 5.1.2 所示。

图 5.1.2　查看 PC1 的 MAC 地址

（2）查看 PC2 的 MAC 地址，如图 5.1.3 所示。

图 5.1.3　查看 PC2 的 MAC 地址

❷ 交换机的基本配置。

（1）SWA 的基本配置如下。

```
<Huawei>system-view
[Huawei]sysname SWA
```

（2）SWB 的基本配置如下。

```
<Huawei>system-view
[Huawei]sysname SWB
```

❸ 开启交换机接口的接口安全，并绑定对应的 MAC 地址。

（1）在SWA的Ethernet 0/0/1接口和Ethernet 0/0/2接口配置Sticky MAC地址。

```
[SWA]int Ethernet 0/0/1
[SWA-Ethernet0/0/1]port-security enable
[SWA-Ethernet0/0/1]port-security mac-address sticky
[SWA-Ethernet0/0/1]port-security mac-address sticky 5489-98DB-6FBC vlan 1
[SWA]int Ethernet 0/0/2
[SWA-Ethernet0/0/2]port-security enable
[SWA-Ethernet0/0/2]port-security mac-address sticky
[SWA-Ethernet0/0/2]port-security mac-address sticky 5489-985F-7393 vlan 1
[SWA-Ethernet0/0/2]quit
```

（2）在SWB的GE 0/0/1接口配置接口安全动态MAC地址。

```
[SWB]int GigabitEthernet 0/0/1
[SWB-GigabitEthernet0/0/1]port-security enable //打开接口安全功能
[SWB-GigabitEthernet0/0/1]port-security max-mac-num 1
//限制安全 MAC 地址最大数量为 1 个，默认为 1
[SWB-GigabitEthernet0/0/1]port-security protect-action shutdown
//配置其他非安全 MAC 地址数据帧的处理动作为关闭接口
[SWB-GigabitEthernet0/0/1]quit
```

任务验收

❶ 在交换机上使用 display mac-address 命令，查看交换机与计算机之间的接口类型是否变为 Sticky。

```
[SWA]display mac-address
MAC address table of slot 0:
------------------------------------------------------------------------
MAC Address    VLAN/        PEVLAN CEVLAN  Port         Type      LSP/LSR-ID
               VSI/SI                                             MAC-Tunnel
------------------------------------------------------------------------
5489-98db-6fbc 1            -      -       Eth0/0/1     sticky    -
5489-985f-7393 1            -      -       Eth0/0/2     sticky    -
------------------------------------------------------------------------
Total matching items on slot 0 displayed = 2
```

❷ 测试计算机的互通性。

（1）使用 ping 命令测试内部通信的情况。使用 PC1 ping PC2 和 PC3，可以看出，计算机之间可以互相通信，如图 5.1.4 所示。

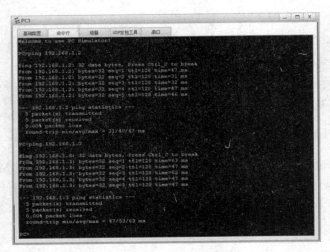

图 5.1.4　PC1 和 PC2 之间可以互相通信

（2）使用 PC2 ping PC3，可以看出，PC2 和 PC3 之间不可以互相通信，如图 5.1.5 所示。因为 SWB 的 GE 0/0/1 接口将学习 MAC 地址的计算机数量限制为 1，当有多于一台计算机通过时，交换机会发出告警，并关闭接口。

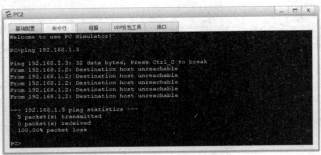

图 5.1.5　PC2 和 PC3 之间不可以互相通信

（3）使用 display interface brief | include GigabitEthernet0/0/1 命令查询 GE 0/0/1 接口是否已经关闭。

```
[SWB]display interface brief | include GigabitEthernet0/0/1
PHY: Physical
*down: administratively down
(l): loopback
(s): spoofing
(b): BFD down
(e): ETHOAM down
(dl): DLDP down
(d): Dampening Suppressed
InUti/OutUti: input utility/output utility
Interface                PHY   Protocol  InUti  OutUti   inErrors   outErrors
GigabitEthernet0/0/1    *down  down       0%     0%         0          0
```

（4）更换计算机，测试互通性。

把 PC1 更换为 PC4，IP 地址相同，MAC 地址不同，连接到交换机的 Ethernet 0/0/1 接口上。可以看出，更换计算机之后，MAC 地址不同，PC4 和 PC2 之间不可以互相通信，如图 5.1.6 所示。

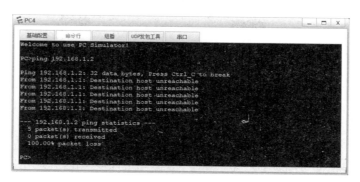

图 5.1.6　PC4 和 PC2 之间不可以互相通信

知识链接

1. 接口安全的概念

交换机接口安全，是指针对交换机接口进行安全属性的配置，从而控制用户的安全接入。接口安全特性可以使特定 MAC 地址的主机流量通过该接口。当接口上配置了安全的 MAC 地址后，定义之外的源 MAC 地址发送的数据包将被接口丢弃。

2. 接口安全的配置

在网络中 MAC 地址是设备中不变的物理地址，控制 MAC 地址的接入就控制了交换机的接口接入，所以接口安全也是指 MAC 地址的安全。在交换机中，CAM（Content Addressable Memory，内容可寻址内存）表又叫 MAC 地址表，其记录了与交换机相连的设备的 MAC 地址、接口号、所属 VLAN 等对应关系。

1）配置接口安全动态 MAC 地址

此功能是将动态学习到的 MAC 地址设置为安全属性，其他没有被学习到的非安全属性的 MAC 地址数据帧将被接口丢弃。

```
[Huawei-Ethernet0/0/3]port-security enable         //打开接口安全功能
[Huawei-Ethernet0/0/3]port-security max-mac-num 1
//限制安全 MAC 地址最大数量为 1 个，默认为 1
[Huawei-Ethernet0/0/3]port-security protect-action ?
//配置其他非安全 MAC 地址数据帧的处理动作
Protect:  Discard packets                          //丢弃，不产生告警信息
Restrict: Discard packets and warning              //丢弃，产生告警信息（默认的）
Shutdown: Shutdown                                 //丢弃，并将接口关闭
[Huawei-Ethernet0/0/3]port-security aging-time 300
//配置安全 MAC 地址的老化时间为 300 秒，默认不老化
```

华为的交换机默认的动态 MAC 地址表项老化时间为 300 秒，在系统视图下使用

mac-address aging-time 命令可以修改动态 MAC 地址表项的老化时间。在实际网络中不建议随意修改该老化时间。

2）配置 Sticky MAC 地址

在交换机的接口激活 Port Security 后，该接口上所学习到的合法的动态 MAC 地址被称为动态安全 MAC 地址，这些动态安全 MAC 地址默认不会被老化（在接口视图下使用 port-security aging-time 命令可以设置动态安全 MAC 地址的老化时间），然而这些动态安全 MAC 地址表项在交换机重启后会丢失，因此交换机不得不重新学习 MAC 地址。交换机能够将动态安全 MAC 地址转换成 Sticky MAC 地址，Sticky MAC 地址表项在交换机保存配置后重启不会丢失。

任务小结

（1）MAC 地址的数量默认为 1。

（2）MAC 地址数达到限制后的保护动作有 3 个，默认为 restrict。

（3）动态安全 MAC 地址表项默认不老化。

任务 2　访问控制列表的配置

访问控制列表技术总是与防火墙（Firewall）、路由策略（Routing Policy）、服务质量（Quality of Service，QoS）、流量过滤（Traffic Filtering）等其他技术结合使用。下面仅从网络安全的角度对访问控制列表的基本知识进行简单介绍。不同厂商的网络设备在访问控制列表技术的实现细节上各不相同。本任务对访问控制列表的描述及技术实现基于华为网络设备。本任务分为以下两个活动分别进行介绍。

活动 1　基本访问控制列表的配置

活动 2　高级访问控制列表的配置

活动 1　基本访问控制列表的配置

任务描述

艺腾公司包括经理部、财务部和销售部，这 3 个部门分属 3 个不同的网段，3 个部门之间用路由器进行信息传递。为了安全起见，公司领导要求网络管理员对网络的数据流量进行控制，使销售部不能对财务部进行访问，但经理部可以对财务部进行访问。

财务部涉及公司许多重要的财务信息和数据，因此，保障公司经理部的安全访问，减少普通部门对财务部的访问很有必要，这样可以尽可能减少网络安全隐患。

在路由器上应用基本访问控制列表，对访问财务部的数据流量进行限制，禁止销售部访问财务部的数据流量通过，但对经理部的访问不做限制，从而达到保护财务部主机安全的目的。

下面通过两台型号为 AR2220 的路由器来模拟网络，读者可以由此学习和掌握基本访问控制列表的配置方法。基本访问控制列表的网络拓扑结构如图 5.2.1 所示。

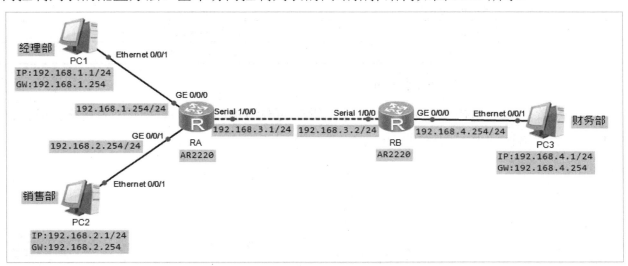

图 5.2.1　基本访问控制列表的网络拓扑结构

具体要求如下。

（1）添加 3 台计算机，将标签名分别更改为 PC1、PC2 和 PC3。其中，PC1 代表经理部的主机，PC2 代表销售部的主机，PC3 代表财务部的主机。

（2）添加两台型号为 AR2220 的路由器，将标签名分别更改为 RA 和 RB，路由器的名称分别设置为 RA 和 RB。

（3）为 RA 和 RB 添加 2SA 模块，并添加在 Serial 1/0/0 接口的位置。

（4）PC1 连接 RA 的 GE 0/0/0 接口，PC2 连接 RA 的 GE 0/0/1 接口，PC3 连接 RB 的 GE 0/0/0 接口，RA 的 Serial 1/0/0 接口连接 RB 的 Serial 1/0/0 接口。

（5）开启所有的路由器和计算机。

（6）根据图 5.2.1 所示的网路拓扑，使用直通线连接好所有的计算机。设置每台计算机的 IP 地址、子网掩码和网关，如表 5.2.1 所示。

表 5.2.1　计算机的 IP 地址、子网掩码和网关

计算机	IP 地址	子网掩码	网关
PC1	192.168.1.1	255.255.255.0	192.168.1.254
PC2	192.168.2.1	255.255.255.0	192.168.2.254
PC3	192.168.4.1	255.255.255.0	192.168.4.254

（7）路由器的接口、IP 地址/子网掩码如表 5.2.2 所示。

表 5.2.2　路由器的接口、IP 地址/子网掩码

设备名称	接口	IP 地址/子网掩码
RA	GE 0/0/0	192.168.1.254/24
	GE 0/0/1	192.168.2.254/24
	Serial 1 /0/0	192.168.3.1/24
RB	Serial 1 /0/0	192.168.3.2/24
	GE 0/0/0	192.168.4.254/24

（8）使用静态路由实现全网互通。

（9）配置基本访问控制列表，设置 PC2 所在的网络不能访问 PC3 所在的网络，但允许 PC1 所在的网络访问 PC3 所在的网络。

任务实施

❶ RA 的基本配置如下。

```
<Huawei>system-view
[Huawei]sysname RA
[RA]interface GigabitEthernet 0/0/0
[RA-GigabitEthernet0/0/0]ip add 192.168.1.254 24
[RA-GigabitEthernet0/0/0]quit
[RA]interface GigabitEthernet 0/0/1
[RA-GigabitEthernet0/0/1]ip add 192.168.2.254 24
[RA-GigabitEthernet0/0/1]quit
[RA]interface Serial 1/0/0
[RA-Serial1/0/0]ip add 192.168.3.1 24
[RA-Serial1/0/0]quit
```

❷ RB 的基本配置如下。

```
<Huawei>system-view
[Huawei]sysname RB
[RB]interface GigabitEthernet 0/0/0
[RB-GigabitEthernet0/0/0]ip add 192.168.4.254 24
[RB-GigabitEthernet0/0/0]quit
[RB]interface Serial 1/0/0
[RB-Serial1/0/0]ip add 192.168.3.2 24
[RB-Serial1/0/0]quit
```

❸ 配置静态路由，实现全网互通。

（1）在 RA 上配置静态路由。

```
[RA]ip route-static 192.168.4.0 255.255.255.0 192.168.3.2
```

（2）在 RB 上配置静态路由。

```
[RB]ip route-static 192.168.1.0 255.255.255.0 192.168.3.1
[RB]ip route-static 192.168.2.0 255.255.255.0 192.168.3.1
```

❹ 查看路由器的路由信息。

（1）在 RA 上查看静态路由信息。

```
[RA]display ip routing-table protocol static
Route Flags: R - relay, D - download to fib
------------------------------------------------------------------
Public routing table : Static
        Destinations : 1        Routes : 1        Configured Routes : 1
Static routing table status : <Active>
        Destinations : 1        Routes : 1
Destination/Mask    Proto  Pre  Cost     Flags NextHop        Interface
   192.168.4.0/24   Static 60   0         RD   192.168.3.2    Serial1/0/0
Static routing table status : <Inactive>
        Destinations : 0        Routes : 0
```

（2）在 RB 上查看静态路由信息。

```
[RB]display ip routing-table protocol static
Route Flags: R - relay, D - download to fib
------------------------------------------------------------------
Public routing table : Static
        Destinations : 2        Routes : 2        Configured Routes : 2
Static routing table status : <Active>
        Destinations : 2        Routes : 2
Destination/Mask    Proto  Pre  Cost     Flags NextHop        Interface
   192.168.1.0/24   Static 60   0         RD   192.168.3.1    Serial1/0/0
   192.168.2.0/24   Static 60   0         RD   192.168.3.1    Serial1/0/0
Static routing table status : <Inactive>
        Destinations : 0        Routes : 0
```

❺ 配置基本访问控制列表。

```
[RB]acl 2000
[RB-acl-basic-2000]rule deny source 192.168.2.0 0.0.0.255
[RB-acl-basic-2000]quit
```

❻ 查看基本访问控制列表的信息。

```
[RB]display acl all
 Total quantity of nonempty ACL number is 1
Basic ACL 2000, 1 rule
Acl's step is 5
 rule 5 deny source 192.168.2.0 0.0.0.255
```

❼ 将基本访问控制列表应用在接口上。

```
[RB]interface GigabitEthernet 0/0/0
[RB-GigabitEthernet0/0/0]traffic-filter outbound acl 2000
[RB-GigabitEthernet0/0/0]quit
```

任务验收

❶ 在 PC1 上测试 PC1 和 PC3 之间的连通性,结果是连通的,如图 5.2.2 所示。

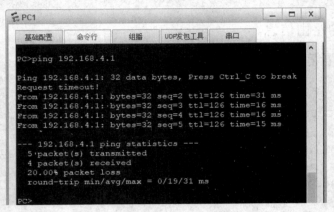

图 5.2.2　测试 PC1 和 PC3 之间的连通性

❷ 在 PC2 上测试 PC2 和 PC3 之间的连通性,结果是不通的,如图 5.2.3 所示。

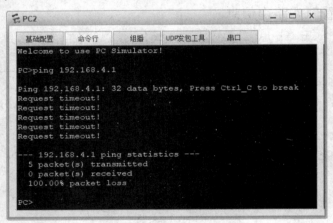

图 5.2.3　测试 PC2 和 PC3 之间的连通性

❸ 查看基本访问控制列表的应用状态。

```
[RB]dis acl 2000
Basic ACL 2000, 1 rule
Acl's step is 5
 rule 5 deny source 192.168.2.0 0.0.0.255 (5 matches)
```

知识链接

1.访问控制列表的基本概念

访问控制列表(Access Control List,ACL)是由一系列规则组成的集合,访问控制列表通过这一系列规则对报文进行分类，从而使设备可以对不同类型的报文进行不同的处理。

一个访问控制列表通常由若干条 deny | permit 语句组成，每条语句就是该访问控制列表的一条规则，每条语句中的 deny | permit 就是与这条规则相对应的处理动作。处理动作 permit 的含义是"允许"，处理动作 deny 的含义是"拒绝"。特别需要说明的是，访问控制列表技术总是与其他技术结合使用，因此，所结合的技术不同，permit 及 deny 的内涵及作用也不同。例如，当访问控制列表技术与流量过滤技术结合使用时，permit 就是"允许通行"的意思，deny 就是"拒绝通行"的意思。

访问控制列表是一种应用非常广泛的网络安全技术，配置了访问控制列表的网络设备的工作过程可以分为以下两个步骤。

（1）根据事先设定好的报文匹配规则对经过该设备的报文进行匹配。

（2）对匹配的报文执行事先设定好的处理动作。

2．访问控制列表的规则原理

访问控制列表负责管理用户配置的所有规则，并提供报文匹配规则的算法。访问控制列表的规则管理的基本思想如下。

（1）每个访问控制列表都作为一个规则组存在，一般包含多条规则。

（2）访问控制列表中的各条规则都是通过规则 ID 来标识的，规则 ID 既可以自行设置，也可以由系统根据步长自动生成，即设备会在创建访问控制列表的过程中自动为每条规则分配一个规则 ID。

（3）在默认情况下，访问控制列表中的所有规则均按照规则 ID 从小到大的顺序与规则进行匹配。

（4）规则 ID 之间会留下一定的间隔。如果不指定规则 ID，则具体间隔大小由"访问控制列表的步长"来设定。例如，将规则编号的步长设定为 10（需要注意的是，规则编号的步长的默认值为 5，步长默认按照配置先后顺序分配 0、5、10、15 等），那么规则编号将按照 10、20、30、40……的规律自动进行分配。如果将规则编号的步长设定为 3，那么规则编号将按照 3、6、9、12……的规律自动进行分配。步长的大小反映了相邻规则编号之间的间隔大小。间隔的作用是方便在两条相邻的规则之间插入新的规则。

3．访问控制列表的规则匹配

配置了访问控制列表的设备在收到一个报文之后，会将该报文与访问控制列表中的规则逐条进行匹配。如果无法匹配当前规则，则继续尝试匹配下一条规则。一旦报文匹配上了某条规则，设备就会对该报文执行这条规则中定义的处理动作（permit 或 deny），并且不再继续尝试与后续规则进行匹配。如果报文无法匹配访问控制列表中的任何一条规则，那么设备会对该报文执行 permit 动作。

4．访问控制列表的分类

根据访问控制列表具有的特性不同，可以将其分成不同的类型，分别是基本访问控制列表、高级访问控制列表、二层访问控制列表和用户自定义访问控制列表。其中，应用比较广泛的是基本访问控制列表和高级访问控制列表。

基本访问控制列表只能基于 IP 报文的源地址、报文分片标记和时间段信息来定义规则，编号范围为 2000～2999。

任务小结

（1）访问控制列表中的网络掩码是反掩码。

（2）访问控制列表要在接口下应用才生效。

（3）基本访问控制列表要应用在尽量靠近目的地址的接口上。

活动 2　高级访问控制列表的配置

任务描述

由于业务规模的扩大，艺腾公司架设了 FTP 服务器和 Web 服务器，FTP 服务只供技术部访问使用，Web 服务则供市场部和技术部使用，市场部针对服务器上 Web 服务之外的访问均被拒绝。公司局域网通过路由器进行信息传递，通过配置实现网络数据流量的控制。

任务分析

从公司需求来看，基本访问控制列表是无法实现所需功能的，只能使用高级访问控制列表。在路由器上应用高级访问控制列表，对访问服务器的数据流量进行控制。禁止市场部访问 FTP 服务的数据流通过，但同时服务器又向市场部和技术部用户提供了 Web 服务，拒绝了对服务器的其他访问，从而达到保护服务器和数据安全的目的。

下面通过两台型号为 AR2220 的路由器来模拟网络，读者可以由此学习和掌握高级访问控制列表的配置方法。高级访问控制列表的网络拓扑结构如图 5.2.4 所示。

具体要求如下。

（1）添加两台 Client 计算机，将标签名分别更改为 Tech 和 Market。Tech 代表技术部的主机，Market 代表市场部的主机。

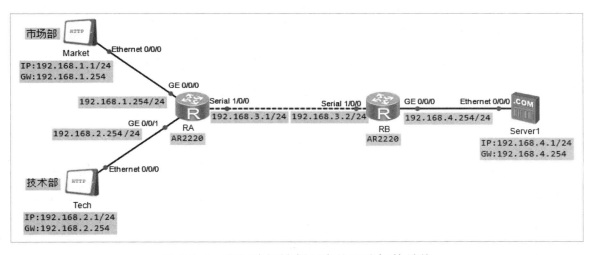

图 5.2.4　高级访问控制列表的网络拓扑结构

（2）添加一台服务器，将标签名更改为 Server。

（3）添加两台型号为 AR2220 的路由器，将标签名分别更改为 RA 和 RB，路由器的名称分别设置为 RA 和 RB。

（4）为 RA 和 RB 添加 2SA 模块，并添加在 Serial 1/0/0 接口的位置。

（5）Tech 连接 RA 的 GE 0/0/1 接口，Market 连接 RA 的 GE 0/0/0 接口，Server1 连接 RB 的 GE 0/0/0 接口，RA 的 Serial 1/0/0 接口连接 RB 的 Serial 1/0/0 接口。

（6）开启所有的路由器和计算机。

（7）根据图 5.2.4 所示的网络拓扑结构，使用直通线连接好所有的 Client 计算机和 Server1 服务器。设置两台 Client 计算机及一台 Server1 服务器的 IP 地址、子网掩码和网关，如表 5.2.3 所示。

表 5.2.3　两台 Client 计算机及一台 Server1 服务器的 IP 地址、子网掩码和网关

计算机	IP 地址	子网掩码	网关
Tech	192.168.2.1	255.255.255.0	192.168.2.254
Market	192.168.1.1	255.255.255.0	192.168.1.254
Server1	192.168.4.1	255.255.255.0	192.168.4.254

（8）路由器的接口、IP 地址/子网掩码如表 5.2.4 所示。

表 5.2.4　路由器接口、IP 地址/子网掩码

设备名称	接口	IP 地址/子网掩码
RA	GE 0/0/0	192.168.1.254/24
	GE 0/0/1	192.168.2.254/24
	Serial 1/0/0	192.168.3.1/24
RB	Serial 1/0/0	192.168.3.2/24
	GE 0/0/0	192.168.4.254/24

（9）使用静态路由实现全网互通。

（10）配置高级访问控制列表，限制市场部不能访问服务器上的 FTP 服务，但技术部不受限制。

任务实施

❶ RA 的基本配置如下。

```
<Huawei>system-view
[Huawei]sysname RA
[RA]interface GigabitEthernet 0/0/0
[RA-GigabitEthernet0/0/0]ip add 192.168.1.254 24
[RA-GigabitEthernet0/0/0]quit
[RA]interface GigabitEthernet 0/0/1
[RA-GigabitEthernet0/0/1]ip add 192.168.2.254 24
[RA-GigabitEthernet0/0/1]quit
[RA]interface Serial 1/0/0
[RA-Serial1/0/0]ip add 192.168.3.1 24
[RA-Serial1/0/0]quit
```

❷ RB 的基本配置如下。

```
<Huawei>system-view
[Huawei]sysname RB
[RB]interface GigabitEthernet 0/0/0
[RB-GigabitEthernet0/0/0]ip add 192.168.4.254 24
[RB-GigabitEthernet0/0/0]quit
[RB]interface Serial 1/0/0
[RB-Serial1/0/0]ip add 192.168.3.2 24
[RB-Serial1/0/0]quit
```

❸ 配置静态路由，实现全网互通。

（1）在 RA 上配置静态路由。

```
[RA]ip route-static 192.168.4.0 255.255.255.0 192.168.3.2
```

（2）在 RB 上配置静态路由。

```
[RB]ip route-static 192.168.1.0 255.255.255.0 192.168.3.1
[RB]ip route-static 192.168.2.0 255.255.255.0 192.168.3.1
```

❹ 查看路由器的路由信息。

（1）在 RA 上查看静态路由信息。

```
[RA]display ip routing-table protocol static
Route Flags: R - relay, D - download to fib
------------------------------------------------------------------------------
Public routing table : Static
         Destinations : 1        Routes : 1        Configured Routes : 1
Static routing table status : <Active>
         Destinations : 1        Routes : 1
```

```
Destination/Mask    Proto  Pre  Cost      Flags NextHop       Interface
   192.168.4.0/24   Static 60   0         RD    192.168.3.2   Serial1/0/0
Static routing table status : <Inactive>
       Destinations : 0        Routes : 0
```

（2）在 RB 上查看静态路由信息。

```
[RB]display ip routing-table protocol static
Route Flags: R - relay, D - download to fib
------------------------------------------------------------------------------
--
Public routing table : Static
       Destinations : 2        Routes : 2       Configured Routes : 2
Static routing table status : <Active>
       Destinations : 2        Routes : 2
Destination/Mask    Proto  Pre  Cost      Flags NextHop       Interface
   192.168.1.0/24   Static 60   0         RD    192.168.3.1   Serial1/0/0
   192.168.2.0/24   Static 60   0         RD    192.168.3.1   Serial1/0/0
Static routing table status : <Inactive>
       Destinations : 0        Routes : 0
```

❺ 配置高级访问控制列表。

```
[RA]acl 3000
[RA-acl-adv-3000]rule 5 deny tcp source 192.168.1.0 0.0.0.255 destination 192.168.4.1 0.0.0.0 destination-port range 20 21
[RA-acl-adv-3000]rule 10 permit tcp source 192.168.1.0 0.0.0.255 destination 192.168.4.1 0.0.0.0 destination-port eq 80
[RA-acl-adv-3000]rule 15 deny ip
[RA-acl-adv-3000]quit
```

❻ 查看高级访问控制列表信息。

```
[RA]display acl all
 Total quantity of nonempty ACL number is 1
Advanced ACL 3000, 3 rules
Acl's step is 5
 rule 5 deny tcp source 192.168.1.0 0.0.0.255 destination 192.168.4.1 0 destination-port range ftp-data ftp
 rule 10 permit tcp source 192.168.1.0 0.0.0.255 destination 192.168.4.1 0 destination-port eq www
 rule 15 deny ip
```

❼ 将高级访问控制列表应用在接口上。

```
[RA]interface GigabitEthernet 0/0/0
[RA-GigabitEthernet0/0/0]traffic-filter inbound acl 3000
[RA-GigabitEthernet0/0/0]quit
```

❽ 配置 Server1 服务器的 FtpServer 和 HttpServer。

（1）配置 FtpServer 服务器。

在 Server1 服务器上单击鼠标右键，在弹出的快捷菜单中选择"服务器信息"命令，在打开的对话框中选中"FtpServer"单选按钮，然后在"配置"选项组中进行文件根目录的添加,这里选择的是"C:\http\index.htm"(需要提前创建好),最后单击"启动"按钮,如图 5.2.5 所示。

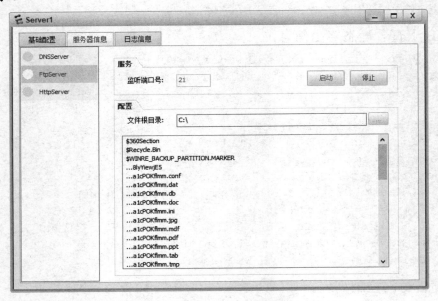

图 5.2.5　配置 FtpServer 服务器

(2)配置 HttpServer 服务器。

在 Server1 服务器上单击鼠标右键,在弹出的快捷菜单中选择"服务器信息"命令,在打开的对话框中选中"HttpServer"单选按钮,然后在"配置"选项组中进行文件根目录的添加,这里选择的是"C:\http\index.htm"(需要提前创建好),最后单击"启动"按钮,如图 5.2.6 所示。

图 5.2.6　配置 HttpServer 服务器

任务验收

❶ 在 Market 上可以正常访问 Web 服务器，如图 5.2.7 所示。

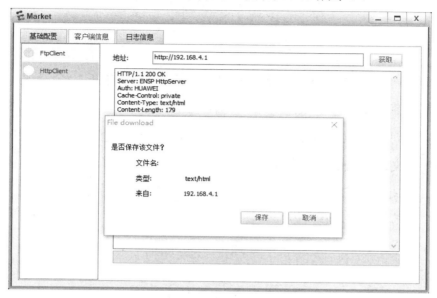

图 5.2.7　在 Market 上访问 Web 服务器

❷ 在 Market 上测试 FTP 服务器是无法正常访问的，如图 5.2.8 所示。

图 5.2.8　Market 访问 FTP 服务器

❸ 查看高级访问控制列表的应用状态。

```
[RA]dis acl all
 Total quantity of nonempty ACL number is 1
Advanced ACL 3000, 3 rules
Acl's step is 5
```

```
    rule 5 deny tcp source 192.168.1.0 0.0.0.255 destination 192.168.4.1 0
destination-port range ftp-data ftp (5 matches)
    rule 10 permit tcp source 192.168.1.0 0.0.0.255 destination 192.168.4.1
0 destination-port eq www (6 matches)
    rule 15 deny ip
```

知识链接

基本访问控制列表的功能只是高级访问控制列表的功能中的一个子集，高级访问控制列表可以定义更精准、更复杂、更灵活的规则，也因此得到更加广泛的应用。

高级访问控制列表可以根据 IP 报文的源 IP 地址、IP 报文的目的 IP 地址、IP 报文的协议字段的值、IP 报文的优先级的值、IP 报文的长度值、TCP 报文的源接口号、TCP 报文的目的接口号、UDP 报文的源接口号和 UDP 报文的目的接口号等信息来定义规则。高级访问控制列表的编号范围为 3000~3999。

任务小结

（1）高级访问控制列表要应用在尽量靠近源地址的接口上。

（2）允许某个网段后，要拒绝其他网段。

（3）对 FTP 而言，必须指定 ftp（21）和 ftp-data（20）。

任务 3 网络地址转换

网络地址转换（Network Address Translation，NAT）的功能是将企业内部自行定义的私有 IP 地址转换为 Internet 上可识别的合法的 IP 地址。由于现行 IP 地址标准——IPv4 的限制，Internet 面临着 IP 地址空间短缺的问题，从 ISP 申请并给企业的每位员工都分配一个合法 IP 地址是不现实的。NAT 技术能较好地解决现阶段 IPv4 地址短缺的问题。本任务分为以下两个活动展开介绍。

活动 1 利用静态 NAT 技术实现外网主机访问内网服务器

活动 2 利用动态 NAPT 技术实现局域网访问 Internet

活动 1 利用静态 NAT 技术实现外网主机访问内网服务器

静态 NAT 是指在路由器中，将内网 IP 地址转换为外网 IP 地址，通常应用在允许外网用户访问内网服务器的场景中。

任务描述

艺腾公司的办公网络接入了 Internet，由于需要进行企业宣传，因此建立了用于产品推广和业务交流的网站。目前，艺腾公司只向网络运营商申请了两个公网 IP 地址，服务器位于公司内网中。要求艺腾公司的 Web 服务器对外提供服务，使客户在 Internet 上可以访问公司的内部网站。

任务分析

基于私有地址与公有地址不能直接通信的原则，公网中的计算机是不能直接访问内网服务器的，要使内网服务器上的服务能够被外网主机访问，就要将内网服务器的私有 IP 地址通过静态转换映射到公网 IP 地址上，这样 Internet 上的用户才能通过公网 IP 地址访问内网服务器。

下面通过两台型号为 AR2220 的路由器来模拟网络，读者可以由此学习和掌握利用静态 NAT 技术实现外网主机访问内网服务器的配置方法。利用静态 NAT 技术实现外网主机访问内网服务器的网络拓扑结构如图 5.3.1 所示。

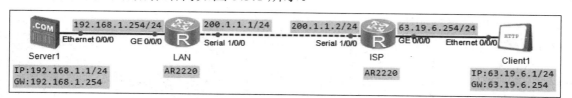

图 5.3.1　利用静态 NAT 技术实现外网主机访问内网服务器的网络拓扑结构

具体要求如下。

（1）添加一台计算机和一台服务器，将标签名分别更改为 Client1 和 Server1，Client1 代表 Internet 上的计算机，Server1 代表公司内部的 Web 服务器。

（2）添加两台型号为 AR2220 的路由器，将标签名分别更改为 LAN 和 ISP，路由器的名称分别设置为 LAN 和 ISP。

（3）为 LAN 和 ISP 添加 2SA 模块，并添加在 Serial 1/0/0 接口的位置上。

（4）Client1 连接 ISP 的 GE 0/0/0 接口，Server1 连接 LAN 的 GE 0/0/0 接口，LAN 的 Serial 1/0/0 接口连接 ISP 的 Serial 1/0/0 接口。

（5）开启所有的路由器、服务器和计算机。

（6）根据图 5.3.1 所示的网络拓扑结构，使用直通线连接好计算机和服务器。设置计算机及服务器的 IP 地址、子网掩码和网关，如表 5.3.1 所示。

表 5.3.1　计算机及服务器的 IP 地址、子网掩码的和网关

计算机	IP 地址	子网掩码	网关
Server1	192.168.1.1	255.255.255.0	192.168.1.254
Client1	63.19.6.1	255.255.255.0	63.19.6.254

（7）路由器的接口、IP 地址/子网掩码如表 5.3.2 所示。

表 5.3.2　路由器的接口、IP 地址/子网掩码

设备名称	接口	IP 地址/子网掩码
LAN	GE 0/0/0	192.168.1.254/24
	Serial 1/0/0	200.1.1.1/24
ISP	Serial 1/0/0	200.1.1.2/24
	GE 0/0/0	63.19.6.254/24

（8）在 LAN 上使用默认路由实现数据包向外转发。

（9）在 LAN 上进行静态 NAT 技术的配置，实现公网的计算机访问内网服务器上的 Web 服务，映射地址为 200.1.1.5。

任务实施

❶ LAN 的基本配置如下。

```
<Huawei>system-view
[Huawei]sysname LAN
[LAN]interface GigabitEthernet 0/0/0
[LAN-GigabitEthernet0/0/0]ip add 192.168.1.254 24
[LAN-GigabitEthernet0/0/0]quit
[LAN]interface Serial 1/0/0
[LAN-Serial1/0/0]ip add 200.1.1.1 24
[LAN-Serial1/0/0]quit
```

❷ ISP 的基本配置如下。

```
<Huawei>system-view
[Huawei]sysname ISP
[ISP]interface GigabitEthernet 0/0/0
[ISP-GigabitEthernet0/0/0]ip add 63.19.6.254 24
[ISP-GigabitEthernet0/0/0]quit
[ISP]interface Serial 1/0/0
[ISP-Serial1/0/0]ip add 200.1.1.2 24
[ISP-Serial1/0/0]quit
```

❸ 在 LAN 上配置默认路由。

```
[LAN]ip route-static 0.0.0.0 0.0.0.0 Serial 1/0/0
```

❹ 在 LAN 上配置静态 NAT 技术映射。

```
[LAN]int s1/0/0
[LAN-Serial1/0/0]nat static global 200.1.1.5 inside 192.168.1.1
```

```
//将公网地址 200.1.1.5 映射到私网地址 192.168.1.1
[LAN-Serial1/0/0]quit
```

❺ 在 Server1 服务器上配置 HttpServer 服务器。

在 Server1 服务器上单击鼠标右键,在弹出的快捷菜单中选择"服务器信息"命令,在打开的对话框中选中"HttpServer"单选按钮,然后在"配置"选项组中进行文件根目录的添加,这里选择的是"C:\http\index.htm"(需要提前创建好,网页内容可以为空),最后单击"启动"按钮,如图 5.3.2 所示。

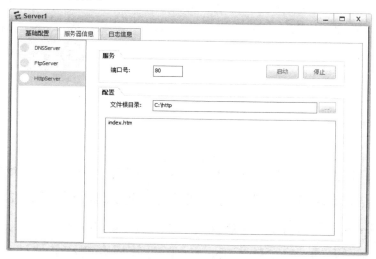

图 5.3.2 配置 HttpServer 服务器

任务验收

❶ 在 Client1 上测试访问"http://200.1.1.5",可以正常访问 Web 服务器,如图 5.3.3 所示。

图 5.3.3 在 Client1 上访问内网 Web 服务器

❷ 在内网路由器 LAN 上查看 NAT 技术的映射关系。

```
[LAN]display nat static
 Static Nat Information:
 Interface  : Serial1/0/0
   Global IP/Port     : 200.1.1.5/----
   Inside IP/Port     : 192.168.1.1/----
   Protocol : ----
   VPN instance-name : ----
   Acl number         : ----
   Netmask  : 255.255.255.255
   Description : ----
 Total :    1
```

从以上回显信息中可以看出，已经成功在 LAN 上配置了静态 NAT 技术，实现了 Web 服务器的私网 IP 地址（192.168.1.1）与公网 IP 地址（200.1.1.5）的映射。

知识链接

1. NAT 的基本概念

NAT 是一个 IETF 标准。NAT 的基本作用就是实现内部私有网络地址与外部公有网络地址之间的转换，从而允许多个内部私有网络用户通过共享一个或少数几个公网 IP 地址来访问 Internet，达到有效节省公网 IP 地址的目的。当今的 Internet 使用 TCP/IP 协议实现了全世界的计算机的互联互通，每台接入 Internet 的计算机要想和其他计算机通信，就必须拥有一个唯一的、合法的 IP 地址，此 IP 地址由 Internet 管理机构——网络信息中心（Network Information Center，NIC）统一管理和分配。而 NIC 分配的 IP 地址被称为公有的、合法的 IP 地址，这些 IP 地址具有唯一性，接入 Internet 的计算机只要拥有 NIC 分配的 IP 地址就可以和其他计算机通信。

随着网络设备数量的不断增长，对 IPv4 地址的需求也在不断增加，导致可用 IPv4 地址空间逐渐耗尽，难以满足目前爆炸式增长的需求。所以，不是每台计算机都能申请并获得 NIC 分配的 IP 地址的。一般来说，需要接入 Internet 的个人或家庭用户，通过 ISP 间接获得合法的公有 IP 地址（例如，用户通过 ADSL 线路拨号，从电信部门获得临时租用的公有 IP 地址）；对于大型机构而言，它们既可以直接向 NIC 申请并使用永久的公有 IP 地址，也可以通过 ISP 间接获得永久或临时的公有 IP 地址。

无论通过哪种方式获得公有的 IP 地址，实际上当前可用的 IP 地址数量依然不足。IP 地址作为有限的资源，要 NIC 为网络中数以亿计的计算机分配公有 IP 地址是不可能的。同时，为了使计算机能够具有 IP 地址并且在专用网络（内部网络）中通信，NIC 定义了供专用网络内部的计算机使用的专用 IP 地址。这些 IP 地址是在局部使用的（非全局的，不具有唯一性）非公有的（私有的）IP 地址，其范围如下。

（1）A 类 IP 地址：10.0.0.0～10.255.255.255。

（2）B 类 IP 地址：172.16.0.0～172.31.255.255。

（3）C 类 IP 地址：192.168.0.0～192.168.255.255。

组织机构可以根据自身园区网的规模及计算机的数量采用不同类型的专用地址范围或不同类型地址的组合。但是，这些 IP 地址不可能出现在 Internet 中，也就是说，源地址或目的地址为这些专用 IP 地址的数据包不可能在 Internet 中被传输，这样的数据包只能在内部专用网络中被传输。

如果专用网络的计算机要访问 Internet，则组织机构在连接 Internet 的设备上至少需要有一个公有 IP 地址，并采用 NAT 设备，将内部私有网络的计算机的私有 IP 地址转换为公有 IP 地址，从而让使用私有 IP 地址的计算机能够和 Internet 中的计算机通信。如图 5.3.4 所示，通过 NAT 设备，私有网络中的私有 IP 地址和公有 IP 地址可以相互转换，由此私有网络中使用私有 IP 地址的计算机能够和 Internet 中的计算机通信。

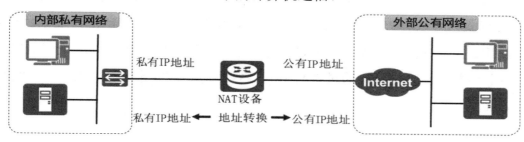

图 5.3.4　网络地址转换

2．NAT 的类型

1）静态 NAT

仅对 IP 地址进行转换，且需要在路由器中，配置内网 IP 地址和外网 IP 地址的固定映射关系。静态 NAT 实现了私有 IP 地址和公有 IP 地址的一对一映射，通常用于为配置了私有 IP 地址的内部服务器绑定公有 IP 地址，以使外网的用户可以通过绑定的公有 IP 地址访问该内网服务器。

2）动态 NAT

动态 NAT 是指将一个内部 IP 地址转换为一组外部 IP 地址池中的一个 IP 地址（公有地址）。动态 NAT 和静态 NAT 在地址转换上很相似，仅对 IP 地址进行转换，只是动态 NAT 中公有 IP 地址和私有 IP 地址的映射关系是动态生成的，公有 IP 地址并非被某个内部私有网络的计算机永久独自占有。尽管内网用户可以访问外网，但外网是不能主动访问内网用户的。

3）静态NAPT

静态NAPT在路由器中以"IP地址+接口"的形式，不仅对IP地址进行转换，同时还要对接口号进行转换，静态意味着IP地址+接口号的公私转换是事先配置好的，是静态映射关系，应用在允许外网用户访问内网计算机特定服务的场景中。

4）动态NAPT

动态NAPT仍然同时对"IP地址+接口"进行转换，将内部私有IP地址及接口号转换成外部公有IP地址及接口号，但IP地址+接口号的公私转换关系是动态生成的。这种方式能够将很多个私有IP地址映射到一个或少数几个公有IP地址上，因此能够非常有效地节约公有IP地址。动态NAPT在现实中的应用最为广泛。其缺点与动态NAT类似，外部主机不能访问内部主机。

5）Easy IP

Easy IP是NAPT的一种简化情况。Easy IP配置时不需要建立公有IP地址池，因为Easy IP只会用到一个公有IP地址，该IP地址就是路由器连接公网的出口IP地址。Easy IP是实现公有IP地址与私有IP地址之间的映射，适合小型局域网接入Internet的情况，比如小型网吧和中小型企业。出接口通过拨号方式获得临时（或固定）公有IP地址以供内部主机访问Internet。

任务小结

（1）静态NAT技术通常应用在允许外网用户访问内网服务器的场景中。

（2）通过NAT技术映射内部服务器需要使用专用的公网IP地址，故需要申请两个或两个以上的公网IP地址，一个用于服务器映射，其他的用于内网的通信。

（3）要加上能使数据包向外转发的路由，如默认路由。

活动2 利用动态NAPT技术实现局域网访问Internet

在通常情况下，园区网中有很多台主机，从ISP申请并给园区网中的每台主机分配一个合法的IP地址是不现实的，为了使所有的主机都可以连接到Internet，需要使用网络地址转换。此外，网络地址转换技术还可以有效地隐藏内部局域网中的主机，具有一定的网络安全保护作用。

任务描述

由于业务的需要，艺腾公司的办公网络需要接入Internet，网络管理员向网络运营商申请了一条专线，该专线分配了 4 个公网 IP 地址。要求公司所有部门的主机都能访问外网。

任务分析

公司通过路由器与外网互连，并且只申请到 4 个公网 IP 地址，即与公网直连的路由器接口的 IP 地址和用来满足公司内部主机上网的地址。传统的 NAT 一般是指一对一的地址映射，不能同时满足所有内部网络主机与外部网络通信的需求，而动态 NAPT 可以将网络地址转换，从而使多个本地 IP 地址对应一个或多个全局 IP 地址。采用动态 NAPT 技术可以实现局域网多台主机共用一个或少数几个公网 IP 地址来访问 Internet。

下面通过两台型号为 AR2220 的路由器来模拟网络，读者可以由此学习和掌握动态 NAPT 技术实现局域网访问 Internet 的配置方法。利用动态 NAPT 技术实现局域网访问 Internet 的网络拓扑结构如图 5.3.5 所示。

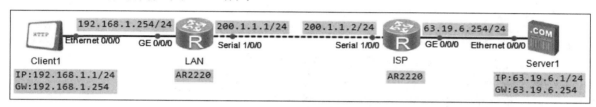

图 5.3.5　利用动态 NAPT 技术实现局域网访问 Internet 的网络拓扑结构

具体要求如下。

（1）添加一台计算机和一台服务器，将标签名分别更改为 Client1 和 Server1，Client1 代表公司内网的计算机，Server1 代表 Internet 中的一台 Web 服务器。

（2）添加两台型号为 AR2220 的路由器，将标签名分别更改为 LAN 和 ISP，路由器的名称分别设置为 LAN 和 ISP。

（3）为 LAN 和 ISP 添加 2SA 模块，并且添加在 Serial 1/0/0 接口的位置。

（4）Client1 连接 LAN 的 GE 0/0/0 接口，Server1 连接 ISP 的 GE 0/0/0 接口，LAN 的 Serial 1/0/0 接口连接 ISP 的 Serial 1/0/0 接口。

（5）开启所有的路由器、服务器和计算机。

（6）根据图 5.3.5 所示的网络拓扑结构，使用直通线连接好计算机和服务器。设置计算机及服务器的 IP 地址、子网掩码和网关，如表 5.3.3 所示。

表 5.3.3　计算机及服务器的 IP 地址、子网掩码和网关

计算机	IP 地址	子网掩码	网关
Client1	192.168.1.1	255.255.255.0	192.168.1.254
Server1	63.19.6.1	255.255.255.0	63.19.6.254

（7）路由器的接口、IP 地址/子网掩码如表 5.3.4 所示。

表 5.3.4　路由器的接口、IP 地址/子网掩码

设备名称	接口	IP 地址/子网掩码
LAN	GE 0/0/0	192.168.1.254/24
	Serial 1/0/0	200.1.1.1/24
ISP	Serial 1/0/0	200.1.1.2/24
	GE 0/0/0	63.19.6.254/24

（8）在 LAN 上使用默认路由实现数据包向外转发。

（9）在 LAN 上进行动态 NAPT 的配置，实现内网的计算机能通过公网 IP 地址访问 Internet，动态 NAPT 地址池使用的 IP 地址为 200.1.1.3～200.1.1.5。

任务实施

❶ LAN 的基本配置如下。

```
<Huawei>system-view
[Huawei]sysname LAN
[LAN]interface GigabitEthernet 0/0/0
[LAN-GigabitEthernet0/0/0]ip add 192.168.1.254 24
[LAN-GigabitEthernet0/0/0]quit
[LAN]interface Serial 1/0/0
[LAN-Serial1/0/0]ip add 200.1.1.1 24
[LAN-Serial1/0/0]quit
```

❷ ISP 的基本配置如下。

```
<Huawei>system-view
[Huawei]sysname ISP
[ISP]interface GigabitEthernet 0/0/0
[ISP-GigabitEthernet0/0/0]ip add 63.19.6.254 24
[ISP-GigabitEthernet0/0/0]quit
[ISP]interface Serial 1/0/0
[ISP-Serial1/0/0]ip add 200.1.1.2 24
[ISP-Serial1/0/0]quit
```

❸ 在 LAN 上配置默认路由并进行验证。

```
[LAN]ip route-static 0.0.0.0 0.0.0.0  Serial 1/0/0
[LAN]ping 63.19.6.1
  PING 63.19.6.1: 56  data bytes, press CTRL_C to break
    Request time out
    Reply from 63.19.6.1: bytes=56 Sequence=2 ttl=254 time=20 ms
    Reply from 63.19.6.1: bytes=56 Sequence=3 ttl=254 time=30 ms
    Reply from 63.19.6.1: bytes=56 Sequence=4 ttl=254 time=40 ms
    Reply from 63.19.6.1: bytes=56 Sequence=5 ttl=254 time=20 ms
  --- 63.19.6.1 ping statistics ---
    5 packet(s) transmitted
    4 packet(s) received
```

```
    20.00% packet loss
    round-trip min/avg/max = 20/27/40 ms
```

❹ 在 LAN 上配置动态 NAPT。

```
[LAN]nat address-group 1 200.1.1.3 200.1.1.5     //配置 NAPT 地址池
[LAN]acl 2000
[LAN-acl-basic-2000]rule 5 permit source 192.168.1.0 0.0.0.255
[LAN-acl-basic-2000]quit
[LAN]int Serial 1/0/0
[LAN-Serial1/0/0]nat outbound 2000 address-group 1
//用来配置 NAPT，将访问控制列表和地址池关联起来，命令行中没有参数 no-pat 时表示 NAPT
[LAN-Serial1/0/0]quit
```

❺ 在 Server1 服务器上配置 HttpServer 服务器。

在 Server1 服务器上单击鼠标右键，在弹出的快捷菜单中选择"服务器信息"命令，在打开的对话框中选中"HttpServer"单选按钮，然后在"配置"选项组中进行文件根目录的添加，这里选择的是"C:\http\index.htm"（需要提前创建好，网页内容可以为空），最后单击"启动"按钮，如图 5.3.6 所示。

图 5.3.6　配置 HttpServer 服务器

任务验收

❶ 在 Client1 上测试访问"http://63.19.6.1"，可以正常访问 Web 服务器，如图 5.3.7 所示。

❷ 在 LAN 上查看 NAPT 会话信息。

```
[LAN]display nat session all
 NAT Session Table Information:
   Protocol            : TCP(6)
   SrcAddr  Port Vpn : 192.168.1.1       520
   DestAddr Port Vpn : 63.19.6.1         20480
```

```
     NAT-Info
      New SrcAddr     : 200.1.1.5
      New SrcPort     : 10240
      New DestAddr    : ----
      New DestPort    : ----
   Total : 1
```

从以上回显信息中可以看出，Client1 的私网 IP 地址映射到了一个公网 IP 地址上。

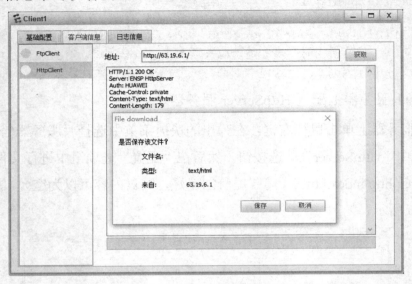

图 5.3.7　在 Client1 上访问 Web 服务器

知识链接

动态 NAPT 是指以 IP 地址及接口号（TCP 或 UDP）为转换条件，将专用网络的内部私有 IP 地址及接口号转换成外部公有 IP 地址及接口号。静态 NAT 和动态 NAT 都是"IP 地址"到"IP 地址"的转换关系，而动态 NAPT 是"IP 地址+接口"到"IP 地址+接口"的转换关系。"IP 地址"到"IP 地址"的转换关系局限性很大，因为公网 IP 地址一旦被占用，内网的其他计算机就无法再使用被占用的公网 IP 地址访问外网。而"IP 地址+接口"到"IP 地址+接口"的转换关系非常灵活，一个 IP 地址可以和多个接口进行组合（可以自由使用的接口号为 1024～65 535），所以，路由器上可用的网络地址映射关系条目数量很多，完全可以满足大量的内网计算机访问外网的需求。

动态 NAPT 的内外网"IP 地址+接口号"映射关系是临时的，因此，它主要应用在为内网计算机提供外网访问服务的场景中。其典型的应用如下：家庭的宽带路由器拥有动态 NAPT 功能，所以可以满足家庭电子设备访问 Internet 的需求；网吧的出口网关拥有动态 NAPT 功能，所以可以满足网吧计算机访问 Internet 的需求。

任务小结

（1）动态 NAPT 需要配置 IP 地址池，用于内网主机的映射。

（2）动态 NAPT 解决了更多内网终端连接外网的问题。

（3）动态 NAPT 主要用于为内网计算机提供外网访问服务的场景中。

项目 6
广域网技术的配置

项目描述

随着云化和网络 SDN 等新技术的蓬勃发展，信息化的巨大变革正在重构传统的广域网，广域网正经历着云时代的变革。第一代广域网关注的是连接，用户只关心网络的连通性问题；第二代广域网更关注网络业务的丰富性和多业务处理能力；而在当前云时代和全连接时代，广域网正向着更敏捷、更安全、更注重用户体验的方向发展，当今的网络需求对传统的广域网提出了越来越高的要求。

广域网也称为远程网，是一种运行地域超过局域网的数据通信网络，通常跨越很大的物理范围，所覆盖的范围从几十千米到几千千米，所以它能连接多个城市或国家，或者横跨几个大洲提供远距离通信，形成国际性的远程网络。广域网和局域网的主要区别之一是需要向外部的广域网服务提供商申请订购广域网电信网络服务，一般使用电信运营商提供的数据链路在广域网范围内访问网络。

本项目主要介绍路由器广域网协议的配置和路由器广域网 PPP 协议的配置。

知识目标

1. 了解广域网的相关概念。
2. 了解 HDLC 协议封装的作用。
3. 了解 PPP 协议封装的作用。
4. 理解 PPP 协议封装中 PAP 协议与 PPP 协议的作用和区别。
5. 理解 PAP 认证与 CHAP 认证的基本过程。
6. 了解 PPPoE 协议的基本概念。
7. 理解 PPPoE 协议的工作过程。

能力目标

1. 能实现 HDLC 协议封装的配置方法。
2. 能实现 PPP 协议封装的配置方法。
3. 能实现 PPP 协议封装 PAP 认证的配置和认证方法。
4. 能实现 PPP 协议封装 CPAP 认证的配置和认证方法。
5. 能实现 PPPoE 协议的配置和测试方法。

素质目标

1. 培养读者的团队合作精神和安全意识，以及协同创新能力。
2. 培养读者系统分析与解决问题的能力，使其能够掌握相关知识点并完成项目任务。
3. 培养读者严谨的逻辑思维能力和较强的判断能力，使其能够正确地处理广域网中的问题。
4. 培养读者良好的职业道德和严谨的职业素养，使其在处理广域网中的故障时可以做到一丝不苟。

思维导图

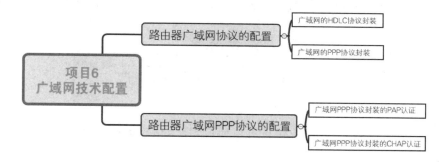

任务 1　路由器广域网协议的配置

广域网协议通常是指在 Internet 上负责路由器之间连接的数据链路层协议。广域网数据封装协议既包括高级数据链路控制（High-level Data Link Control，HDLC）协议、点到点协议（Point to Point Protocol，PPP）和 PPPoE 协议，也包括逐渐被淘汰的电路交换型的 ISDN 协议和分组交换型的 ATM 及帧中继协议。本任务将分为以下两个活动，且分别展开介绍。

活动 1　广域网的 HDLC 协议封装

活动 2　广域网的 PPP 协议封装

活动1 广域网的HDLC协议封装

HDLC协议工作在数据链路层，是ISO以IBM公司系统网络架构的SDLC协议作为基础开发出来的。该协议具有无差错数据传输和流量控制两种功能。作为面向比特的同步通信协议，HDLC协议不仅支持全双工点对点的透明传输，还支持对等链路。

任务描述

艺腾公司成功搭建了总公司和分公司的局域网，并且运行良好。该公司购置了两台路由器和高速同步串行模块，准备通过专线将总公司和分公司连接起来，以方便公司内部数据的通信。

任务分析

HDLC协议是一种标准的用于在同步网络中传输数据的、面向比特的数据链路层协议。将两台路由器通过高速同步串行模块连接起来，使用HDLC协议进行数据封装和传输。HDLC协议不仅提供了无差错的按序数据传输，还提供了流量控制、差错检测和恢复功能，以保证数据的完整性。

下面通过两台型号为AR2220的路由器来模拟公网，读者可以由此学习和掌握路由器广域网HDLC协议的配置方法。广域网HDLC协议封装的网络拓扑结构如图6.1.1所示。

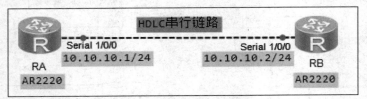

图6.1.1 广域网HDLC协议封装的网络拓扑结构

具体要求如下。

（1）添加两台型号为AR2220的路由器，将标签名分别更改为RA和RB，路由器的名称分别设置为RA和RB。

（2）为RA和RB添加2SA模块，并且添加在Serial 1/0/0接口的位置。

（3）两台路由器使用DCE串口线互连，模拟与公网互连。

（4）RA的Serial 1/0/0接口连接RB的Serial 1/0/0接口，RA的Serial 1/0/0接口设置的IP地址为10.10.10.1/24，RB的Serial 1/0/0接口设置的IP地址为10.10.10.2/24。

（5）开启两台路由器。

（6）在两台路由器之间做HDLC协议封装，并测试两者之间的连通性。

任务实施

❶ RA 的基本配置如下。

```
<Huawei>system-view
[Huawei]sysname RA
[RA]interface Serial 1/0/0
[RA-Serial1/0/0]ip address 10.10.10.1 24
[RA-Serial1/0/0]link-protocol hdlc          //封装 HDLC 协议
Warning: The encapsulation protocol of the link will be changed. Continue? [Y/N]:y
[RA-Serial1/0/0]quit
```

❷ 查看 RA 的接口配置情况。

```
[RA]display int Serial 1/0/0
Serial1/0/0 current state : UP
Line protocol current state : DOWN
Description:HUAWEI, AR Series, Serial1/0/0 Interface
Route Port,The Maximum Transmit Unit is 1500, Hold timer is 10(sec)
Internet Address is 10.10.10.1/24
Link layer protocol is nonstandard HDLC
……省略部分内容
```

在回显信息中，可以看到"Line protocol current state：DOWN"，"DOWN"表示两台路由器之间没有协商成功。

❸ RB 的基本配置如下。

```
[Huawei]system-view
[Huawei]sysname RB
[RB]interface Serial 1/0/0
[RB-Serial1/0/0]ip address 10.10.10.2 24
[RB-Serial1/0/0]link-protocol hdlc          //封装 HDLC 协议
Warning: The encapsulation protocol of the link will be changed. Continue? [Y/N]:y
[RB-Serial1/0/0]quit
```

任务验收

在 RA 上使用 display int Serial 1/0/0 命令，查看 HDLC 协议的封装情况。

```
[RA]display int Serial 1/0/0
Serial1/0/0 current state : UP
Line protocol current state : UP
Last line protocol up time : 2021-02-28 10:00:17 UTC-08:00
Description:HUAWEI, AR Series, Serial1/0/0 Interface
Route Port,The Maximum Transmit Unit is 1500, Hold timer is 10(sec)
Internet Address is 10.10.10.1/24
Link layer protocol is nonstandard HDLC
……省略部分内容
```

在回显信息中,"Internet Address is 10.10.10.1/24"表示 RA 的 Serial 1/0/0 接口的 IP 地址为 10.10.10.1/24;"Link layer protocol is nonstandard HDLC"表示 RA 的 Serial 1/0/0 接口的数据链路层协议为 HDLC 协议;"Line protocol current state:UP"表示协商已经成功。由此说明,在 HDLC 链路上已经可以传递 IP 报文。

知识链接

1. 广域网的基本概念

广域网(Wide Area Network,WAN)是指跨越很大地域范围的数据通信网络。广域网通常使用 ISP 提供的设备作为信息传输平台,对网络通信的要求较高。在企业网络中,广域网主要用来连接距离较远的多个局域网,以实现网络通信。广域网技术在 OSI 参考模型中主要位于物理层、数据链路层和网络层,如图 6.1.2 所示。

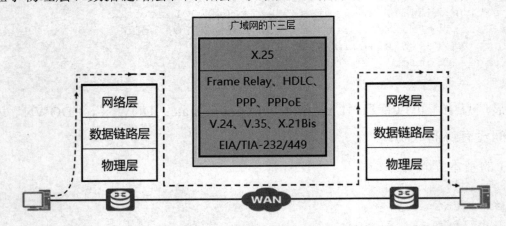

图 6.1.2　广域网对应 OSI 参考模型的物理层、数据链路层和网络层

2. 广域网的链路类型

广域网可以分为宽带广域网和窄带广域网。宽带广域网包括异步传输模式(Asynchronous Transfer Mode,ATM)网和同步数字系列(Synchronous Digital Hierarchy,SDH)网,窄带广域网包括综合业务数字网(Integrated Service Digital Network,ISDN)、数字数据网(Digital Data Network,DDN)、帧中继(Frame Relay)网、X.25 公用分组交换网和公共交换电话网(Public Switched Telephone Network,PSTN)。

广域网的接口类型主要包括同步串口和异步串口。同步串口有数据终端设备(Data Terminal Equipment,DTE)和数据通信设备(Data Communication Equipment,DCE)这两种工作方式,既可以支持多种链路层协议,也可以支持网络层的 IP 协议和 IPX 协议,还可以支持多种类型的线缆。异步串口分为手动设置的异步串口和专用异步串口,可以设置为专线方式和拨号方式。

3. 广域网的协议

广域网的协议通常是指在 Internet 上负责路由器之间连接的数据链路层协议。广域网数据封装协议既包括点到点类型的 PPP 协议、PPPoE 协议和 HDLC 协议（即高级数据链路控制协议），也包括逐渐被淘汰的电路交换型的 ISDN 协议、分组交换型的 ATM 和帧中继协议。其中，HDLC 协议工作在数据链路层，是 ISO 以 IBM 公司系统网络架构的 SDLC 协议作为基础开发出来的。

4．HDLC 简介

高级数据链路控制（High-level Data Link Control，HDLC）是一种链路层协议，运行在同步串行链路之上。HDLC 协议最大的特点是不需要规定数据必须是字符集，对任何一种比特流，均可以实现透明传输。

HDLC 协议是由 ISO 制定的，曾广泛应用于通信领域。但是随着技术的进步，目前通信信道的可靠性比过去已经有了非常大的改进，没有必要在数据链路层使用很复杂的协议（包括编号、检错重传等技术）来实现数据的可靠传输。作为窄带通信的 HDLC 协议，在公网的应用逐渐消失，应用范围逐渐减小，只是在部分专网中用来封装透明传输业务数据。

任务小结

（1）由路由器封装广域网协议时，必须添加相应的广域网功能模块。

（2）HDLC 协议是大部分路由器广域网接口的默认协议，但不是华为路由器广域网接口的默认协议，这点要区分开。

（3）路由器两端封装的协议必须一致，否则无法建立链路。

活动 2 广域网的 PPP 协议封装

建立 PPP 链路之前，必须先在串行接口上配置链路层协议。华为 ARG3 系列路由器默认在串行接口上使用 PPP 协议。目前网络中最重要的点到点数据链路层协议是 TCP/IP 协议。

任务描述

艺腾公司的两台路由器在实现广域网线路时采用的是默认的 PPP 协议封装。PPP 是功能丰富且更加安全的广域网封装协议，能够提供用户验证功能，易于扩充。

任务分析

PPP 协议主要被用来在支持全双工的同异/异步链路上进行点到点的数据传输。PPP 是一种适用于调制解调器、点到点专线、HDLC 比特串行线路和其他物理层的多协议帧机制，它支持错误检测、选项商定、头部压缩等机制，在当今的网络中得到了普遍应用。

下面通过两台型号为 AR2220 的路由器来模拟公网，读者可以由此学习和掌握路由器广域网 PPP 协议封装的配置方法。广域网 PPP 协议封装的网络拓扑结构如图 6.1.3 所示。

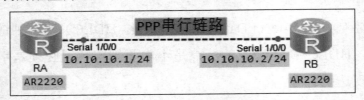

图 6.1.3 广域网 PPP 协议封装的网络拓扑结构

具体要求如下。

（1）添加两台型号为 AR2220 的路由器，将标签名分别更改为 RA 和 RB，路由器的名称分别设置为 RA 和 RB。

（2）为 RA 和 RB 添加 2SA 模块，并且添加在 Serial 1/0/0 接口的位置。

（3）两台路由器使用 DCE 串口线互连，模拟与公网互连。

（4）RA 的 Serial 1/0/0 接口连接 RB 的 Serial 1/0/0 接口，RA 的 Serial 1/0/0 接口设置的 IP 地址为 10.10.10.1/24，RB 的 Serial 1/0/0 接口设置的 IP 地址为 10.10.10.2/24。

（5）开启两台路由器。

（6）在两台路由器之间做 PPP 协议封装，并测试两台路由器的连通性。

任务实施

❶ RA 的基本配置如下。

```
<Huawei>system-view
[Huawei]sysname RA
[RA]interface Serial 1/0/0
[RA-Serial1/0/0]ip address 10.10.10.1 24
[RA-Serial1/0/0]link-protocol ppp        //封装PPP协议
[RA-Serial1/0/0]quit
```

❷ 查看 RA 的接口配置情况。

```
<RA>dis int Serial 1/0/0
Serial1/0/0 current state : UP
Line protocol current state : UP
Last line protocol up time : 2021-02-26 10:16:19 UTC-08:00
```

```
Description:HUAWEI, AR Series, Serial1/0/0 Interface
Route Port,The Maximum Transmit Unit is 1500, Hold timer is 10(sec)
Internet Address is 10.10.10.1/24
Link layer protocol is PPP
LCP opened, IPCP stopped
……省略部分内容
```

在回显信息中，可以看到"LCP opened，IPCP stopped"，表示 LCP 和 IPCP 没有协商成功。

❸ RB 的基本配置如下。

```
[Huawei]system-view
[Huawei]sysname RB
[RB]interface Serial 1/0/0
[RB-Serial1/0/0]ip address 10.10.10.2 24
[RB-Serial1/0/0]link-protocol ppp          //封装 PPP 协议
[RB-Serial1/0/0]quit
```

任务验收

在 RA 上使用 display interface serial1/0/0 命令，查看 PPP 协议的封装情况。

```
[RA]display interface Serial1/0/0
Serial1/0/0 current state : UP
Line protocol current state : UP
Last line protocol up time : 2021-02-26 10:06:16 UTC-08:00
Description:HUAWEI, AR Series, Serial1/0/0 Interface
Route Port,The Maximum Transmit Unit is 1500, Hold timer is 10(sec)
Internet Address is 10.10.10.1/24
Link layer protocol is PPP
LCP opened, IPCP opened
……省略部分内容
```

在回显信息中，"Internet Address is 10.10.10.1/24"表示 RA 的 Serial 1/0/0 接口的 IP 地址为 10.10.10.1/24；"Link layer protocol is PPP"表示 RA 的 Serial 1/0/0 接口的数据链路层协议为 PPP；"LCP opened，IPCP opened"表示 LCP 和 IPCP 协商已经成功。需要注意的是，既然 NCP 采用的是 IPCP，就说明在 PPP 链路上已经可以传递 IP 报文。

知识链接

1. PPP 协议的基本概念

点到点协议（Point-to-Point Protocol，PPP）也称 P2P，是基于物理链路上传输网络层的报文而设计的，这种链路提供全双工操作，并按照顺序传递数据包，它的校验、认证和连接协商机制有效解决了串行线路网际协议（Serial Line Internet Protocol，SLIP）的无容错控制机制、无授权和协议运行单一的问题。PPP 协议的可靠性和安全性较高，且支持各类网络层协议，可以在不同类型的接口和链路上运行，是目前 TCP/IP 网络中最重要的点到点数据链路层协议。

如图 6.1.4 所示，PPP 协议主要工作在串行接口和串行链路上，用于在全双工的同步/异步链路上进行点到点的数据传输，利用 Modem 进行拨号上网就是其典型应用。

PPP 协议在物理上可以使用不同的传输介质，包括双绞线、光纤及无线传输介质，其在数据链路层上提供了一套解决链路建立、维护、拆除、上层协议协商、认证等问题的方案，并且支持同步串行连接、异步串行连接、ISDN 连接、HSSI 连接等。PPP 协议具有以下特性。

图 6.1.4　PPP 协议在点到点中的作用

（1）支持多种网络层协议，如 TCP/IP、NetBEUI、NWLINK 等。

（2）支持身份验证（PAP、CHAP）。

（3）支持动态配置 IP 地址。

（4）可以用在多种物理类型介质上，包括串口线、电话线等，也用于 Internet 接入。

（5）能够进行错误检测及纠错功能，支持数据压缩。

PPP 协议还包含若干附属协议，这些附属协议也称为成员协议。PPP 协议的成员协议主要包括链路控制（Link Control Protocol，LCP）协议和网络控制（Network Control Protocol，NCP）协议。

1）LCP 协议

LCP 协议主要用来建立、拆除和监控 PPP 数据链路。LCP 协议主要完成最大传输单元（Maximum Transfer Unit，MTU）、质量协议、认证协议、魔术字、协议域压缩、地址和控制域压缩等参数的协商。

2）NCP 协议

NCP 协议主要用来协商在该链路上所传输的数据包的格式与类型，以及建立和配置不同的网络层协议。

2．PPP 基本的建链过程

PPP 链路的建立是通过一系列的协商完成的。其中，链路控制协议除了用于建立、拆除和监控 PPP 数据链路，还要进行数据链路层特性的协商，如 MTU、认证方式等；网络层控制协议簇主要用于协商在该数据链路上所传输的数据的格式和类型，如 IP 地址。

在建立 PPP 链路之前需要进行一系列的协商。建立 PPP 链路大致可以分为如下几个阶段：Dead（链路不可用）阶段、Establish（链路建立）阶段、Authenticate（验证）阶段、Network-Layer Protocol（网络层协议）阶段、Link Terminate（链路终止）阶段，如图 6.1.5 所示。

（1）Dead 阶段：链路必须从此阶段开始和结束。当一个外部事件（如载波侦听或网络管理员设定）指出物理层已经准备就绪时，PPP 协议就会进入 Establish 阶段。在此阶段，LCP 将处于 Initial 状态，向 Establish 阶段的转换将给 LCP 一个 UP 事件信号。在一般情况下，此阶段是很短的，只是检测到设备在线。

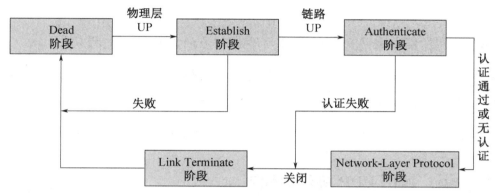

图 6.1.5　建立 PPP 链路的流程

（2）Establish 阶段：一旦物理层有连接就立刻进入该阶段，并且通过交换配置请求消息（Configure-Request）来建立连接。在此阶段中，PPP 链路将进行 LCP 参数协商，协商内容包括 MRU、认证方式、魔术字等。LCP 参数协商成功后会进入 OPENED 状态，表示底层链路已经建立。

（3）Authenticate 阶段：默认情况下认证不是强制要求的，在允许网络层协议交互报文之前，链路的一端可能需要另外一端去认证它，只有认证通过了才能够交互网络层的报文，之后才允许网络层协议数据包在链路上传输。如果某个应用要求对端采用特定的验证协议进行验证，则必须在 Establish 阶段发出使用这种协议的请求。只有当验证通过后才可以进入 Network-Layer Protocol 阶段，如果验证未通过，则应继续验证而不是转到 Link Terminate 阶段。在此阶段中，只允许 LCP 协议、验证协议和链路质量检测的数据包进行传输，其他数据包都应丢弃。

（4）Network-Layer Protocol 阶段：在此阶段中，PPP 链路将进行 NCP 协商，通过协商来选择和配置一个网络层协议及相关参数。只有相应的网络层协议协商成功后，才可以通过这条 PPP 链路发送报文。NCP 协商成功后，PPP 链路将保持通信状态。当相应的 NCP 不处于 OPENED 状态时，任何接收到的被支持的网络层协议报文都将被丢弃掉。

（5）Link Terminate 阶段：PPP 可以在任意时间终止链路。引起链路终止的原因很多，如载波丢失、认证失败、链路质量失败、空闲周期定时器期满或管理员关闭链路。PPP 协议通过交换终止链路的数据包来关闭链路，当交换结束时，应用就会通知物理层拆除连接，以便强制链路终止。但验证失败时，发出终止请求的一方必须在收到终止应答，或者重启计数器超过最大终止计数次数后再断开连接。收到终止请求的一方必须等对方先断开连接，且在发送终止应答，以及等至少一次重启计数器超时之后才能断开连接，接着 PPP 协议就会进入到不可用状态。

任务小结

（1）当路由器封装广域网协议时，必须添加相应的广域网功能模块。

（2）要求使用 DCE 线缆（DCE/DTE 串口线）连接两个接口。

（3）路由器两端封装的协议必须一致，否则无法建立链路。

（4）华为 ARG3 系列路由器默认在串行接口上封装 PPP 协议。

任务 2　路由器广域网 PPP 协议的配置

PPP 是包含通信双方身份认证的安全性协议，即在网络层协商 IP 地址之前，必须先通过身份认证。PPP 协议的身份认证有两种形式，即 PAP 认证和 CHAP 认证。本任务分为以下两个活动展开介绍。

活动 1　广域网 PPP 协议封装的 PAP 认证

活动 2　广域网 PPP 协议封装的 CHAP 认证

活动 1　广域网 PPP 协议封装的 PAP 认证

任务描述

因为业务发展，海成公司建立了分公司，租用专门的线路用于总公司与分公司的连接。为了保障通信线路的数据安全，需要在路由器上配置安全认证，以实现总公司路由器对分公司路由器的身份认证。

任务分析

串行链路默认采用 PPP 协议，可以通过 PAP 认证使链路的建立更安全，PAP 认证使用的是用户名和密码。海成公司决定在总公司和分公司之间的广域网链路上启用 PAP 认证，用于分公司的安全接入。

下面通过两台型号为 AR2220 的路由器来模拟公网，读者可以由此学习和掌握路由器的广域网 PPP 协议封装的 PAP 认证的配置方法。广域网 PPP 协议封装的 PAP 认证的网络拓扑结构如图 6.2.1 所示。

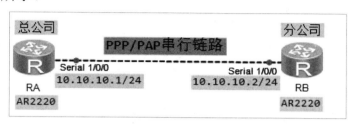

图 6.2.1　广域网 PPP 协议封装的 PAP 认证的网络拓扑结构

具体要求如下。

（1）添加两台型号为 AR2220 的路由器，将标签名分别更改为 RA 和 RB，路由器的名称分别设置为 RA 和 RB。

（2）为两台路由器添加 2SA 模块，并且添加在 Serial 1/0/0 接口的位置。

（3）两台路由器使用 DCE 串口线互连，模拟与公网互连。

（4）RA 的 Serial 1/0/0 接口连接 RB 的 Serial 1/0/0 接口，RA 的 Serial 1/0/0 接口配置的 IP 地址为 10.10.10.1/24，RB 的 Serial 1/0/0 接口的配置 IP 地址为 10.10.10.2/24。

（5）开启两台路由器网络设备。

（6）在两台路由器之间做 PPP 协议封装的 PAP 认证，RA 作为认证方，需要配置认证的用户名和密码，并制定该用户名和密码用于 PAP 认证；RB 作为被认证方，需要配置以 PAP 方式认证时本地发送的 PAP 用户名"admin"和密码"huawei"，并测试两台路由器的连通性。

❶ RA 的基本配置如下。

```
<Huawei>system-view
[Huawei]sysname RA
[RA]int Serial 1/0/0
[RA-Serial1/0/0]ip add 10.10.10.1 24
[RA-Serial1/0/0]quit
```

❷ RB 的基本配置如下。

```
<Huawei>system-view
[Huawei]sysname RB
[RB]int Serial 1/0/0
[RB-Serial1/0/0]ip add 10.10.10.2 24
[RB-Serial1/0/0]quit
```

❸ 配置 PPP 协议的 PAP 认证。

RA 作为认证方，需要配置本端 PPP 协议的认证方式为 PAP。使用 aaa 命令，进入 AAA 视图，配置 PAP 认证所使用的用户名和密码。

```
[RA]aaa
[RA-aaa]local-user admin password cipher Huawei
//在路由器 RA 上指定该密码用于 PPP 认证
[RA-aaa]local-user admin service-type ppp
[RA-aaa]int s1/0/0
[RA-Serial1/0/0]link-protocol ppp
[RA-Serial1/0/0]ppp authentication-mode pap
//在 Serial 1/0/0 接口上启用 PPP 协议，并指定认证方式为 PAP
[RA-Serial1/0/0]quit
```

❹ 查看 RA 的链路状态信息。

关闭 RA 与 RB 相连接口一段时间后再打开，使 RA 与 RB 之间的链路重新协商，并检查链路状态和连通性。

```
[RA]interface Serial 1/0/0
[RA-Serial1/0/0]shutdown
[RA-Serial1/0/0]undo shutdown
[RA]display ip int brief
Interface                 IP Address/Mask      Physical    Protocol
GigabitEthernet0/0/0      unassigned           down        down
GigabitEthernet0/0/1      unassigned           down        down
GigabitEthernet0/0/2      unassigned           down        down
NULL0                     unassigned           up          up(s)
Serial1/0/0               10.10.10.1/24        up          down
Serial1/0/1               unassigned           down        down
```

可以观察到，现在 RA 和 RB 之间无法正常通信，链路物理状态正常，但是链路层协议状态不正常，这是因为此时 PPP 链路上的 PAP 认证未通过。

❺ 配置被认证方（对端）的 PAP 认证。

RB 作为被认证方，在 Serial 1/0/0 接口下配置以 PAP 认证时本地发送的 PAP 用户名和密码。

```
[RB]int Serial 1/0/0
[RB-Serial1/0/0]link-protocol ppp
[RB-Serial1/0/0]ppp pap local-user admin password cipher Huawei
//在 Serial 1/0/0 接口上启用 PPP 协议，并指定 PAP 认证的用户名和密码
[RB-Serial1/0/0]quit
```

❻ 查看 RA 的链路状态信息。

```
[RA]dis ip int brief
Interface                 IP Address/Mask      Physical    Protocol
GigabitEthernet0/0/0      unassigned           down        down
GigabitEthernet0/0/1      unassigned           down        down
GigabitEthernet0/0/2      unassigned           down        down
```

```
NULL0                        unassigned              up              up(s)
Serial1/0/0                  10.10.10.1/24           up              up
Serial1/0/1                  unassigned              down            down
```

可以观察到，现在 RA 与 RB 之间的链路层协议状态正常。

任务验收

❶ 在 RB 上查看链路状态。

❷ 在 RA 上 ping RB，测试路由器之间的互通性，结果是连通的。

```
[RA]ping 10.10.10.2
  PING 10.10.10.2: 56  data bytes, press CTRL_C to break
    Reply from 10.10.10.2: bytes=56 Sequence=1 ttl=255 time=30 ms
    Reply from 10.10.10.2: bytes=56 Sequence=2 ttl=255 time=20 ms
    Reply from 10.10.10.2: bytes=56 Sequence=3 ttl=255 time=20 ms
    Reply from 10.10.10.2: bytes=56 Sequence=4 ttl=255 time=40 ms
    Reply from 10.10.10.2: bytes=56 Sequence=5 ttl=255 time=20 ms
  --- 10.10.10.2 ping statistics ---
    5 packet(s) transmitted
    5 packet(s) received
    0.00% packet loss
    round-trip min/avg/max = 20/26/40 ms
```

知识链接

1. PAP 协议概述

密码认证协议（Password Authentication Protocol，PAP）是两次握手协议，它以明文方式在链路上发送用户名和密码，完成 PPP 链路建立后，被验证方会不停地在链路上反复发送用户名和密码，直到身份验证过程结束。

2. PAP 协议的认证过程

PAP 不是一种安全的认证协议，并且用户名和密码还会被认证方不停地在链路上反复发送，因此很容易被截获。PAP 协议在网络中以明文的方式传送用户名及密码，所以安全性不高。PAP 协议的认证过程如下。

（1）在开始认证阶段时，被认证方首先将自己的用户名及密码发送到认证方，认证方根据本端的用户数据库（或 Radius 服务器）确认是否有此用户，以及密码是否正确。

（2）如果密码正确，则发送 Ack 报文通知对端进入下一阶段协商，否则发送 Nak 报文通知对端认证失败。

此时，并不直接关闭链路。只有当认证失败达到一定次数时才关闭链路，以防止因网络误传、网络干扰等因素造成不必要的 LCP 重新协商。PAP 协议的认证过程如图 6.2.2 所示。

图 6.2.2 PAP 协议的认证过程

任务小结

（1）路由器两端必须都进行 PPP 协议封装。

（2）PAP 协议在网络中以明文的方式传送用户名及密码，所以安全性不高。

（3）认证方配置认证的用户名和密码，被认证方配置以 PAP 方式认证时本地发送的 PAP 用户名和密码。

活动 2　广域网 PPP 协议封装的 CHAP 认证

任务描述

艺腾公司的网络管理员发现 PAP 认证的安全性不高。为了进一步提高网络的安全性，公司决定在总公司和分公司之间的广域网链路上启用 CHAP 认证，以实现总公司路由器对分公司路由器的身份认证。

任务分析

串行链路默认采用 PPP 协议封装，可以通过 CHAP 认证使链路的建立更安全。CHAP 协议使用 3 次握手机制来启动一条链路和周期性的认证远程节点。与 PAP 认证相比，CHAP 认证的安全性更高。CHAP 认证由认证服务器向被认证方提出认证需求，通过用户名和密码进行认证，因此安全性更高。

下面通过两台型号为 AR2220 的路由器来模拟公网，读者可以由此学习和掌握路由器的广域网 PPP 协议封装的 CHAP 认证的配置方法。广域网 PPP 协议封装的 CHAP 认证的网络拓扑结构如图 6.2.3 所示。

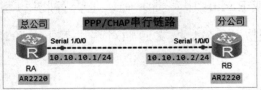

图 6.2.3　广域网 PPP 协议封装的 CHAP 认证的网络拓扑结构

具体要求如下。

（1）添加两台型号为 AR2220 的路由器，将标签名分别更改为 RA 和 RB，路由器的名称分别设置为 RA 和 RB。

（2）为 RA 和 RB 添加 2SA 模块，并且添加在 Serial 1/0/0 接口的位置。

（3）两台路由器使用 DCE 串口线互连，模拟与公网互连。

（4）RA 的 Serial 1/0/0 接口连接 RB 的 Serial 1/0/0 接口，RA 的 Serial 1/0/0 接口配置的 IP 地址为 10.10.10.1/24，RB 的 Serial 1/0/0 接口配置的 IP 地址为 10.10.10.2/24。

（5）开启两台路由器网络设备。

（6）在两台路由器之间做 PPP 协议封装的 CHAP 认证，RA 作为认证方，需要配置本端 PPP 协议的认证方式为 CHAP；RB 作为被认证方，需要配置以 CHAP 方式认证时本地发送的 CHAP 用户名"admin"和密码"huawei"，并测试两台路由器的连通性。

任务实施

❶ RA 的基本配置如下。

```
<Huawei>system-view
[Huawei]sysname RA
[RA]int Serial 1/0/0
[RA-Serial1/0/0]ip add 10.10.10.1 24
[RA-Serial1/0/0]quit
```

❷ RB 的基本配置如下。

```
<Huawei>system-view
[Huawei]sysname RB
[RB]int Serial 1/0/0
[RB-Serial1/0/0]ip add 10.10.10.2 24
[RB-Serial1/0/0]quit
```

❸ 配置 PPP 协议的 CHAP 认证。

RA 作为认证方，需要配置本端 PPP 协议的认证方式为 CHAP。使用 aaa 命令，进入 AAA 视图，配置 CHAP 认证所使用的用户名和密码。

```
[RA]aaa
[RA-aaa]local-user amin password cipher Huawei
//在 RA 上指定该密码应用于 PPP 认证
[RA-aaa]local-user admin service-type ppp
[RA-aaa]int s1/0/0
[RA-Serial1/0/0]link-protocol ppp
[RA-Serial1/0/0]ppp authentication-mode chap
//在 Serial 1/0/0 接口上启动 PPP 功能，并指定认证方式为 CHAP
[RA-Serial1/0/0]quit
```

❹ 查看 RA 的链路状态信息。

关闭 RA 与 RB 相连接口一段时间后再打开，使 RA 与 RB 之间的链路重新协商，并检查链路状态和连通性。

```
[RA]interface Serial 1/0/0
[RA-Serial1/0/0]shutdown
[RA-Serial1/0/0]undo shutdown
[RA]display ip int brief
Interface                 IP Address/Mask      Physical        Protocol
GigabitEthernet0/0/0      unassigned           down            down
GigabitEthernet0/0/1      unassigned           down            down
GigabitEthernet0/0/2      unassigned           down            down
NULL0                     unassigned           up              up(s)
Serial1/0/0               10.10.10.1/24        up              down
Serial1/0/1               unassigned           down            down
```

可以观察到，现在 RA 和 RB 之间无法正常通信，链路物理状态正常，但是链路层协议状态不正常，这是因为此时 PPP 链路上的 PAP 认证未通过。

❺ 配置被认证方（对端）的 CHAP 认证。

RB 作为被认证方，在 Serial 1/0/0 接口下配置以 CHAP 方式认证时本地发送的 CHAP 用户名和密码。

```
[RB]int Serial 1/0/0
[RB-Serial1/0/0]link-protocol ppp
[RB-Serial1/0/0]ppp chap user admin
[RB-Serial1/0/0]ppp chap password cipher Huawei
//在 Serial 1/0/0 接口上启用 PPP 功能，并指定 CHAP 认证的用户名和密码
[RB]quit
```

❻ 查看 RA 的链路状态信息。

```
[RA]dis ip int brief
Interface                 IP Address/Mask      Physical        Protocol
GigabitEthernet0/0/0      unassigned           down            down
GigabitEthernet0/0/1      unassigned           down            down
GigabitEthernet0/0/2      unassigned           down            down
NULL0                     unassigned           up              up(s)
Serial1/0/0               10.10.10.1/24        up              up
Serial1/0/1               unassigned           down            down
```

可以观察到，现在 RA 与 RB 之间的链路层协议状态正常。

任务验收

❶ 在 RB 上查看链路状态。

❷ 在 RA 上 ping RB，测试路由器之间的互通性，结果发现是连通的。

```
[RA]ping 10.10.10.2
  PING 10.10.10.2: 56  data bytes, press CTRL_C to break
```

```
Reply from 10.10.10.2: bytes=56 Sequence=1 ttl=255 time=30 ms
Reply from 10.10.10.2: bytes=56 Sequence=2 ttl=255 time=20 ms
Reply from 10.10.10.2: bytes=56 Sequence=3 ttl=255 time=20 ms
Reply from 10.10.10.2: bytes=56 Sequence=4 ttl=255 time=40 ms
Reply from 10.10.10.2: bytes=56 Sequence=5 ttl=255 time=20 ms
--- 10.10.10.2 ping statistics ---
 5 packet(s) transmitted
 5 packet(s) received
 0.00% packet loss
 round-trip min/avg/max = 20/26/40 ms
```

知识链接

1. CHAP 协议概述

挑战握手认证协议（Challenge Handshake Authentication Protocol，CHAP）使用 3 次握手机制，它只在网络上发送用户名而不发送密码，因此其安全性比 PAP 协议的安全性高。

2. CHAP 协议的认证过程

CHAP 协议是在链路建立开始就完成的，在链路建立完成后的任何时间都可以进行再次认证。CHAP 协议的认证过程如下。

（1）认证方首先向被认证方发送一些随机报文，并加上自己的主机名。

（2）被认证方收到认证方的认证请求，通过收到的主机名和本端的用户数据库查找用户口令字（密钥），如果在用户数据库中找到和认证方主机名相同的用户，就利用收到的随机报文、此用户的密钥和报文 ID 用 MD5 加密算法生成应答，随后将应答和自己的主机名送回。

（3）认证方收到此应答后，利用被认证方的用户名在本方的用户数据库中查找本方保留的口令字，用本方保留的用户的口令字（密钥）、随机报文和报文 ID 用 MD5 加密算法生成结果，并与被认证方的应答做比较，如果相同则返回 Ack 报文，否则返回 Nak 报文。CHAP 协议的认证过程如图 6.2.4 所示。

图 6.2.4 CHAP 协议的认证过程

任务小结

（1）路由器两端必须都进行 PPP 协议封装。

（2）CHAP 协议采用 3 次握手机制，它只在网络中传送用户名而不传送密码，因此其安全性比 PAP 协议的安全性高。

项目 7

无线网络技术的配置

项目描述

随着无线网络技术的快速发展，移动终端已经成为人们生活和工作的必备工具，无线网络也成为移动终端最重要的网络接入方式。全球已进入移动互联时代，超过九成网民通过无线网络接入互联网，国家正在大力推进无线网络建设，实现轨道交通、机场、学校、医院等区域的全覆盖。

随着手机、平板电脑、笔记本电脑等移动设备的大量使用，无线局域网（Wireless Local Area Network，WLAN）在普通家庭网、企业网、行业网及运营商的网络里也得到越来越多的应用。

WLAN 的组网常见的组网方式有 Fat AP（"胖" AP）和 Fit AP（"瘦" AP）两大类。在家庭或小型办公室中，配置一个或几个消费级的无线路由器，即 Fat AP 可完成 WLAN 的组网。在大型企业或园区网络中，使用消费级无线路由器无法实现无线终端在复杂、大范围网络中的漫游，因此可以采用无线控制器（Access Controller，AC）+无线接入点（Access Point，AP）的方案实现大型企业或园区网络中 WLAN 的组网，也叫 AC+Fit AP 组网。

本项目将介绍 AC+Fit AP 组建无线局域网的相关知识和配置技能，实现组建直连式二层无线局域网和组建旁挂式三层无线局域网配置。

知识目标

1. 掌握无线网络的基本概念。
2. 掌握 WLAN 的工作原理。
3. 掌握 WLAN 的安全知识。
4. 了解 WLAN 的组网方式。

能力目标

1. 能完成 WLAN 的基础配置。
2. 能完成 WLAN 的安全配置。
3. 能实现 AC+AP 直连式二层无线局域网的配置。
4. 能实现 AC+AP 旁挂式三层无线局域网的配置。

素质目标

1. 培养读者良好自主学习能力，能够运用正确的方法和技巧掌握新知识、新技能。
2. 培养读者具有系统分析与解决问题的能力，能够处理生产环境中的无线网络问题。

思维导图

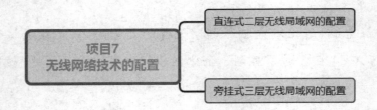

任务 1　直连式二层无线局域网的配置

任务描述

艺腾公司构建了互联互通的办公网，现需要在网络中部署 WLAN 以满足员工的移动办公需求，考虑到消费级的无线路由器在性能、扩展性、管理性上都无法满足要求，公司准备采用 AC+Fit AP 组网的方案。

任务分析

二层组网比较简单，为了避免大幅度增加部署的难度，选择了直连式二层无线局域网。二层组网通过交换机组成网络，数据传送通过二层 MAC 地址来转发。

下面以一台型号为 AR2220 的路由器、一台型号为 S5700-28C-HI 的交换机、一台型号为 AC6605 的无线控制器、两台型号为 AP5030 的 AP 和两台带无线网卡的笔记本为例来模拟无线网络，读者可以由此学习和掌握直连式二层无线局域网的配置方法。直连式二层无线局域网的网络拓扑结构如图 7.1.1 所示。

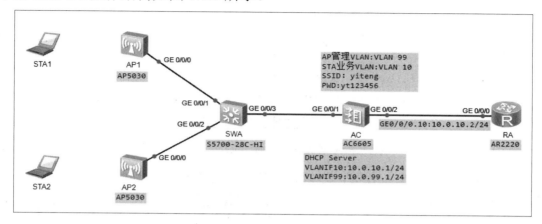

图 7.1.1　直连式二层无线局域组网的网络拓扑结构

具体要求如下。

（1）添加两台笔记本电脑，将标签分别更改为 STA1 和 STA2。

（2）添加 1 台型号为 S5700-28C-HI 的交换机，将标签名更改为 SWA，将交换机的名称设置为 SWA。

（3）添加 1 台型号为 AC6605 的无线控制器，将标签名更改为 AC，将无线控制器的名称设置为 AC。

（4）添加 1 台型号为 AR2220 的路由器，将标签名分别更改为 RA，路由器的名称设置为 RA。

（5）添加两台型号为 AP5030 的 AP，将标签分别更改为 AP1 和 AP2。

（6）AP1 连接 SWA 的 GE0/0/1 接口，AP2 连接 SWA 的 GE0/0/2 接口，SWA 的 GE0/0/3 接口连接 AC 的 GE0/0/1 接口，AC 的 GE0/0/2 接口连接 RA 的 GE0/0/0 接口。

（7）开启所有的路由器、无线控制器、交换机、AP 和笔记本电脑。

（8）AC 数据规划如表 7.1.1 所示。

表 7.1.1　AC 数据规划

配　置　项	数　　　据
AP 管理 VLAN	VLAN 99
STA 业务 VLAN	VLAN 10
DHCP 服务器	AC 作为 DHCP 服务器为 AP 和 STA 分配 IP 地址
AP 的 IP 地址池	10.0.99.2～10.0.99.254/24
STA 的 IP 地址池	10.0.10.3～10.0.10.254/24
AC 的源接口 IP 地址	VLANIF 99：10.0.99.1/24

续表

配 置 项	数 据
AP 组	名称：ap-group1，引用模板：VAP 模板 wlan-net、域管理模板 default
域管理模板	名称：default，国家码：中国
SSID 模板	名称：wlan-net，SSID 名称：yiteng
安全模板	名称：wlan-net，安全策略：WPA-WPA2+PSK+AES，密码：yt123456
VAP 模板	名称：wlan-net，转发模式：直接转发，业务 VLAN：VLAN 10，引用模板：SSID 模板 wlan-net、安全模板 wlan-net

（9）路由器、交换机和 AC 等网络设备口 IP 地址规划如表 7.1.2 所示。

表 7.1.2 路由器、交换机和 AC 等网络设备口 IP 地址规划

设备名	接口	IP 地址/子网掩码	备注
RA	GE0/0/0.10	10.0.10.2/24	
	Loopback 0	10.10.10.10/24	
AC	GE0/0/2(VLANIF10)	10.0.10.1/24	业务 VLAN
	GE0/0/1(VLANIF10)	10.0.99.1/24	
SWA	GE0/0/1（VLANIF99）	无	管理 VLAN
	GE0/0/2（VLANIF99）	无	
AP1	GE0/0/0	自动获取	
AP2	GE0/0/0	自动获取	

（10）组建直连式二层无线局域网，配置 AP 上线、WLAN 业务参数和实现 STA 能正确获取 IP 地址，各网络设备之间可以相互通信。

任务实施

1. 网络设备的基础配置

❶ 交换机 SWA 的基本配置。

```
<Huawei>system-view
[Huawei]sysname SWA
[SWA]vlan batch 10 99
[SWA]interface GigabitEthernet 0/0/1
[SWA-GigabitEthernet0/0/1]port link-type trunk
[SWA-GigabitEthernet0/0/1]port trunk pvid vlan 99
                                          //剥离 VLAN99 数据标签转发
[SWA-GigabitEthernet0/0/1]port trunk allow-pass vlan 10 99
                                          //允许 VLAN10 和 VLAN99 通过
[SWA-GigabitEthernet0/0/1]quit
[SWA]interface GigabitEthernet 0/0/2
[SWA-GigabitEthernet0/0/2]port link-type trunk
[SWA-GigabitEthernet0/0/2]port trunk pvid vlan 99
                                          //剥离 VLAN99 数据标签转发
```

```
[SWA-GigabitEthernet0/0/2]port trunk allow-pass vlan 10 99
                                                    //允许 VLAN10 和 VLAN99 通过
[SWA-GigabitEthernet0/0/2]quit
[SWA]interface GigabitEthernet 0/0/3
[SWA-GigabitEthernet0/0/3]port link-type trunk
[SWA-GigabitEthernet0/0/3]port trunk allow-pass vlan 10 99
```

❷ 路由器 RA 的基本配置。

```
<Huawei>system-view
[Huawei]sysname RA
[RA]interface GigabitEthernet 0/0/0.10
[RA-GigabitEthernet0/0/0.10]dot1q termination vid 10
[RA-GigabitEthernet0/0/0.10]ip address 10.0.10.2 24    //VLAN10 的 IP 地址
[RA-GigabitEthernet0/0/0.10]arp broadcast enable
[RA-GigabitEthernet0/0/0.10]quit
[RA]interface LoopBack 0                               //环回接口用于测试
[RA-LoopBack0]ip address 10.10.10.10 24                //该地址模拟 DNS 服务器地址
[RA-LoopBack0]quit
[RA]ip route-static 10.0.99.0 24 10.0.10.1             //通往 VLAN99 的静态路由
```

❸ 无线控制器 AC 的基本配置。

```
<AC6605>system-view
[AC6605]sysname AC
[AC]vlan batch 10 99
[AC]interface GigabitEthernet 0/0/1
[AC-GigabitEthernet0/0/1]port link-type trunk
[AC-GigabitEthernet0/0/1]port trunk allow-pass vlan 10 99
                                                    //允许 VLAN10 和 VLAN99 通过
[AC-GigabitEthernet0/0/1]quit
[AC]interface GigabitEthernet 0/0/2
[AC-GigabitEthernet0/0/2]port link-type trunk
[AC-GigabitEthernet0/0/2]port trunk allow-pass vlan 10
                                                    //允许 VLAN10 通过
[AC-GigabitEthernet0/0/2]quit
[AC]interface Vlanif 10
[AC-Vlanif10]ip address 10.0.10.1 24                //VLAN10 的接口地址
[AC-Vlanif10]interface Vlanif 99
[AC-Vlanif99]ip address 10.0.99.1 24                //VLAN99 的接口地址
[AC-Vlanif99]quit
```

2. 无线控制器上 DHCP 服务器的配置

在 AC 上配置 DHCP 服务器，为 STA 和 AP 动态分配 IP 地址。

```
[AC]dhcp enable                                     //开启 DHCP 服务
[AC]interface Vlanif 10
[AC-Vlanif10]dhcp select interface
[AC-Vlanif10]dhcp server excluded-ip-address 10.0.10.2
[AC-Vlanif10]dhcp server dns-list 10.10.10.10
[AC-Vlanif10]quit
[AC]interface Vlanif 99
```

```
[AC-Vlanif99]dhcp select interface
[AC-Vlanif99]quit
```

3. 无线控制器上默认路由的配置

```
[AC]ip route-static 0.0.0.0 0.0.0.0 10.0.10.2
```

4. 查询无线 AP1 和 AP2 的 MAC 地址

```
<AP1>display system-information
System Information
==================================================
Serial Number            : 2102354483105F302471
System Time              : 2021-07-30 17:58:38
System Up time           : 55sec
System Name              : Huawei
Country Code             : US
MAC Address              : 00:e0:fc:76:25:F0
Radio 0 MAC Address      : 00:00:00:00:00:00
……                                                  //此处省略部分内容
//这里显示 AP1 的 Hardware address（MAC 地址）为 00:e0:fc:76:25:F0。
<AP2>display system-information
System Information
==================================================
Serial Number            : 210235448310AE3FED5E
System Time              : 2021-07-30 18:00:14
System Up time           : 2min 24sec
System Name              : Huawei
Country Code             : US
MAC Address              : 00:e0:fc:c9:28:50
Radio 0 MAC Address      : 00:00:00:00:00:00
……                                                  //此处省略部分内容
//这里显示 AP2 的 Hardware address（MAC 地址）为 00:e0:fc:c9:28:50。
```

5. 配置 AP 上线

❶ 创建 AP 组，用于将相同配置的 AP 加入同一 AP 组。

```
[AC]wlan                                                //进入 WLAN 视图
[AC-wlan-view]ap-group name ap-group1                   //创建名为 ap-group1 的 AP 组
[AC-wlan-ap-group-ap-group1]quit
```

❷ 创建域管理模板。在域管理模板下配置 AC 国家码，并引用域管理模板。

```
[AC-wlan-view]regulatory-domain-profile name default
                                //创建并进入名为 default 的域管理模板
[AC-wlan-regulate-domain-default]country-code cn
                                //在域管理模板下配置 AC 国家码为 cn
[AC-wlan-regulate-domain-default]quit
[AC-wlan-view]ap-group name ap-group1          //进入 ap-group1 AP 组
[AC-wlan-ap-group-ap-group1]regulatory-domain-profile default
                                // 在 AP 组下引用刚建的 default 域管理模块
Warning: Modifying the country code will clear channel, power and antenna
```

```
gain configurations of the radio and reset the AP. Continue?[Y/N]:y
 [AC-wlan-ap-group-ap-group1]quit
 [AC-wlan-view]quit
```

❸ 配置 AC 的源接口。

```
[AC]capwap source interface Vlanif 99      //配置AC的源接口
```

❹ 部署 AP 并配置 AC 对 AP 的认证模式。

在 AC 上离线导入 AP1、AP2，AP 的 ID 分别为 0 和 1，并将 AP 加入 AP 监控组"ap-group1"中，部署 AP1、AP2 的名称分别为 office_1、office_2，方便用户从名称上了解 AP 的部署位置；配置 AC 对 AP 的认证模式为 MAC 认证。

```
[AC]wlan
 [AC-wlan-view]ap auth-mode mac-auth      //配置AC对AP的认证模式为MAC认证
 [AC-wlan-view]ap-id 0 ap-mac 00e0-fc76-25f0
                                          //通过MAC地址配置AP1的ap-id为0
 [AC-wlan-ap-0]ap-name office_1           //部署AP1的名称分别为office_1
 [AC-wlan-ap-0]ap-group ap-group1         //将AP1加入ap-group1 AP监控组
Warning: This operation may cause AP reset. If the country code changes,
it will clear channel, power and antenna gain configurations of the radio,
Whether to continue? [Y/N]:y
 [AC-wlan-ap-0]quit
 [AC-wlan-view]ap-id 1 ap-mac 00e0-fcc9-2850
 [AC-wlan-ap-1]ap-name office_2
 [AC-wlan-ap-1]ap-group ap-group1
Warning: This operation may cause AP reset. If the country code changes,
it will clear channel, power and antenna gain configurations of the radio,
Whether to continue? [Y/N]:y
```

❺ 在 AC 上使用 display ap all 命令，结果显示查看到 AP 的"State"字段为"nor"时，表示 AP 正常上线。

```
<AC>display ap all                        //查看所有AP状态
Info: This operation may take a few seconds. Please wait for a moment.done.
Total AP information:
nor  : normal          [2]
-------------------------------------------------------------------------
ID  MAC            Name       Group     IP          Type      State STA Uptime
-------------------------------------------------------------------------
0  00e0-fc76-25f0 office_1   ap-group1 10.0.99.27  AP5030DN  nor   0   27S
1  00e0-fcc9-2850 office_2   ap-group1 10.0.99.22  AP5030DN  nor   0   39S
-------------------------------------------------------------------------
Total:2                                   //显示总共2个AP
```

6. 配置 WLAN 业务

❶ 创建安全模板及配置安全策略，用于 STA 连接 WLAN 时使用的认证方式。

```
[AC]wlan
 [AC-wlan-view]security-profile name wlan-net
                                          //创建名为"wlan-net"的安全模板
```

```
[AC-wlan-sec-prof-wlan-net]security wpa-wpa2 psk pass-phrase yt123456 aes
                                              //配置安全策略
[AC-wlan-sec-prof-wlan-net]quit
```

❷ 创建 SSID 模板和 SSID。

```
[AC-wlan-view]ssid-profile name wlan-net    //创建名为"wlan-net"的SSID模板
[AC-wlan-ssid-prof-wlan-net]ssid yiteng     //配置SSID的名称为yiteng
[AC-wlan-ssid-prof-wlan-net]quit
```

❸ 创建 VAP 模板。创建名为"wlan-net"的 VAP 模板，配置业务数据转发模式为直接转发、业务 VLAN 为 VLAN 10，并且引用安全模板和 SSID 模板。

```
[AC-wlan-view]vap-profile name wlan-net            //创建模板
[AC-wlan-vap-prof-wlan-net]forward-mode direct-forward
                                              //配置业务数据转发模式为直接转发
[AC-wlan-vap-prof-wlan-net]service-vlan vlan-id 10
                                              //配置业务VLAN为VLAN 10
[AC-wlan-vap-prof-wlan-net]security-profile wlan-net
                                              //引用安全模板 wlan-net
[AC-wlan-vap-prof-wlan-net]ssid-profile wlan-net//引用SSID模板 wlan-net
[AC-wlan-vap-prof-wlan-net]quit
```

❹ AP 组引用 VAP 模板。配置 AP 上射频 0 和射频 1 都引用 VAP 模板"wlan-net"。

```
[AC-wlan-view]ap-group name ap-group1             //进入AP组 ap-group1
[AC-wlan-ap-group-ap-group1]vap-profile wlan-net wlan 1 radio 0
                                              //射频0引用VAP模板
[AC-wlan-ap-group-ap-group1]vap-profile wlan-net wlan 1 radio 1
                                              //射频1引用VAP模板
[AC-wlan-ap-group-ap-group1]quit
```

❺ 此时 AP1 和 AP2 上出现圆环状信号范围，如图 7.1.2 所示。

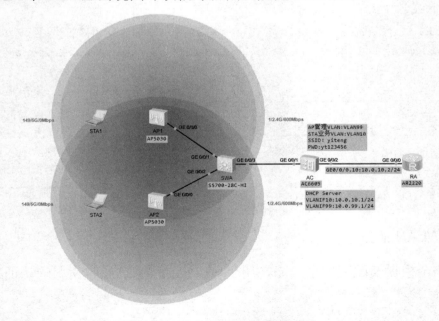

图 7.1.2　AP1 和 AP2 已经上线

❻ 配置 AP 射频信道和功率。以 AP1 射频 0 为例，配置 AP1 射频 0 的信道为信道 6、带宽为 20MHz。

```
[AC]wlan                                    //进入无线视图
[AC-wlan-view]ap-id 0                       //进入 AP1 视图
[AC-wlan-ap-0]radio 0                       //进入 AP1 射频 0 视图
[AC-wlan-radio-0/0]channel 20mhz 6          //配置射频 0 带宽为 20MHz，信道 6
Warning: This action may cause service interruption. Continue?[Y/N]y
[AC-wlan-ap-0]radio 1                       //进入 AP1 射频 1 视图
[AC-wlan-radio-0/1]channel 20mhz 149        //配置射频 1 带宽为 20MHz，信道 149
Warning: This action may cause service interruption. Continue?[Y/N]y
[AC-wlan-radio-0/1]quit
[AC-wlan-ap-0]quit
[AC-wlan-view]ap-id 1
[AC-wlan-ap-1]radio 0
[AC-wlan-radio-1/0]channel 20mhz 11
Warning: This action may cause service interruption. Continue?[Y/N]y
[AC-wlan-radio-1/0]quit
[AC-wlan-ap-1]radio 1
[AC-wlan-radio-1/1]channel 20mhz 153
Warning: This action may cause service interruption. Continue?[Y/N]y
[AC-wlan-ap-1]quit
```

❼ 在 AC 上使用 display vap ssid yiteng 查看 AP 对应射频上的 VAP 创建信息，当"Status"字段为"ON"时，表示 AP 对应射频上的 VAP 已创建成功。

```
<AC>display vap ssid yiteng                 //AP 射频上的 VAP 创建情况
Info: This operation may take a few seconds, please wait.
WID : WLAN ID
------------------------------------------------------------------------------
AP ID  AP name   RfID  WID  BSSID           Status  Auth type      STA  SSID
------------------------------------------------------------------------------
0      office_1   0    1    00E0-FC76-25F0  ON      WPA/WPA2-PSK   0    yiteng
0      office_1   1    1    00E0-FC97-2600  ON      WPA/WPA2-PSK   0    yiteng
1      office_2   0    1    00E0-FCC9-2850  ON      WPA/WPA2-PSK   1    yiteng
1      office_2   1    1    00E0-FC7C-2860  ON      WPA/WPA2-PSK   0    yiteng
------------------------------------------------------------------------------
Total: 4
```

任务验收

❶ 无线客户端的测试。

（1）启动 STA1，查看"Vap 列表"，并连接"信道 6"的 VAP，如图 7.1.3 所示。

（2）在弹出的对话框中输入"yt123456"，并单击"确定"按钮，如图 7.1.4 所示，这时可以看到状态显示为"已连接"，表示连接成功，如图 7.1.5 所示。

图 7.1.3　STA1 的 Vap 列表

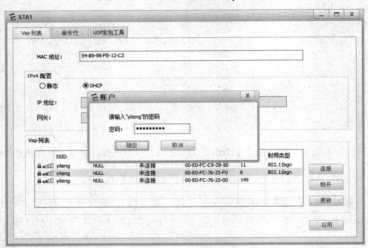

图 7.1.4　连接"信道 1"无线网络

图 7.1.5　显示连接状态

❷ 查看 STA1 的 IP 地址。

STA1 正常关联无线网络"yiteng"后，在 STA1 上使用 ipconfig 命令，查看 STA 通过无线网络自动获取的 IP 地址，如图 7.1.6 所示。

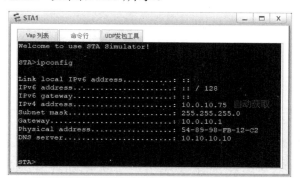

图 7.1.6　STA1 正确获取地址

❸ 使用同样的方法，将 STA2 进行连接。设备全部连接无线网络后，AC 上执行 display station ssid yiteng 命令，可以查看到用户已经接入到无线网络"yiteng"中。

```
<AC>display station ssid yiteng         //查看已接入无线网络"yiteng"中的用户
Rf/WLAN: Radio ID/WLAN ID
Rx/Tx: link receive rate/link transmit rate(Mbps)
--------------------------------------------------------------------------------
STA MAC     AP ID Ap name   Rf/WLAN  Band  Type  Rx/Tx  RSSI  VLAN  IP address
--------------------------------------------------------------------------------
5489-9825-5712   1 office_2  0/1     2.4G   -    -/-    -     10    10.0.10.75
5489-98fb-12c2   1 office_2  0/1     2.4G   -    -/-    -     10    10.0.10.14
--------------------------------------------------------------------------------
Total: 2 2.4G: 2 5G: 0                       //结果显示已接入用户数为2
```

❹ 最终所有用户都可以获取正确的 IP 地址，整个网络实现全网互通，如图 7.1.7 所示。

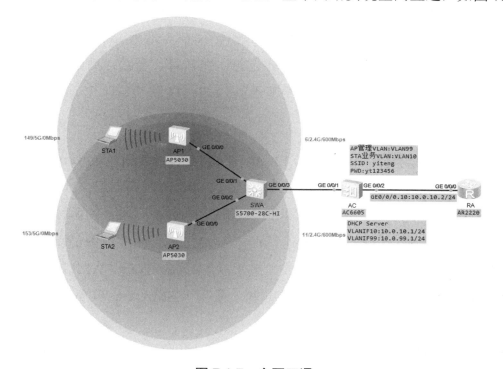

图 7.1.7　全网互通

❺ 测试 STA1 与 DNS Server 及 VALN 99 的网络连通性，可看到显示全网互通。

知识链接

1．无线应用概况

1）无线网络的概念

无线网络是采用无线通信技术实现的网络，既包括允许用户建立远距离无线连接的全球语音和数据网络，也包括对近距离无线连接进行优化的红外线技术及射频技术。

无线网络与有线网络的差异如表 7.1.3 所示。

表 7.1.3　无线网络与有线网络的差异

差异	无线网络	有线网络
传输介质	无线电波	同轴电缆、双绞线、光纤等
协议	CSMA/CA、802.11、CAPWAP	CSMA/CD、802.3、Ethernet II等
管理方式	AC 集中管理、统一认证等	交换机单独管理
灵活性	高灵活性，设备可随时随地接入网络	不灵活，受网络布线地理位置的限制
可扩展性	可扩展性强，对无线终端接入数量限制少	受接口数量的限制

2）无线局域网络的概念

无线局域网络（Wireless Local Area Network，WLAN）是指利用无线通信技术在一定的局部范围内建立的网络，是计算机网络与无线通信技术相结合的产物。无线联网方式是有线联网方式的一种补充，使网上的无线终端具有可移动性，能快速、方便地解决以有线方式不易实现的网络信道连通问题。凭借传输速率高、成本低廉、部署简单等优点，WLAN已逐步成为使用最广泛的无线宽带接入方式之一，在教育、金融、酒店以及零售业、制造业等各领域有了广泛的应用。无线局域网基于 IEEE802.11 协议簇工作。

2．无线协议标准

电气与电子工程师学会（Institute of Electrical and Electronics Engineers，IEEE）于 1997年为无线局域网制定了第一个版本标准——IEEE 802.11。其中定义了媒体访问控制层（MAC 层）和物理层。物理层定义了工作在 2.4GHz 的 ISM 频段上的两种扩频作调制方式和一种红外线传输的方式，总数据传输速率设计为 2Mbit/s。两个设备可以自行构建临时网络，也可以在基站（Base Station，BS）或者接入点（Access Point，AP）的协调下通信。为了在不同的通信环境下获取良好的通信质量，采用 CSMA/CA（Carrier Sense Multiple Access/Collision Avoidance）硬件沟通方式。

IEEE 802.11 的两个补充版本为 IEEE 802.11a 和 IEEE 802.11b。802.11a 定义了一个在

5.8GHz 的 ISM 频段上的数据传输速率可达 54Mbit/s 的物理层,802.11b 定义了一个在 2.4GHz 的 ISM 频段上的数据传输速率高达 11Mbit/s 的物理层。2.4GHz 的 ISM 频段被世界上绝大多数国家通用,因此 802.11b 得到了最为广泛的应用。1999 年工业界成立了 Wi-Fi 联盟,致力于解决匹配 802.11 标准的产品的生产和设备兼容性问题。见表 7.1.4。

表 7.1.4 IEEE 802.11 协议簇的主要协议

协议	兼容性	频率	理论最高速率
IEEE802.11a		5.8GHz	54Mbit/s
IEEE802.11b		2.4GHz	11 Mbit/s
IEEE802.11g	兼容 IEEE802.11b	2.4GHz	54 Mbit/s
IEEE802.11n	兼容 IEEE802.11a/b/g	2.4GHz 或 5.8GHz	600 Mbit/s
IEEE802.11ac	兼容 IEEE802.11a/n	5.8GHz	6.9Gbit/s
IEEE802.11ax	兼容 IEEE802.11a/b/g/n/ac	2.4GHz 或 5.8GHz	9.6Gbit/s

3. 无线射频

1) 2.4GHz 频段

当 AP 工作在 2.4GHz 频段时,频率范围是 2.4~2.4835GHz。在此频率范围内又划分出 14 个信道。每两个信道之间的中心频率都相隔 5MHz 的整数倍,每个信道可供占用的带宽为 22MHz。

2) 5.8GHz 频段

当 AP 工作在 5.8GHz 频段时,频率范围是 5.725~5.850GHz。在此频率范围内又划分出 5 个信道,每两个信道之间的中心频率都相隔 20MHz 的整数倍。

4. 无线信号传输质量

无线信号传输质量与距离、干扰源和传输方式都有关系。

1) 无线信号与距离的关系

当无线信号与用户之间距离越来越远,那么无线信号强度会越来越弱,可以根据用户需求调整无线设备。

2) 干扰源主要类型

无线信号干扰源主要是无线设备间的同频干扰,例如蓝牙和无线 2.4GHz 频段。

3) 无线信号的传输方式

AP 的无线信号传递主要通过两种方式,即辐射和传导。AP 无线信号的辐射是指 AP 的信号通过天线将信号传递到空气中。AP 无线信号的传导是指无线信号在线缆等介质内进行无线信号传递,无线 AP 和天线间通过线缆连接,天线接收到无线信号后通过线缆传导到 AP。

5．常见的无线网络设备

1）无线控制器

无线控制器（Access Controller，AC）是一种网络设备，用来集中化控制无线接入点（Access Point，AP），是一个无线网络的核心，负责管理无线网络中的所有无线 AP。对接入点的管理包括下发配置、修改相关配置参数、射频智能管理、接入安全控制等。图 7.1.8 中所示为一台型号为 AC6005 的无线控制器。

图 7.1.8　型号为 AC6005 的无线控制器

2）无线接入点

无线接入点是 WLAN 网络中的重要组成部分，其工作机制类似有线网络中的集线器（HUB），无线终端可以通过 AP 进行终端之间的数据传输，也可以通过 AP 的"WAN"口与有线网络互通。

无线 AP 从功能上可分为 Fat AP 和 Fit AP 两种。

❶ Fat AP 可以自主完成包括无线接入、安全加密、设备配置等在内的多项任务，不需要其他设备的协助，适用于构建中、小型规模无线局域网。Fat AP 组网的优点是无须改变现有的有线网络结构，配置简单；缺点是覆盖范围小、无法统一管理和配置，因为需要对每台 AP 单独进行配置，费时、费力，当部署大规模的 WLAN 网络时，部署和维护成本高，也不支持用户的无缝漫游。如图 7.1.9 所示为 Fat AP。

❷ Fit AP 又称轻型无线 AP，必须借助无线网络控制器进行配置和管理，适合部署在中小型企业、机场车站、体育场馆、咖啡厅、休闲中心等场景。如图 7.1.10 所示为 Fit AP。

图 7.1.9　Fat AP　　　　　　　　　　图 7.1.10　Fit AP

6．WLAN 组网方式

1）Fat AP 的网络组建

AP 通过有线网络接入互联网，每个 AP 都是一个单独的节点，需要独立配置其信道、功率、安全策略等。常见的应用场景有家庭无线网络、办公室无线网络等。典型 Fat AP 拓扑结构如图 7.1.11 所示。

2）AC＋Fit AP 的网络组建

Fit AP 无法单独运行，必须在无线控制器（AC）的控制下运行。Fit AP 负责移动终端报文的收发、加解密、802.11 协议的物理层功能、射频（RF）空口的统计、接受无线控制器的管理等功能。AC 负责无线网络的接入控制、转发和统计、AP 的配置监控、漫游管理、AP 的网管代理、安全控制等功能。典型的 AC+Fit AP 拓扑结构如图 7.1.12 所示。

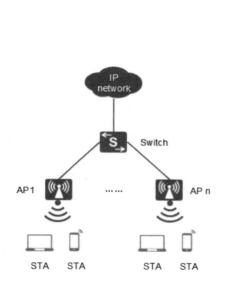

图 7.1.11　典型 Fat AP 拓扑结构

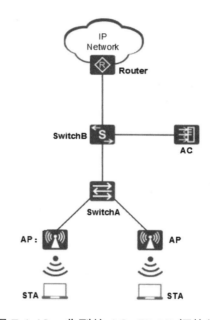

图 7.1.12　典型的 AC+Fit AP 拓扑结构

AC+Fit AP 组网方式是大型企业或者园区网络中常见的 WLAN 组网方式。根据 AC 和 AP 网络架构可分为二层组网和三层组网；根据 AC 在网络中的位置，可分为直连式和旁挂式组网。二层组网和三层组网、直连式组网和旁挂式组网可以组合成：直连式二层组网、旁挂式二层组网、直连式三层组网、旁挂式三层组网 4 种方式。

（1）二层组网。

当 AC 与 AP 直连或者 AC 与 AP 之间通过二层网络进行连接时，此组网方式被称为二层组网，如图 7.1.13 所示。由于 AC 和 AP 同属于一个二层广播域，因此 AP 通过广播很容易就能发现 AC。AC 通常配置为 DHCP 服务器，无须配置 DHCP 代理，简化了配置。由于二层组网比较简单，适用于简单临时的组网，能够进行比较快速的组网配置，但局限性很大，不适用于有大量三层路由的大型网络。

（2）直连式组网。

直连式组网中 AC 同时扮演 AC 和汇聚交换机的功能，AP 的数据业务和管理业务都由 AC 集中转发和处理，图 7.1.14 所示为直连式组网。直连式组网可以认为 AP、AC 与核心网络串联在一起，所有数据必须通过 AC 到达上层网络。在这种组网方式中，对 AC 的吞吐量及处理数据能力要求比较高，AC 容易成为整个无线网络带宽的瓶颈，但这种组网方式的架构清晰，实施较为容易。

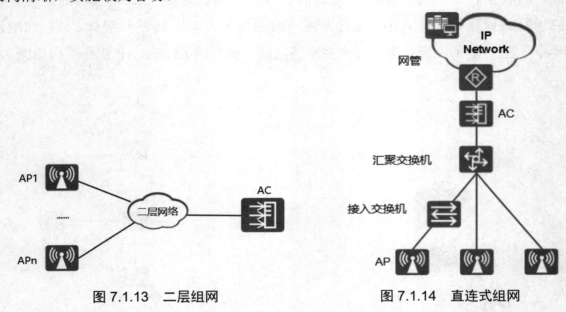

图 7.1.13　二层组网　　　　　图 7.1.14　直连式组网

7．WLAN 转发模式

AC+Fit AP 组网方式中，数据流（移动终端产生的数据）有直接转发模式和隧道转发模式两种。

直接转发也称为本地转发或分布转发，在该模式中数据流从移动终端（Station，STA）到达 AP 后，由 AP 直接发送到有线网络中的交换设备进行转发。

隧道转发也称为集中转发，在该模式中数据流从移动终端到达 AP 后，由 AP 使用 CAPWAP 协议进行封装，发送到 AC，再由 AC 发送到有线网络中的交换设备进行转发，通常用于集中控制无线用户业务数据流量的场景。

8．WLAN 的基本业务配置流程

使用 AC+AP 进行 WLAN 组网时，AP 通常是零配置的，配置主要在有线网络和 AC 上进行。在 AC 上进行配置时，可以使用命令行或图形界面，限于篇幅，这里只介绍命令行

配置方法。图 7.1.15 所示为 WLAN 基本业务配置流程，具体如下。

（1）创建 AP 组。

（2）配置网络互通。

（3）配置 AC 系统参数。

（4）配置 AC 为 Fit AP 下发 WLAN 业务。

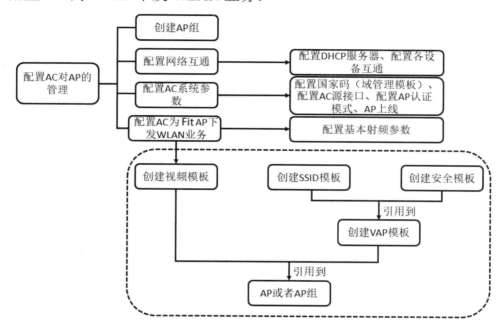

图 7.1.15 WLAN 基本业务配置流程

任务小结

（1）常用的无线网络设备有 AC 和 AP。

（2）AP 按功能可分为 Fat AP 和 Fit AP，它们之间有明显区别。

（3）常见的组网方式有 Fat AP 组网方式和 AC+Fit AP 的组网方式。

任务 2　旁挂式三层无线局域网的配置

任务描述

艺腾公司需要在原有网络中部署 WLAN，以满足员工的移动办公需求。由于原来的有线网络较为复杂，为满足 WLAN 组网的灵活性，管理员小赵准备采用 AC+Fit AP 旁挂式三层组网方案，AP1 部署在销售部办公室，AP2 部署在财务部办公室。

任务分析

旁挂式指的是 AC 旁挂在 AP 与上行网络的直连网络上，AP 的业务数据可以不经 AC 而直接到达上行网络。这样 AC 负担相对来说没有直连式那么重，对 AC 性能要求也不高。

下面以一台型号为 AR2220 的路由器、两台型号为 S5700-28C-HI 的交换机、1 台型号为 6605 的无线控制器、两台型号为 AP5030 的 AP 和两台带无线网卡的笔记本电脑为例来模拟无线网络，读者可以由此学习和掌握旁挂式三层无线局域网的配置方法。旁挂式三层无线局域网的网络拓扑结构如图 7.2.1 所示。

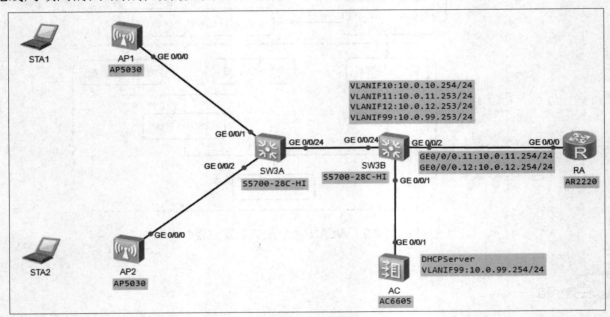

图 7.2.1 旁挂式三层无线局域网的网络拓扑结构

具体要求如下。

（1）添加两台笔记本电脑，将标签分别更改为 STA1 和 STA2。

（2）添加两台型号为 S5700-28C-HI 的交换机，将标签名分别更改为 SW3A 和 SW3B，交换机的名称设置为 SW3A 和 SW3B。

（3）添加 1 台型号为 AC6605 的无线控制器，将标签名更改为 AC，无线控制器的名称设置为 AC。

（4）添加 1 台型号为 AR2220 的路由器，将标签名更改为 RA，路由器的名称设置为 RA。

（5）添加两台型号为 AP5030 的 AP，将标签分别更改为 AP1 和 AP2。

（6）AP1 连接 SW3A 的 GE0/0/1 接口，AP2 连接 SW3A 的 GE0/0/2 接口，SW3A 的 GE0/0/24 接口连接 SW3B 的 GE0/0/24 接口，SW3B 的 GE0/0/1 接口连接 AC 的 GE0/0/1 接口，SW3B 的 GE0/0/2 接口连接 RA 的 GE0/0/0 接口。

（7）开启所有的路由器、无线控制器、交换机、AP 和笔记本电脑。

（8）AC 数据规划表如表 7.2.1 所示。

表 7.2.1 AC 数据规划表

配置项	数据
DHCP 服务器	AC 作为 AP 和 STA 的 DHCP 服务器 汇聚交换机实现三层路由，STA 默认网关分别为 10.0.11.1、10.0.12.1
AP 的 IP 地址池	10.0.99.2～10.0.99.254/24
STA 的 IP 地址池	10.0.11.3～10.0.11.254/24；10.0.12.3～10.0.12.254/24
AC 的源接口	VLANIF 99:10.0.99.2/24
AP 组	名称：ap-group1，引用模板：VAP 模板 wlan-net、域管理模板 default
域管理模板	名称：default，国家码：cn
SSID 模板	名称：wlan-net1、wlan-net2；SSID 名称：Sales、Finances
安全模板	名称：wlan-net1、wlan-net2；安全策略：WPA-WPA2+PSK+AES；密码：abc12345
VAP 模板	名称：wlan-net，转发模式：隧道转发，业务 VLAN：VLAN pool，引用模板：SSID 模板 wlan-net、安全模板 wlan-net

（9）路由器、交换机和 AC 等网络设备口 IP 地址规划如表 7.2.2 所示。

表 7.2.2 路由器、交换机和 AC 等网络设备口 IP 地址规划

设备名	接口	IP 地址/子网掩码	备注
RA	GE0/0/0.11	10.0.11.254/24	
	GE0/0/0.12	10.0.12.254/24	
AC	GE0/0/1	10.0.99.254/24	
SW3B	VLANIF10	10.0.10.254/24	管理 VLAN
	VLANIF99	10.0.99.253/24	
	VLANIF11	10.0.11.253/24	业务 VLAN
	VLANIF12	10.0.12.253/24	
AP1	GE0/0/0	自动获取	Sales（销售部）
AP2	GE0/0/0	自动获取	Finances（财务部）

（10）组建 AC+AP 旁挂式三层无线局域网，AC 作为 DHCP 服务器为 AP 和 STA 分配 IP 地址；汇聚交换机 SW3B 作为 DHCP 代理；采用隧道转发的业务数据转发方式。通过适当的配置实现 AP 上线、STA 正确获取 IP 地址，各网络设备之间可以相互通信。

任务实施

1. 网络设备的基础配置

❶ 交换机 SW3A 的基本配置。

```
[Huawei]sysname SW3A
[SW3A]vlan batch 10 to 12
[SW3A]interface GigabitEthernet 0/0/1
[SW3A-GigabitEthernet0/0/1]port link-type trunk
[SW3A-GigabitEthernet0/0/1]port trunk pvid vlan 10
                                            //剥离 VLAN10 数据标签转发
[SW3A-GigabitEthernet0/0/1]port trunk allow-pass vlan 10 11 12
[SW3A-GigabitEthernet0/0/1]quit
[SW3A]interface GigabitEthernet 0/0/2
[SW3A-GigabitEthernet0/0/2]port link-type trunk
[SW3A-GigabitEthernet0/0/2]port trunk pvid vlan 10
[SW3A-GigabitEthernet0/0/2]port trunk allow-pass vlan 10 11 12
[SW3A-GigabitEthernet0/0/2]quit
[SW3A]interface GigabitEthernet 0/0/24
[SW3A-GigabitEthernet0/0/24]port link-type trunk
[SW3A-GigabitEthernet0/0/24]port trunk allow-pass vlan 10 11 12
```

❷ 交换机 SW3B 的基本配置。

```
[Huawei]sysname SW3B
[SW3B]vlan  batch 10 11 12 99
[SW3B]interface GigabitEthernet 0/0/24
[SW3B-Ethernet0/0/24]port link-type trunk
[SW3B-Ethernet0/0/24]port trunk allow-pass vlan 10 11 12
[SW3B]interface GigabitEthernet0/0/1
[SW3B-GigabitEthernet0/0/1]port link-type trunk
[SW3B-GigabitEthernet0/0/1]port trunk allow-pass vlan 11 12 99
[SW3B]interface GigabitEthernet0/0/2
[SW3B-GigabitEthernet0/0/2]port link-type trunk
[SW3B-GigabitEthernet0/0/2]port trunk allow-pass vlan 11 12
[SW3B-GigabitEthernet0/0/2]quit
[SW3B]interface Vlanif 10
[SW3B-Vlanif10]ip address 10.0.10.254 24
[SW3B-Vlanif10]interface Vlanif 11
[SW3B-Vlanif11]ip address 10.0.11.253 24
[SW3B-Vlanif11]interface Vlanif 12
[SW3B-Vlanif12]ip address 10.0.12.253 24
[SW3B-Vlanif112]interface Vlanif 99
[SW3B-Vlanif99]ip address 10.0.99.253 24
[SW3B-Vlanif99]quit
```

❸ 路由器 RA 的基本配置。

```
[Huawei]sysname RA
[RA]interface GigabitEthernet0/0/0.11
[RA-GigabitEthernet0/0/0.11]dot1q termination vid 11
```

```
[RA-GigabitEthernet0/0/0.11]ip address 10.0.11.254 24
[RA-GigabitEthernet0/0/0.11]arp broadcast enable
[RA-GigabitEthernet0/0/0.11]quit
[RA]interface GigabitEthernet0/0/0.12
[RA-GigabitEthernet0/0/0.12]dot1q termination vid 12
[RA-GigabitEthernet0/0/0.12]ip address 10.0.12.254 24
[RA-GigabitEthernet0/0/0.12]arp broadcast enable
[RA-GigabitEthernet0/VLAN0/0.12]quit
```

❹ 无线控制器 AC 的基本配置。

```
[AC6605]sysname AC
[AC]vlan batch 11 12 99
[AC]interface GigabitEthernet0/0/1
[AC-GigabitEthernet0/0/1]port link-type trunk
[AC-GigabitEthernet0/0/1]port trunk allow-pass vlan 11 12 99
[AC-GigabitEthernet0/0/1]quit
[AC]interface Vlanif 99
[AC-Vlanif99]ip address 10.0.99.254 24
[AC-Vlanif99]quit
```

2．默认路由的配置

❶ 配置 AC 到 AP 的路由。

```
[AC]ip route-static 0.0.0.0 0.0.0.0 10.0.99.253    //指向 SW3B 的 VLAN99
```

❷ 配置 RA 的默认路由。

```
[RA]ip route-static 0.0.0.0 0.0.0.0 10.0.11.253    //指向 10.0.11.253
```

3．配置 DHCP 服务

❶ 在 AC 上配置 DHCP 服务器，为 STA 和 AP 动态分配 IP 地址。

```
[AC]dhcp enable
[AC]ip pool huawei                                 //为 AP 提供地址
[AC-ip-pool-huawei]network 10.0.10.0 mask 24
[AC-ip-pool-huawei]gateway-list 10.0.10.254
[AC-ip-pool-huawei]option 43 sub-option 3 ascii 10.0.99.254
                                                   //指明 AC 的 IP 地址
[AC-ip-pool-huawei]quit
[AC]ip pool Sales                                  //为销售部提供地址
[AC-ip-pool-vlan11]gateway-list 10.0.11.254
[AC-ip-pool-vlan11]network 10.0.11.0 mask 24
[AC-ip-pool-vlan11]dns-list 10.10.10.10
[AC-ip-pool-vlan11]quit
[AC]ip pool Finances                               //为财务部提供地址
[AC-ip-pool-vlan12]gateway-list 10.0.12.254
[AC-ip-pool-vlan12]network 10.0.12.0 mask 24
[AC-ip-pool-vlan12]dns-list 10.10.10.10
[AC-ip-pool-vlan12]quit
[AC]interface vlanif 99
[AC-Vlanif99]dhcp select global
```

❷ 在交换机 SW3B 上开启 DHCP 服务、配置 DHCP 中继。

```
[SW3B]dhcp enable
[SW3B]interface Vlanif 10
[SW3B-Vlanif10]dhcp select relay                  //为 AP 分配 IP 地址
[SW3B-Vlanif10]dhcp relay server-ip 10.0.99.254
[SW3B-Vlanif10]quit
[SW3B]interface Vlanif 11
[SW3B-Vlanif11]dhcp select relay                  //为 STA1 分配 IP 地址
[SW3B-Vlanif11]dhcp relay server-ip 10.0.99.254
[SW3B-Vlanif11]interface Vlanif 12
[SW3B-Vlanif12]dhcp select relay                  //为 STA2 分配 IP 地址
[SW3B-Vlanif12]dhcp relay server-ip 10.0.99.254
```

4. 查询无线 AP1 和 AP2 的 MAC 地址

```
<AP1>display system-information
System Information
==================================================
Serial Number              : 210235448310C677AE0C
System Time                : 2021-07-30 18:03:48
System Up time             : 1min 3sec
System Name                : Huawei
Country Code               : US
MAC Address                : 00:e0:fc:c5:07:e0
Radio 0 MAC Address        : 00:00:00:00:00:00
……                                                //此处省略部分内容
//这里显示 AP1 的 Hardware address（MAC 地址）为 00:e0:fc:c5:07:e0。
<AP2>display system-information
System Information
==================================================
Serial Number              : 210235448310AF323518
System Time                : 2021-07-30 18:05:22
System Up time             : 2min 31sec
System Name                : Huawei
Country Code               : US
MAC Address                : 00:e0:fc:03:04:90
Radio 0 MAC Address        : 00:00:00:00:00:00
……                                                //此处省略部分内容
//这里显示 AP2 的 Hardware address（MAC 地址）为 00:e0:fc:03:04:90。
```

5. 配置 AP 上线

❶ 创建 AP 组，用于将相同配置的 AP 加入同一 AP 组。

```
[AC]wlan
[AC-wlan-view]ap-group name ap-group1
[AC-wlan-ap-group-ap-group1]quit
```

❷ 创建域管理模板，配置 AC 的国家码，并在 AP 组下引用域管理模板。

```
[AC-wlan-view]regulatory-domain-profile name default
[AC-wlan-regulate-domain-default]country-code cn
```

```
[AC-wlan-regulate-domain-default]ap-group name ap-group1
[AC-wlan-ap-group-ap-group1]regulatory-domain-profile default
Warning: Modifying the country code will clear channel, power and antenna
gain configurations of the radio and reset the AP. Continue?[Y/N]:y
```

❸ 配置 AC 的源接口。

```
[AC]capwap source interface Vlanif 99
```

❹ 在 AC 上离线导入 AP1、AP2，并将 AP 加入 AP 监控组 ap-group1 中。

```
[AC]wlan
[AC-wlan-view]ap auth-mode mac-auth              //认证模式为 MAC 认证
[AC-wlan-view]ap-id 0 ap-mac 00e0-fcc5-07e0
[AC-wlan-ap-0]ap-name area_1                     //AP1 的名称为 area_1
[AC-wlan-ap-0]ap-group ap-group1
Warning: This operation may cause AP reset. If the country code changes,
it will clear channel, power and antenna gain configurations of the radio,
Whether to continue? [Y/N]:y
[AC-wlan-ap-0]quit
[AC-wlan-view]ap-id 1 ap-mac 00e0-fc03-0490
[AC-wlan-ap-1]ap-name area_2                     //AP2 的名称为 area_2
[AC-wlan-ap-1]ap-group ap-group1
Warning: This operation may cause AP reset. If the country code changes,
it will clear channel, power and antenna gain configurations of the radio,
Whether to continue? [Y/N]:y
```

❺ 在 AC 上使用 display ap all 命令，结果显示查看到 AP 的 "State" 字段为 "nor" 时，表示 AP 正常上线。

```
<AC>display ap all                               //查看 AP 上线状态
Info: This operation may take a few seconds. Please wait for a moment.done.
Total AP information:
nor  : normal          [2]
--------------------------------------------------------------------------
  ID   MAC            Name    Group      IP           Type      State STA
Uptime-------------------------------------------------------------------
---
  0 00e0-fcc5-07e0 area_1 ap-group1 10.0.10.236 AP5030DN nor   0 3H:56M:5S
  1 00e0-fc03-0490 area_2 ap-group1 10.0.10.210 AP5030DN nor   0 3H:56M:11S
--------------------------------------------------------------------------
Total: 2
```

6. 配置 WLAN 业务

❶ 创建名为 "wlan-net1" 的安全模板、SSID 模板和 VAP 模板，配置安全策略、密码、SSID 名称和转发模式，并对模板进行引用。

```
[AC]wlan
[AC-wlan-view]security-profile name wlan-net1              //创建安全模板
[AC-wlan-sec-prof-wlan-net1]security wpa-wpa2 psk pass-phrase abc12345
aes                                                        //安全策略
[AC-wlan-sec-prof-wlan-net1]quit
```

```
[AC-wlan-view]ssid-profile name wlan-net1                    //创建SSID模板
[AC-wlan-ssid-prof-wlan-net1]ssid Sales                      //配置SSID名称
[AC-wlan-ssid-prof-wlan-net1]quit
[AC-wlan-view]vap-profile name wlan-net1                     //创建VAP模板
[AC-wlan-vap-prof-wlan-net1]forward-mode tunnel              //转发模式为隧道模式
[AC-wlan-vap-prof-wlan-net1]service-vlan vlan-id 11          //业务VLAN为VLAN11
[AC-wlan-vap-prof-wlan-net1]security-profile wlan-net1       //引用安全模板
[AC-wlan-vap-prof-wlan-net1]ssid-profile wlan-net1           //引用SSID模板
```

❷ 创建名为"wlan-net2"的安全模板、SSID模板和VAP模板，配置安全策略、密码、SSID名称和转发模式，并对模板进行引用。

```
[AC]wlan
[AC-wlan-view]security-profile name wlan-net2                //创建安全模板
[AC-wlan-sec-prof-wlan-net2]security wpa-wpa2 psk pass-phrase abc12345 aes
[AC-wlan-sec-prof-wlan-net2]quit
[AC-wlan-view]ssid-profile name wlan-net2                    //创建SSID模板
[AC-wlan-ssid-prof-wlan-net2]ssid Finances                   //配置SSID名称
[AC-wlan-ssid-prof-wlan-net2]quit
[AC-wlan-view]vap-profile name wlan-net2                     //创建VAP模板
[AC-wlan-vap-prof-wlan-net2]forward-mode tunnel              //转发模式为隧道模式
[AC-wlan-vap-prof-wlan-net2]service-vlan vlan-id 12          //业务VLAN为VLAN12
[AC-wlan-vap-prof-wlan-net2]security-profile wlan-net2       //引用安全模板
[AC-wlan-vap-prof-wlan-net2]ssid-profile wlan-net2           //引用SSID模板
```

❸ 配置AP组引用VAP模板，AP上射频0和射频1同时使用VAP模板"wlan-net1"和"wlan-net2"的配置。

```
[AC]wlan
[AC-wlan-view]ap-group name ap-group1
[AC-wlan-ap-group-ap-group1]vap-profile wlan-net1 wlan 1 radio 0
[AC-wlan-ap-group-ap-group1]vap-profile wlan-net1 wlan 1 radio 1
[AC-wlan-ap-group-ap-group1]vap-profile wlan-net2 wlan 2 radio 0
[AC-wlan-ap-group-ap-group1]vap-profile wlan-net2 wlan 2 radio 1
```

❹ 配置AP1射频信道和功率。

```
[AC-wlan-view]ap-id 0
[AC-wlan-ap-0]radio 0
[AC-wlan-radio-0/0]channel 20mhz 6                           //带宽为20MHz，信道为6
Warning: This action may cause service interruption. Continue?[Y/N]y
[AC-wlan-radio-0/0]eirp 127                                  //有效全向辐射功率127mw
[AC-wlan-radio-0/0]quit
[AC-wlan-ap-0]radio 1
[AC-wlan-radio-0/1]channel 20mhz 149                         //带宽为20MHz,信道为149
Warning: This action may cause service interruption. Continue?[Y/N]y
[AC-wlan-radio-0/1]eirp 127                                  //有效全向辐射功率127mw
```

❺ 配置 AP2 射频信道和功率。注意，当 AP1 和 AP2 的信号覆盖有重叠时，信道值需要有一定的间隔。

```
[AC-wlan-view]ap-id 1
[AC-wlan-ap-1]radio 0
[AC-wlan-radio-1/0]channel 20mhz 11
Warning: This action may cause service interruption. Continue?[Y/N]y
[AC-wlan-radio-1/0]eirp 127
[AC-wlan-radio-1/0]quit
[AC-wlan-ap-1]radio 1
[AC-wlan-radio-1/1]channel 20mhz 153
Warning: This action may cause service interruption. Continue?[Y/N]y
[AC-wlan-radio-1/1]eirp 127
```

任务验收

❶ 在 AC 上使用 display vap ssid Sales 命令，查看 AP 对应射频上的 VAP 创建信息，当"Status"字段为"ON"时，表示 AP 对应射频上的 VAP 已创建成功。

```
<AC>display vap ssid Sales
Info: This operation may take a few seconds, please wait.
WID : WLAN ID
--------------------------------------------------------------------------------
AP ID  AP name  RfID  WID  BSSID           Status  Auth type      STA  SSID
--------------------------------------------------------------------------------
0      area_1   0     1    00E0-FCC5-07E0  ON      WPA/WPA2-PSK   0    Sales
0      area_1   1     1    00E0-FCC5-07E0  ON      WPA/WPA2-PSK   0    Sales
1      area_2   0     1    00E0-FC03-0490  ON      WPA/WPA2-PSK   0    Sales
1      area_2   1     1    00E0-FC03-04A0  ON      WPA/WPA2-PSK   0    Sales
--------------------------------------------------------------------------------
Total: 4
```

❷ 将 STA1 接入"Sales"，STA2 和 Phone1 接入"Finances"的无线网络后，在 AC 上使用 display station ssid Sales 和 display station ssid Finances 命令，查看已接入无线网络中的用户。

```
<AC>display station ssid Sales
Rf/WLAN: Radio ID/WLAN ID
Rx/Tx: link receive rate/link transmit rate(Mbps)
--------------------------------------------------------------------------------
STA MAC         AP ID  Ap name  Rf/WLAN  Band  Type  Rx/Tx  RSSI  VLAN  IP address
5489-988e-18dc  0      area_1   0/2      2.4G  -     -/-    -     11    10.0.11.29
--------------------------------------------------------------------------------
Total: 1 2.4G: 1 5G: 0
<AC>display station ssid Finances
Rf/WLAN: Radio ID/WLAN ID
Rx/Tx: link receive rate/link transmit rate(Mbps)
--------------------------------------------------------------------------------
STA MAC    AP ID  Ap name  Rf/WLAN  Band  Type  Rx/Tx  RSSI  VLAN  IP address
--------------------------------------------------------------------------------
```

```
5489-9808-362a 1 area_2    0/2    2.4G  -   -/-   -    12   10.0.102.69
5489-9880-5d4d 0 area_1    0/2    2.4G  -   -/-   -    12   10.0.102.183
--------------------------------------------------------------------------
Total: 2 2.4G: 2 5G: 0
```

❸ 测试 STA 获取 IP 地址。

STA1 和 STA2 正常关联无线网络后，使用 ipconfig 命令，查看 STA1 和 STA2 通过无线网络自动获取的 IP 地址。

❹ 测试 STA1 与 STA2 等的网络连通性，结果显示全网通。

1. 三层组网

当 AC 与 AP 之间的网络为三层网络时，该 WLAN 组网被称为三层组网，如图 7.2.2 所示。在三层组网中，AC 和 AP 不在同一广播域中，AP 和 AC 之间的通信需要通过路由器或者三层交换机路由转发功能来完成，即 AP 需要通过 DHCP 代理从 AC 获得 IP 地址，或者额外部署 DHCP 服务器为 AP 分配 IP 地址。由于 AP 无法通过广播发现 AC，所以需要在 DHCP 服务器上配置 option 43 来指明 AC 的 IP 地址。

在实际组网中，一台 AC 可以连接几十甚至几百台 AP，组网一般比较复杂。比如在企业网络中，AP 可以布放在公司办公室、会议室、会客间等场所，而 AC 可以安放在公司机房，这样 AP 和 AC 之间的网络就必须采用比较复杂的三层网络，由于 AC 和 AP 可以位于不同的网络，只需要它们之间的 IP 包可达即可，因此部署非常灵活，适用于大型网络的无线组网。

2. 旁挂式组网

图 7.2.3 所示为旁挂式组网，AC 并不在 AP 和核心网络的中间，而是位于网络的一侧（通常是旁挂在汇聚交换机或者核心交换机上）。由于实际组建 WLAN 时，大多情况下已经建好了有线网络，无线网络的覆盖架设大部分是后期在现有网络中扩展而来的，采用旁挂式组网就比较容易进行扩展，只需将 AC 旁挂在现有网络中。比如，旁挂在汇聚交换机上，就可以对终端 AP 进行管理，所以此种组网方式使用率比较高。如果旁挂式组网采用直接转发模式，则移动终端的数据流不需要经过 AC 而直接到达上层网络，因此 AC 的压力较小；如果旁挂式组网采用隧道转发模式，则移动终端的业务数据流要通过 CAPWAP 协议隧道在 AP 与 AC 之间转发，因此 AC 也面临较大压力。

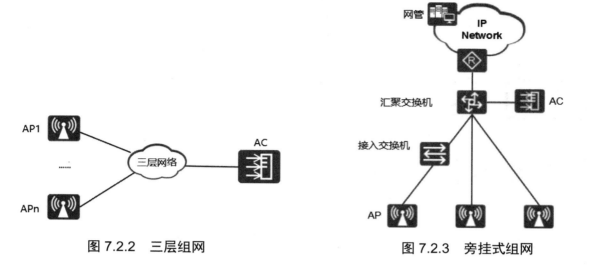

图 7.2.2 三层组网　　　　图 7.2.3 旁挂式组网

任务小结

（1）组建旁挂式三层无线局域网是一种比较常见的形式。

（2）Fit AP 不能单独运行，需要由 AC 进行控制。

项目 8

综合实训

项目描述

eNSP 模拟器是由华为公司发布的网络实训工具,为学习网络课程的初学者设计、配置和排除网络故障提供了良好的网络模拟环境。eNSP 模拟器具有仿真程度高、更新及时、界面友好和操作方便等特点。这款仿真软件运行的是与真实设备相同的 VRP 操作系统,能够最大限度地模拟真实设备环境。用户可以利用 eNSP 模拟器模拟工程开局与网络测试,从而高效地构建优质的 ICT 网络。eNSP 模拟器支持与真实设备对接,以及数据包的实时抓取,不仅可以帮助用户深刻理解网络协议的运行原理,还可以协助用户进行网络技术的钻研和探索。

在此模拟环境中,用户可以更加直观地熟悉网络环境和网络配置。本项目根据实际工作的要求,专门设计了以下 3 个任务来介绍网络的综合应用。

任务 1 网络设备的维护
任务 2 企业网络综合实训
任务 3 园区网络综合实训

知识目标

1. 了解维护网络设备的方法。
2. 了解三层网络架构的作用和特点。
3. 熟悉负载均衡的作用和应用。
4. 熟悉企业网络综合知识的应用。

能力目标

1. 能实现网络设备的维护与管理。

2. 能实现三层网络架构的局域网通信。
3. 能实现 MSTP 协议和 VRRP 协议的负载均衡的园区网络。
4. 能实现路由器的 DHCP 服务配置。
5. 能实现将不同的路由协议应用在企业网络中。

素质目标

1. 不仅培养读者的团队合作精神和写作能力,还培养读者的协同创新能力。
2. 不仅培养读者的交流沟通能力和独立思考能力,还培养读者的逻辑思维能力。
3. 培养读者系统分析与解决问题的能力,使其能够掌握相关知识点并完成项目任务。
4. 培养读者的团队合作精神,强化其学习的兴趣和积极性。
5. 培养读者诚信、务实、严谨的职业素养。

思维导图

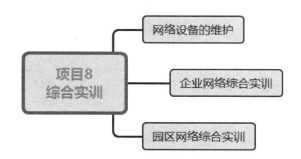

任务1 网络设备的维护

任务描述

艺腾公司的网络维护人员在新接手一台已经调试好的网络设备时,首先需要做的就是将网络设备的配置文件进行保存和备份,以便在设备出现问题时可以找到解决办法。所以,备份网络设备的配置文件对网络维护人员来说是很重要的。网络维护人员需要对网络设备进行配置和管理,而远程管理绝对是一个很好的选择。

任务分析

华为设备的配置文件为 current-configuration 和 saved-configuration。current-configuration

是设备当前运行的文件，如果断电，它是不会被保存的。saved-configuration 是启动配置文件，也就是说，设备启动经历了加电自检、加载 IOS、加载 saved-configuration 文件。所以，在配置完网络设备时，需要保存配置文件，否则，当设备重启后，原先在网络设备上做好的配置将全部丢失。

网络维护人员需要对网络设备进行管理，而远程管理极大地提高了用户操作的灵活性。远程管理主要分为 Telnet 和 STelnet 两种方式。由于 Telnet 缺少安全的认证方式，而且在传输过程中采用 TCP 协议进行明文传输，存在很大的安全隐患，因此已经慢慢不被接受。这里使用比较安全的 STelnet 管理方式。

维护网络设备的网络拓扑结构如图 8.1.1 所示，其中网络管理员的计算机（PC2）用路由器进行模拟，PC1 是网络管理员的另外一台计算机。

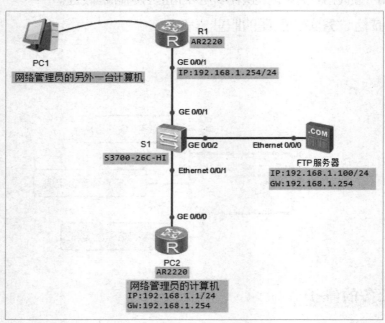

图 8.1.1　维护网络设备的网络拓扑结构

具体要求如下。

（1）根据网络拓扑结构添加相应的设备。

（2）开启所有的路由器、服务器和计算机。

（3）配置网络设备，实现全网互通。

（4）配置路由器的 Console、STelnet 等登录方式的安全访问。

（5）备份网络设备的配置文件。

（6）学会通过 Console 接口和安全的远程 STelnet 方式登录网络设备，学会备份和还原网络设备的配置文件。

任务实施

1. 配置通过 STelnet 方式进行远程登录

❶ PC2 的基本配置。PC2 用路由器进行模拟。

```
<Huawei>system-view
[Huawei]sysname PC2
[PC2]int g0/0/0
[PC2-GigabitEthernet0/0/0]ip add 192.168.1.1 24
[PC2-GigabitEthernet0/0/0]quit
[PC2]ip route-static 0.0.0.0 0.0.0.0 192.168.1.254    //使用默认路由充当网关
[PC2]quit
<PC2>save                                             //保存
```

❷ S1 的基本配置。

```
<Huawei>system-view
[Huawei]sysname S1
[S1]int vlan 1
[S1-Vlanif1]description manager   //VLAN 1 命名为"manager"，为管理网段
[S1-Vlanif1]quit
[S1]quit
<S1>save
The current configuration will be written to the device.
Are you sure to continue?[Y/N]y   //输入"y"
Info: Please input the file name ( *.cfg, *.zip ) [vrpcfg.zip]:
                                  //按 Enter 键，文件名默认
Now saving the current configuration to the slot 0.
Save the configuration successfully.
```

❸ R1 的基本配置。

```
<Huawei>system-view
[Huawei]sysname R1
[R1]int g0/0/1
[R1-GigabitEthernet0/0/1]ip add 192.168.1.254 24
[R1-GigabitEthernet0/0/1]return
```

❹ 在 R1 上开启 SSH 服务和查询 SSH 服务状态。

（1）开启 SSH 服务。

```
[R1]stelnet server enable                //开启 SSH 服务
Info: Succeeded in starting the STELNET server.
```

（2）查询 SSH 服务状态。

```
[R1]display ssh server status            //查询 SSH 服务状态
SSH version                              :1.99
SSH connection timeout                   :60 seconds
SSH server key generating interval       :0 hours
SSH Authentication retries               :3 times
SFTP Server                              :Disable
```

```
 Stelnet server                                    :Enable
[R1]quit
```

❺ 在 R1 上配置 SSH 服务器。

SSH 是一个网络安全协议，通过对网络数据进行加密，它能够在不安全的网络环境中提供安全的远程登录和其他安全网络服务。

（1）在 R1 上使用 rsa local-key-pair create 命令来生成本地 RSA 主机密钥对。

```
<R1>system-view
[R1]rsa local-key-pair create                             //生成本地RSA主机密钥对
The key name will be: Host
% RSA keys defined for Host already exist.
Confirm to replace them? (y/n)[n]:y                       //输入"y"
The range of public key size is (512 ~ 2048).
NOTES: If the key modulus is greater than 512,
       It will take a few minutes.
Input the bits in the modulus[default = 512]:             //按 Enter 键即可
Generating keys...
......++++++++++++
....++++++++++++
..........+++++++
.................................+++++++
```

（2）配置 SSH 用户登录界面。

设置用户认证方式为 AAA 授权认证方式，用户名为 admin，密码为 huawei。

```
[R1]user-interface vty 0 4
[R1-ui-vty0-4]authentication-mode aaa
[R1-ui-vty0-4]protocol inbound ssh          //指定VTY类型用户界面只支持SSH协议
[R1-ui-vty0-4]idle-timeout 15               //断连时间为15分钟
[R1-ui-vty0-4]quit
[R1]aaa
[R1-aaa]local-user admin password cipher huawei privilege level 3
                                            //创建本地用户
[R1-aaa]local-user admin service-type ssh
                                            //配置本地用户的接入类型为SSH
[R1-aaa]quit
[R1]ssh user admin authentication-type password
                                            //新建SSH用户，认证方式为Password
[R1]quit
<R1>save
  The current configuration will be written to the device.
  Are you sure to continue? (y/n)[n]:y    //输入"y"
  It will take several minutes to save configuration file, please wait.......
  Configuration file had been saved successfully
  Note: The configuration file will take effect after being activated
```

❻ 在 PC2 上开启 SSH 用户端首次认证功能。

```
<PC2>system-view
```

```
[PC2]ssh client first-time enable        //开启SSH客户端首次认证功能
[PC2]quit
```

❼ 在 PC2 上使用 stelnet 192.168.1.254 命令进行 AAA 方式登录测试。

```
[PC2]stelnet 192.168.1.254
Please input the username:admin          //输入用户名"admin"
Trying 192.168.1.254 ...
Press Ctrl+K to abort
Connected to 192.168.1.254 ...
The server is not authenticated. Continue to access it? (y/n)[n]:y
//输入"y"
  Mar  4 2021 16:30:43-08:00 R2 %%01SSH/4/CONTINUE_KEYEXCHANGE(l)[0]:The
server had not been authenticated in the process of exchanging keys. When
deciding whether to continue, the user chose Y.
[PC2]
Save the server's public key? (y/n)[n]:y//输入"y",保存服务器端公钥
The server's public key will be saved with the name 192.168.1.254. Please
wait...
  Mar  4 2021 16:30:51-08:00 R2 %%01SSH/4/SAVE_PUBLICKEY(l)[1]:When deciding
whether to save the server's public key 192.168.1.254, the user chose Y.
[PC2]
Enter password:                          //输入密码"huawei"
<R1>system-view
```

❽ 查看 SSH 服务器端的当前会话连接信息。

```
[R1]display ssh server session
--------------------------------------------------------------------
Conn    Ver   Encry    State   Auth-type      Username
--------------------------------------------------------------------
VTY 0   2.0   AES      run     password       admin
--------------------------------------------------------------------
```

2. 配置通过 FTP 服务器备份配置文件

❶ FTP 服务器的配置。

（1）配置 FTP 服务器的 IP 地址，如图 8.1.2 所示。

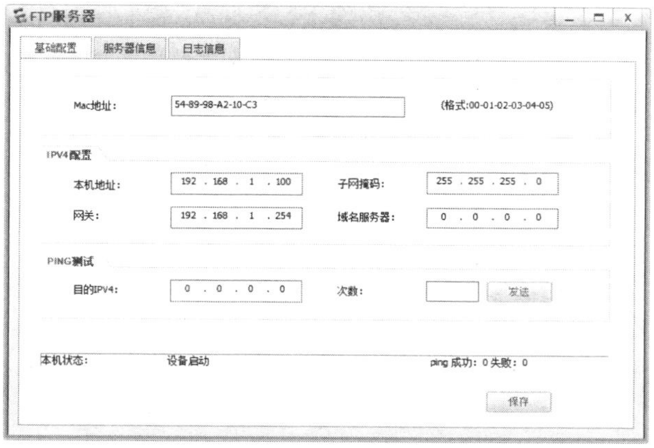

图 8.1.2　配置 FTP 服务器的 IP 地址

（2）配置 FTP 服务器上的 FtpServer，设置好文件根目录（需要先在计算机上创建好文件夹），再单击"启动"按钮，如图 8.1.3 所示。

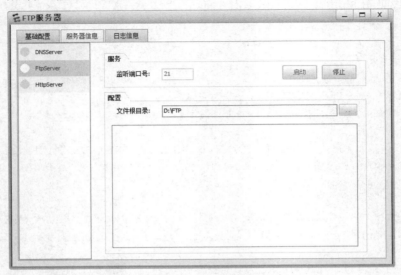

图 8.1.3 配置 FTP 服务器上的 FtpServer

至此，所有的网络设备和计算机、服务器之间已经实现全网互通。

❷ 在 R1 上实现配置文件的备份。

（1）将 R1 上的配置文件备份到 FTP 服务器。

```
<R1>save r1-backup.cfg                    //将当前配置保存到 r1-backup.cfg 文件中
//输入 "y"
Are you sure to save the configuration to r1-backup.cfg? (y/n)[n]:y
  It will take several minutes to save configuration file, please wait........
  Configuration file had been saved successfully
  Note: The configuration file will take effect after being activated
<R1>dir                                   //查看 r1-backup.cfg 文件
Directory of flash:/

  Idx  Attr    Size(Byte)   Date         Time(LMT)   FileName
    0  drw-         -       Mar 10 2021  02:05:24    dhcp
    1  -rw-     121,802     May 26 2014  09:20:58    portalpage.zip
    2  -rw-       2,263     Mar 10 2021  02:05:16    statemach.efs
    3  -rw-     828,482     May 26 2014  09:20:58    sslvpn.zip
    4  -rw-         249     Mar 10 2021  02:13:22    private-data.txt
    5  -rw-       1,165     Mar 10 2021  02:13:22    r1-backup.cfg
    6  -rw-         656     Mar 10 2021  02:05:09    vrpcfg.zip
1,090,732 KB total (784,444 KB free)
```

（2）在 R1 上连接 FTP 服务器。

```
<R1>ftp 192.168.1.100                     //连接 FTP 服务器
Trying 192.168.1.100 ...
```

```
Press Ctrl+K to abort
Connected to 192.168.1.100.
220 FtpServerTry FtpD for free
User(192.168.1.100:(none)):        //直接按 Enter 键，匿名登录
331 Password required for  .
Enter password:                    //直接按 Enter 键
230 User  logged in , proceed
```

（3）在 R1 上将配置文件上传至 FTP 服务器上。

```
[R1-ftp]put r1-backup.cfg         //将 r1-backup.cfg 文件上传到 FTP 服务器上
200 Port command okay.
150 Opening BINARY data connection for r1-backup.cfg
 100%
226 Transfer finished successfully. Data connection closed.
FTP: 1165 byte(s) sent in 0.220 second(s) 5.29Kbyte(s)/sec.
[R1-ftp]quit
221 Goodbye.
```

（4）打开 FTP 服务器可以看到，r1-backup.cfg 文件上传成功，结果如图 8.1.4 所示。

图 8.1.4　r1-backup.cfg 文件已上传到 FTP 服务器

❸ 在 R1 上实现配置文件的还原。

（1）将 FTP 服务器上 R1 的配置文件还原到 R1。

```
<R1>delete r1-backup.cfg         //删除路由器本地的 r1-backup.cfg 文件
Delete flash:/r1-backup.cfg? (y/n)[n]:y
Info: Deleting file flash:/r1-backup.cfg...succeed.
<R1>dir                          //确认路由器本地的 r1-backup.cfg 文件已删除
Directory of flash:/

 Idx  Attr     Size(Byte)   Date        Time(LMT)    FileName
   0  drw-           -   Mar 10 2021 02:05:24    dhcp
   1  -rw-      121,802   May 26 2014 09:20:58    portalpage.zip
```

```
    2  -rw-           2,263  Mar 10 2021 02:05:16    statemach.efs
    3  -rw-         828,482  May 26 2014 09:20:58    sslvpn.zip
    4  -rw-             249  Mar 10 2021 02:13:22    private-data.txt
    5  -rw-             656  Mar 10 2021 02:05:09    vrpcfg.zip
<R1>ftp 192.168.1.100
Trying 192.168.1.100 ...
Press Ctrl+K to abort
Connected to 192.168.1.100.
220 FtpServerTry FtpD for free
User(192.168.1.100:(none)):              //直接按 Enter 键，匿名登录
331 Password required for .
Enter password:                          //直接按 Enter 键
230 User  logged in , proceed
```

（2）从 FTP 服务器上下载 R1 的配置文件。

```
[R1-ftp]get r1-backup.cfg
200 Port command okay.
150 Sending r1-backup.cfg (1165 bytes). Mode STREAM Type BINARY
226 Transfer finished successfully. Data connection closed.
FTP: 1165 byte(s) received in 0.190 second(s) 6.13Kbyte(s)/sec.
[R1-ftp]quit
221 Goodbye.
```

（3）设置 R1 引导启动 r1-backup.cfg 配置文件，并新增配置和保存。

```
<R1>startup saved-configuration r1-backup.cfg    //设置引导启动
<R1>sys
Enter system view, return user view with Ctrl+Z.
[R1]int LoopBack 1
//新增配置
[R1-LoopBack1]ip add 10.10.10.1 24
[R1-LoopBack1]return
<R1>save           //将新增内容保存到 saved-configuration 文件中
```

（4）重启 R1。

```
<R1>reboot
Info: The system is comparing the configuration, please wait.
Warning: All the configuration will be saved to the next startup
configuration.
Continue ? [y/n]:n                       //输入"n"，不保存
System will reboot! Continue ? [y/n]:y   //输入"y"，确认重启
Info: system is rebooting ,please wait...
```

需要注意的是，因模拟器的原因，重启 R1 后，需要先手动"停止设备"，再"开启设备"，才能正常使用。

（5）查看 R1 重启后的配置信息。

```
<R1>dis current-configuration
[V200R003C00]
.
.         //省略部分内容
```

```
.
#
interface NULL0
//int LoopBack 1 的配置没有了，因为 r1-backup.cfg 文件中没有这部分配置信息
#
 stelnet server enable
```

任务验收

❶ 使用 PC2 测试 R1 的 SSH 登录功能。

❷ 使用 display rsa local-key-pair public 命令，查看本地密钥对中公钥部分的信息。

❸ 在 FTP 服务器上查看备份文件，正确的结果如图 8.1.4 所示。

❹ 查看并确认还原备份文件后的 R1 没有新增内容。

任务小结

本任务包含路由器的远程登录安全配置和配置文件备份、还原等内容，学习本任务有助于提高读者的网络设备综合管理能力。

任务 2　企业网络综合实训

任务描述

艺腾公司的中心机房、办公区一和办公区二位于同一园区。根据要求，各大楼之间需要互通，并且均能访问 Internet；同时公司业务需要对外拓展，需要在 Internet 数据中心机房部署一台对外提供 DNS 和 Web 站点服务的服务器。请根据网络拓扑结构完成具体的任务要求。

任务分析

艺腾公司有中心机房、办公区一和办公区二，现要求实现均能访问 Internet，并且可以访问中心机房的服务器，这就需要配置相关的路由协议。在每台路由器上都添加 2SA 模块，用于模拟公网连接，最后实现全网互通。

企业网络综合实训的网络拓扑结构如图 8.2.1 所示，设备说明如表 8.2.1 所示，VLANIF 地址规划表如表 8.2.2 所示。

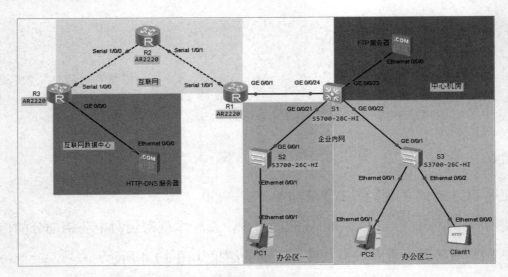

图 8.2.1　企业网络综合实训的网络拓扑结构

表 8.2.1　设备说明

设备名称	接口	IP 地址/子网掩码	网关	所属 VLAN	对端设备：接口
PC1	Ethernet 0/0/1	DHCP 获取	DHCP 获取	VLAN 20	S2：Ethernet 0/0/1
PC2	Ethernet 0/0/1	DHCP 获取	DHCP 获取	VLAN 30	S3：Ethernet 0/0/1
Clinet1	Ethernet 0/0/0	192.168.30.100	192.168.30.254	VLAN 30	S3：Ethernet 0/0/2
S2	Ethernet 0/0/1	—	—	VLAN 20	PC1：Ethernet 0/0/1
	GE 0/0/1	—	—	Trunk	S1：GE 0/0/21
S3	Ethernet 0/0/1	—	—	VLAN 30	PC2：Ethernet 0/0/1
	Ethernet 0/0/2	—	—	VLAN 30	Client1：Ethernet 0/0/0
	GE 0/0/1	—	—	Trunk	S1：GE 0/0/22
S1	GE 0/0/21	—	—	Trunk	S2：GE 0/0/1
	GE 0/0/22	—	—	Trunk	S3：GE 0/0/1
	GE 0/0/23	—	—	VLAN 40	FTP：Ethernet 0/0/0
	GE 0/0/24	—	—	VLAN 200	R1：GE 0/0/1
FTP（Server）	Ethernet 0/0/0	192.168.40.1/24	192.168.40.254	VLAN 40	S1：GE 0/0/23
R1（R2220）	GE 0/0/1	192.168.200.1/24	—	—	S1：GE 0/0/24
	Serial 1/0/1	200.200.200.1/24	—	—	R2：Serial 1/0/1
R2（R2220）	Serial 1/0/0	200.200.210.1/30	—	—	R3：Serial 1/0/0
	Serial 1/0/1	200.200.200.254/24	—	—	R1：Serial 1/0/1
R3（R2220）	Serial 1/0/0	200.200.210.2/30	—	—	R2：Serial 1/0/0
	GE 0/0/0	200.200.220.254/24	—	—	HTTP-DNS：Ethernet 0/0/0
HTTP-DNS（Server）	Ethernet 0/0/0	200.200.220.1/24	172.16.100.254	—	R3：GE 0/0/0

表 8.2.2 VLANIF 地址规划表

序号	VLAN ID	VLANIF 地址	包含设备	备注
1	20	192.168.20.254/24	PC1	计算机接入网段
2	30	192.168.30.254/24	PC2	计算机接入网段
3	40	192.168.40.254/24	FTP	服务器网段
4	200	192.168.200.254/24	R1	与 R1 通信

具体要求如下。

（1）根据网络拓扑结构添加相应的设备，并使用正确的线缆连接所有设备，标明所连接的接口名称，得到如图 8.2.1 所示的网络环境。

（2）按表 8.2.1 设置 Client1、FTP 服务器、HTTP-DNS 服务器的 IP 地址和子网掩码。

（3）开启所有的路由器、服务器和计算机。

（4）在 SW3 上为 VLAN 10、VLAN 20、VLAN 40 和 VLAN 200 配置 SVI 接口，实现公司总部网络互联互通。

（5）在 R1 上配置静态默认路由，使用对端设备接口的 IP 地址作为下一跳 IP 地址，并完成配置，实现内网用户上网。

（6）在 R1 上配置 DHCP 服务，并配置 S1，允许 PC1 和 PC2 动态获取 IP 地址。

（7）在 Internet 区域启用动态路由 OSPF 协议。

（8）在 HTTP-DNS 服务器上配置 HTTP 服务。

（9）在 HTTP-DNS 服务器上配置 DNS 服务，对外提供的服务地址为 200.200.220.1，并添加一条 A 记录，将域名"www.test.com"和 IP 地址"200.200.220.1"进行映射。

任务实施

1. 交换机的基础配置

❶ S1 的基本配置如下。

```
<Huawei>sys
[Huawei]sysname S1
[S1]vlan batch 20 30 40 200
[S1]int g0/0/23
[S1-GigabitEthernet0/0/23]port link-type access
[S1-GigabitEthernet0/0/23]port default vlan 40
[S1-GigabitEthernet0/0/23]quit
[S1]int g0/0/24
[S1-GigabitEthernet0/0/24]port link-type access
[S1-GigabitEthernet0/0/24]port default vlan 200
[S1-GigabitEthernet0/0/24]quit
[S1]int g0/0/21
```

```
[S1-GigabitEthernet0/0/21]port link-type trunk
[S1-GigabitEthernet0/0/21]port trunk allow-pass vlan all
[S1-GigabitEthernet0/0/21]quit
[S1]int g0/0/22
[S1-GigabitEthernet0/0/22]port link-type trunk
[S1-GigabitEthernet0/0/22]port trunk allow-pass vlan all
[S1-GigabitEthernet0/0/22]quit
[S1]int vlan 20
[S1-Vlanif20]ip add 192.168.20.254 24
[S1-Vlanif20]quit
[S1]int vlan 30
[S1-Vlanif30]ip add 192.168.30.254 24
[S1-Vlanif30]quit
[S1]int vlan 40
[S1-Vlanif40]ip add 192.168.40.254 24
[S1-Vlanif40]quit
[S1]int vlan 200
[S1-Vlanif200]ip add 192.168.200.254 24
[S1-Vlanif200]quit
```

❷ S2 的基本配置如下。

```
<Huawei>sys
[Huawei]sysname S2
[S2]vlan 20
[S2-vlan20]int e0/0/1
[S2-Ethernet0/0/1]port link-type access
[S2-Ethernet0/0/1]port default vlan 20
[S2-Ethernet0/0/1]quit
[S2]int g0/0/1
[S2-GigabitEthernet0/0/1]port link-type trunk
[S2-GigabitEthernet0/0/1]port trunk allow-pass vlan all
[S2-GigabitEthernet0/0/1]return
<S2>save
```

❸ S3 的基本配置如下。

```
<Huawei>sys
[Huawei]sysname S3
[S3]vlan 30
[S3-vlan30]int e0/0/1
[S3-Ethernet0/0/1]port link-type access
[S3-Ethernet0/0/1]port default vlan 30
[S3-Ethernet0/0/1]quit
[S3]int e0/0/2
[S3-Ethernet0/0/2]port link-type access
[S3-Ethernet0/0/2]port default vlan 30
[S3-Ethernet0/0/2]quit
[S3]int g0/0/1
[S3-GigabitEthernet0/0/1]port link-type trunk
[S3-GigabitEthernet0/0/1]port trunk allow-pass vlan all
[S3-GigabitEthernet0/0/1]return
<S3>save
```

2. 路由器的基本配置

❶ R1 的基本配置如下。

```
<Huawei>sys
[Huawei]sysname R1
[R1]int g0/0/1
[R1-GigabitEthernet0/0/1]ip add 192.168.200.1 24
[R1-GigabitEthernet0/0/1]quit
[R1]int s1/0/1
[R1-Serial1/0/1]ip add 200.200.200.1 24
[R1-Serial1/0/1]quit
```

❷ R2 的基本配置如下。

```
<Huawei>sys
[Huawei]sysname R2
[R2]int s1/0/1
[R2-Serial1/0/1]ip add 200.200.200.254 24
[R2-Serial1/0/1]quit
[R2-Serial1/0/0]int s1/0/0
[R2-Serial1/0/0]ip add 200.200.210.1 30
[R2-Serial1/0/0]quit
```

❸ R3 的基本配置如下。

```
<Huawei>sys
[Huawei]sysname R3
[R3]int s1/0/0
[R3-Serial1/0/0]ip add 200.200.210.2 30
[R3-Serial1/0/0]quit
[R3]int g0/0/0
[R3-GigabitEthernet0/0/0]ip add 200.200.220.254 24
[R3-GigabitEthernet0/0/0]quit
```

3. 路由协议的配置

❶ S1 静态路由协议的配置如下。

```
[S1]ip route-static 0.0.0.0 0 192.168.200.1
```

❷ R1 静态路由协议的配置如下。

```
[R1]ip route-static 0.0.0.0 0 200.200.200.254
[R1]ip route-static 192.168.0.0 16 192.168.200.254
```

❸ R2 动态路由 OSPF 协议的配置如下。

```
[R2]ospf 1
[R2-ospf-1]area 0
[R2-ospf-1-area-0.0.0.0]network 200.200.200.0 0.0.0.255
[R2-ospf-1-area-0.0.0.0]network 200.200.210.0 0.0.0.255
[R2-ospf-1-area-0.0.0.0]quit
[R2-ospf-1]quit
[R2]quit
<R2>save
```

❹ R3 动态路由 OSPF 协议的配置如下。

```
[R3]ospf 1
[R3-ospf-1]area 0
[R3-ospf-1-area-0.0.0.0]network 200.200.210.0 0.0.0.255
[R3-ospf-1-area-0.0.0.0]network 200.200.220.0 0.0.0.255
[R3-ospf-1-area-0.0.0.0]quit
[R3-ospf-1]quit
[R3]quit
<R3>save
```

4. 内网 DCHP 服务的配置

❶ 在 R1 上配置 DHCP 服务。

```
[R1]dhcp enable
[R1]ip pool vlan20
Info: It's successful to create an IP address pool.
[R1-ip-pool-vlan20]network 192.168.20.0
[R1-ip-pool-vlan20]gateway-list 192.168.20.254
[R1-ip-pool-vlan20]dns-list 200.200.220.1
[R1-ip-pool-vlan20]quit
[R1]ip pool vlan30
[R1-ip-pool-vlan30]network 192.168.30.0
[R1-ip-pool-vlan30]gateway-list 192.168.30.254
[R1-ip-pool-vlan30]dns-list 200.200.220.1
[R1-ip-pool-vlan30]excluded-ip-address 192.168.30.100
[R1-ip-pool-vlan30]quit
[R1]int g0/0/1
[R1-GigabitEthernet0/0/1]dhcp select global
[R1-GigabitEthernet0/0/1]quit
```

❷ 在 S1 上配置 DHCP 中继。

```
[S1]dhcp enable
[S1]int vlan 20
[S1-Vlanif20]dhcp select relay
[S1-Vlanif20]dhcp relay server-ip 192.168.200.1
[S1-Vlanif20]quit
[S1]int vlan 30
[S1-Vlanif30]dhcp select relay
[S1-Vlanif30]dhcp relay server-ip 192.168.200.1
[S1-Vlanif30]quit
[S1]quit
<S1>save
```

❸ 检查 DHCP 服务是否正常，配置 PC1 和 PC2 获取 IP 地址的方式为 DHCP，获取结果如图 8.2.2 和图 8.2.3 所示。

5. 在路由器 R1 上配置 NAPT

```
[R1]nat address-group 1 200.200.200.11 200.200.200.19    //配置NAPT地址池
[R1]acl 2000
[R1-acl-basic-2000]rule 5 permit source 192.168.0.0 0.0.255.255
```

```
[R1-acl-basic-2000]quit
[R1]int s1/0/1
[R1-Serial1/0/1]nat outbound 2000 address-group 1
[R1-Serial1/0/1]quit
[R1]quit
<R1>save
```

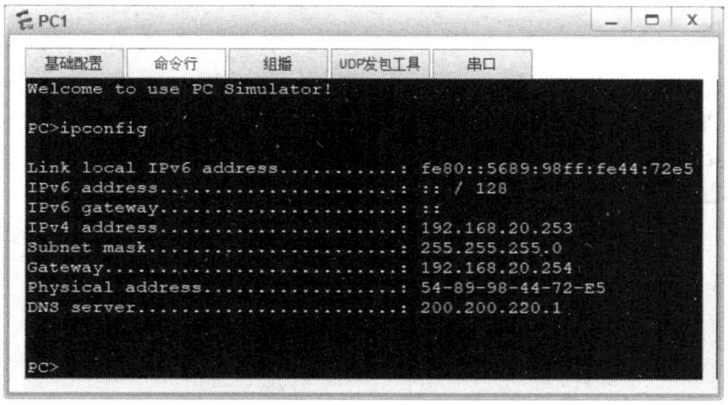

图 8.2.2　PC1 获取的 IP 地址

图 8.2.3　PC2 获取的 IP 地址

6．配置 HTTP-DNS 服务器上的 DNS 服务和 HTTP 服务

❶ 完成 HTTP-DNS 服务器的 IP 地址的配置。HTTP-DNS 服务器的 IP 地址的配置如图 8.2.4 所示。

图 8.2.4　HTTP-DNS 服务器的 IP 地址的配置

❷ 在 HTTP-DNS 服务器上配置 DNS 服务。

在服务器 HTTP-DNS 上,先切换到"服务器信息"选项卡,选中"DNSServer"单选按钮,在"主机域名"文本框中输入"www.test.com",在"IP 地址"文本框中输入"200.200.220.1",然后单击"增加"按钮,最后单击"启动"按钮,如图 8.2.5 所示。

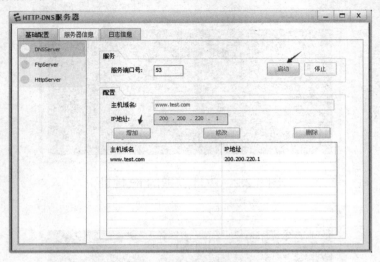

图 8.2.5　配置 DNS 服务

❸ 在服务器 HTTP-DNS 上配置 HTTP 服务。

在服务器 HTTP-DNS 上,先切换到"服务器信息"选项卡,选中"HttpServer"单选按钮,然后在"文件根目录"文本框中选择预先准备的 WEB 站点(可参考任务 3 中 WEB 站点的设置内容),最后单击"启动"按钮,如图 8.2.6 所示。

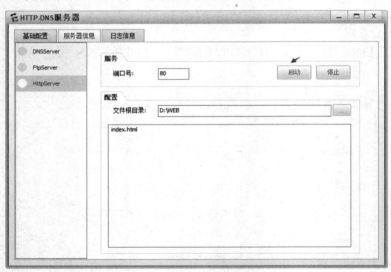

图 8.2.6　配置 HTTP 服务

完成上述配置之后,HTTP-DNS 服务器就可以对外提供 HTTP 服务和 DNS 服务了。

7. 验证 HTTP-DNS 服务器上的 DNS 服务和 HTTP 服务。

❶ 完成 Client1 的 IP 地址的设置。Client1 的 IP 地址的设置如图 8.2.7 所示。

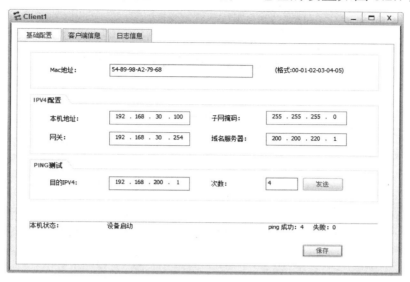

图 8.2.7　Client1 的 IP 地址的设置

❷ 验证 HTTP-DNS 服务器上的 HTTP 服务。

先选中 Client1 中的"HttpClient"单选按钮，然后访问"http://200.200.220.21/ index.html"，浏览网页，如图 8.2.8 所示。

图 8.2.8　验证 HTTP-DNS 服务器上的 HTTP 服务

❸ 验证 HTTP-DNS 服务器上的 DNS 服务。

先选中 Client1 中的"HttpClient"单选按钮，然后访问"http://www.test.com/ index.html"，浏览网页，如图 8.2.9 所示。

图 8.2.9　验证 HTTP-DNS 服务器上的 DNS 服务

任务验收

可以按以下步骤对该园区网进行验证。

❶ 查看 PC1 和 PC2 是否获得了正确的 IP 地址。

❷ 使用 ping 命令测试 PC1 到 FTP 服务器的连通性。

❸ 使用 ping 命令测试 PC1 到 HTTP-DNS 服务器的连通性。

❹ 选中 Client1 中的"HttpClient"单选按钮，访问"http://200.200.220.21/index.html"，确认是否可以浏览网页。

❺ 选中 Client1 中的"HttpClient"单选按钮，访问"http://www.test.com/index.html"，确认是否可以浏览网页。

任务小结

本任务为企业网络综合实训，综合考查了 VLAN、VLANIF 和路由器 DHCP 服务等的配置、NAT、静态路由和 OSPF 协议等知识，有利于提高读者的综合水平。

任务 3　园区网络综合实训

任务描述

艺腾公司是位于工业园区内的新技术企业，原网络为单核心网络，具有"单点故障的风险"。为保障公司网络的稳定性、可用性，现对公司的原网络进行升级改造，改造后的网络要求为"双核心"的稳定结构；因公司移动办公的用户越来越多，现公司需要在网络中部署 WLAN 以满足员工的移动办公需求。你作为公司的网络工程师，要求据拓扑图对网络设备进行调试。

任务分析

单核心的网络已经无法满足公司的需求，因此采用"双核心"的冗余网络，可以保证公司网络的稳定性。利用 MSTP（多生成树协议）和 VRRP（虚拟路由冗余协议）提高可靠性，实现冗余备份的同时，可实现负载均衡，MSTP 协议中创建多个生成树实例，实现 VLAN 间负载均衡，不同 VLAN 的流量按照不同的路径转发。在 VRRP 协议中创建多个备份组，各备份组指定不同的 Master 与 Backup，实现虚拟路由的负载均衡。

移动终端已经成为人们工作的必备工具，无线网络是移动终端最重要的网络接入路径，考虑到消费级的无线路由器的性能、扩展性、可管理性都无法满足要求，公司准备采用 AC+AP 的方案。

园区网络综合实训的网络拓扑结构如图 8.3.1 所示，设备说明如表 8.3.1 所示，VRRP 地址规划表如表 8.3.2 所示。

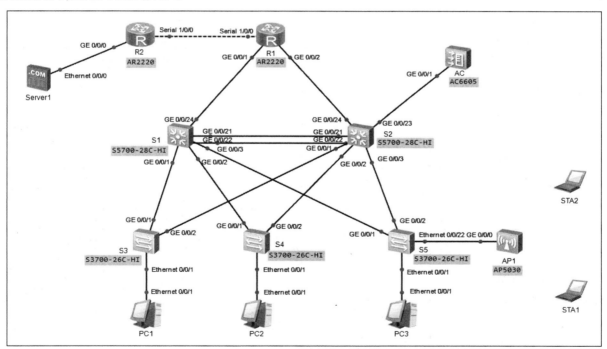

图 8.3.1　园区网络综合实训的网络拓扑结构

表 8.3.1 设备说明表

设备名称	接口	IP 地址/子网掩码	默认网关	接口属性	对端设备：接口
PC1	Ethernet0/0/1	自动获取	—	—	S3:Ethernet0/0/1
PC2	Ethernet0/0/1	自动获取	—	—	S4:Ethernet0/0/1
PC3	Ethernet0/0/1	自动获取	—	—	S5:Ethernet0/0/1
STA1	—	自动获取	—	—	—
STA2	—	自动获取	—	—	—
S3 (S3700)	Ethernet0/0/1	—	—	Access	PC1: Ethernet0/0/1
	GE0/0/1	—	—	Trunk	S1:GE0/0/1
	GE0/0/2	—	—	Trunk	S2:GE0/0/1
	VLAN 61	—	—	Access	—
	VLAN 62	—	—	Access	—
	VLAN 63	—	—	Access	—
	VLAN 64	—	—	Access	—
S4 (S3700)	Ethernet0/0/1	—	—	Access	PC2: Ethernet0/0/1
	GE0/0/1	—	—	Trunk	S1:GE0/0/2
	GE0/0/2	—	—	Trunk	S2:GE0/0/2
	VLAN 61	—	—	Access	—
	VLAN 62	—	—	Access	—
	VLAN 63	—	—	Access	—
	VLAN 64	—	—	Access	—
S5 (S3700)	GE0/0/1	—	—	trunk	S1:GE0/0/3
	GE0/0/2	—	—	trunk	S2:GE0/0/2
	Ethernet0/0/1	—	—	Access	PC3: Ethernet0/0/1
	Ethernet0/0/22	—	—	trunk	AP1:GE0/0/0
	VLAN 61	—	—	Access	—
	VLAN 62	—	—	Access	—
	VLAN 63	—	—	Access	—
	VLAN 64	—	—	Access	—
	VLAN 102	—	—	Access	—
S1 (S5700)	GE0/0/1	—	—	Trunk	S3:GE0/0/1
	GE0/0/2	—	—	Trunk	S4:GE0/0/1
	GE0/0/3	—	—	Trunk	S5:GE0/0/1
	GE0/0/21	—	—	Eth-Trunk	S2:GE0/0/21
	GE0/0/22	—	—	Eth-Trunk	S2:GE0/0/22
	GE0/0/24	—	—	Access	R1:GE0/0/0
	VLAN 61	10.10.61.252/24	—	—	—
	VLAN 62	10.10.62.252/24	—	—	—
	VLAN 63	10.10.63.252/24	—	—	—
	VLAN 64	10.10.64.252/24	—	—	—
	VLAN102	10.10.102.253/24	—	—	—
	VLAN111	10.10.111.2/30	—	—	—

续表

设备名称	接口	IP 地址/子网掩码	默认网关	接口属性	对端设备：接口
S2 (S5700)	GE0/0/1	—	—	Trunk	S3:GE0/0/2
	GE0/0/2	—	—	Trunk	S4:GE0/0/2
	GE0/0/3	—	—	Trunk	S5:GE0/0/2
	GE0/0/21	—	—	Eth-trunk 1	S1:GE0/0/21
	GE0/0/22	—	—		S1:GE0/0/22
	GE0/0/23	—	—	Trunk	AC:GE0/0/1
	GE0/0/24	—	—	Access	R1:GE0/0/1
	VLAN 1	10.10.101.254/24	—	—	—
	VLAN 61	10.10.61.253/24	—	—	—
	VLAN 62	10.10.62.253/24	—	—	—
	VLAN 63	10.10.63.253/24	—	—	—
	VLAN 64	10.10.64.253/24	—	—	—
	VLAN 102	10.10.102.254/24	—	—	—
	VLAN112	10.10.112.2/30	—	—	—
R1 (R2220)	GE0/0/0	10.10.111.1/30	—	—	S1:GE0/0/24
	GE0/0/1	10.10.112.1/30	—	—	S2:GE0/0/24
	S1/0/0	11.11.11.1/24	—	—	R2:S1/0/0
R2 (R2220)	S1/0/0	11.11.11.2/24	—	—	R1:S1/0/0
	GE0/0/0	20.20.20.2/30	—	—	Server1:E0/0/0
AC (AC6605)	GE0/0/1	—	—	Trunk	S2:GE0/0/23
	VLAN1	10.10.101.253/24	10.10.101.254	—	—
AP (AP5030)	GE0/0/0	DHCP 获取	DHCP 获取	—	S5:Ethernet0/0/22
Server1	Ethernet0/0/0	20.20.20.1/24	20.20.20.254	—	R2:GE0/0/0

表 8.3.2　VRRP 地址规划表

VLAN ID	VRRP 地址	包含设备	备注
61	10.10.61.254/24	PC1	计算机接入网段
62	10.10.62.254/24	PC2	计算机接入网段
63	10.10.63.254/24	PC3	计算机接入网段
64	10.10.64.254/24	STA1，STA2	无线用户

具体要求如下。

（1）根据网络拓扑结构添加相应的设备，路由器之间使用 Serial 串口线，其他连线全部使用直通线连接所有设备，标明所连接的接口名称，得到如图 8.3.1 所示的网络环境。

（2）开启所有的路由器、服务器和计算机。

（3）该企业内网 S1 和 S2 核心交换机互为备份，实现链路聚合，设备冗余设计，核心交换机通过路由器 R1 与互联网连通。

（4）路由器 R1 与路由器 R2 通过 PPP 链路连接，启用 PPP 协议的 CHAP 认证功能，路由器 R2 为认证方，路由器 R1 为被认证方，用户名使用路由器名称，认证加密类型密钥为：123456。

（5）路由器 R1 与路由器 R2 之间不配置路由协议，可通过默认路由配置实现网络通信。

（6）路由器 R1 上配置 NAT 地址转换，使内部计算机能访问互联网服务器 Server1。

（7）所有 VLAN 的网关在核心交换机上实现，S1 和 S2 核心交换机与路由器 R1 通过 OSPF 实现路由互通，认证模式和密钥采用 md5 1 ciper gd。

（8）在 S1 和 S2 核心交换机上分别配置 DHCP 服务，实现高可用的 DHCP 服务器双机热备，使客户端都可以动态获取正确的 IP 地址。

（9）在 S1 和 S2 核心交换机上启用 VRRP 协议，并且配置使 VLAN 61、VLAN 62 数据流默认通过 S1 转发，VLAN 63、VLAN 64 数据流默认通过 S2 转发。

（10）整个网络启用 MSTP 多生成树，设置 S1 作为生成树实例 1 的根，配置 VLAN 61、VLAN 62 参与生成树实例 1，配置 S2 作为生成树实例 2 的根，配置 VLAN 63、VLAN 64 参与生成树实例 2。

（11）S3、S4 和 S5 交换机作为接入层交换机，分别连接 VLAN 61、VLAN 62、VLAN 63 虚拟局域网。

（12）无线 AC 控制器连接到 S2 核心交换机的 GE0/0/23 接口上，无线控制参数自定义。VLAN 64 是无线局域网业务网段，通过 AP 与 S5 的 Ethernet0/0/22 接口连接，使无线客户端可以动态获取正确的 IP 地址，并能访问互联网服务器 Server1。

任务实施

1. 交换机的基础配置

❶ 接入层交换机 S3 的基本配置。

```
<Huawei>system-view
[Huawei]sysname S3
[S3]undo info-center enable
[S3]vlan batch 61 to 64                        //批量创建VLAN61-64
[S3]interface Ethernet 0/0/1
[S3-Ethernet0/0/1]port link-type access
[S3-Ethernet0/0/1]port default vlan 61
[S3-Ethernet0/0/1]quit
[S3]interface GigabitEthernet 0/0/1            //配置GE0/0/1为Trunk接口
[S3-GigabitEthernet0/0/1]port link-type trunk
[S3-GigabitEthernet0/0/1]port trunk allow-pass vlan 61 to 64
                                               //允许VLAN61-64通过
```

```
[S3-GigabitEthernet0/0/1]quit
[S3]interface GigabitEthernet 0/0/2              //配置GE0/0/2为Trunk接口
[S3-GigabitEthernet0/0/2]port link-type trunk
[S3-GigabitEthernet0/0/2]port trunk allow-pass vlan 61 to 64
                                                 //允许VLAN61-64通过
[S3-GigabitEthernet0/0/2]quit
```

❷ 接入层交换机 S4 的基本配置。

```
<Huawei>system-view
[Huawei]sysname S4
[S4]undo info-center enable
[S4]vlan batch 61 to 64                          //批量创建VLAN61-64
[S4]interface Ethernet 0/0/1
[S4-Ethernet0/0/1]port link-type access
[S4-Ethernet0/0/1]port default vlan 62
[S4-Ethernet0/0/1]quit
[S4]interface GigabitEthernet 0/0/1              //配置GE0/0/1为Trunk接口
[S4-GigabitEthernet0/0/1]port link-type trunk
[S4-GigabitEthernet0/0/1]port trunk allow-pass vlan 61 to 64
                                                 //允许VLAN61-64通过
[S4-GigabitEthernet0/0/1]quit
[S4]interface GigabitEthernet 0/0/2              //配置GE0/0/2为Trunk接口
[S4-GigabitEthernet0/0/2]port link-type trunk
[S4-GigabitEthernet0/0/2]port trunk allow-pass vlan 61 to 64
                                                 //允许VLAN61-64通过
[S4-GigabitEthernet0/0/2]quit
```

❸ 接入层交换机 S5 的基本配置。

```
<Huawei>system-view
[Huawei]sysname S5
[S5]undo info-center enable
[S5]vlan batch 61 to 64 102                      //批量创建VLAN61-64,102
[S5]interface Ethernet 0/0/1
[S5-Ethernet0/0/1]port link-type access
[S5-Ethernet0/0/1]port default vlan 63
[S5-Ethernet0/0/1]quit
[S5]interface Ethernet 0/0/22
[S5-Ethernet0/0/22]port link-type trunk
[S5-Ethernet0/0/22]port trunk pvid vlan 102
[S5-Ethernet0/0/22]port trunk allow-pass vlan 64 102//允许VLAN64,102通过
[S5-Ethernet0/0/22]quit
[S5]interface GigabitEthernet 0/0/1              //配置GE0/0/1为Trunk接口
[S5-GigabitEthernet0/0/1]port link-type trunk
[S5-GigabitEthernet0/0/1]port trunk allow-pass vlan 61 to 64 102
                                                 //允许VLAN61-64,102通过
[S5-GigabitEthernet0/0/1]quit
[S5]interface GigabitEthernet 0/0/2              //配置GE0/0/2为Trunk接口
[S5-GigabitEthernet0/0/2]port link-type trunk
[S5-GigabitEthernet0/0/2]port trunk allow-pass vlan 61 to 64 102
                                                 //允许VLAN61-64,102通过
```

```
[S5-GigabitEthernet0/0/2]quit
```

❹ 核心交换机 S1 的基本配置。

```
<Huawei>system-view
[Huawei]undo info-center enable
[Huawei]sysname S1
[S1]vlan batch 61 to 64 102 111            //批量创建VLAN61-64,102和111
[S1]interface GigabitEthernet 0/0/24
[S1-GigabitEthernet0/0/21]port link-type access
[S1-GigabitEthernet0/0/21]port default vlan 111
[S1-GigabitEthernet0/0/21]quit
[S1]interface GigabitEthernet 0/0/1        //配置GE0/0/1为Trunk接口
[S1-GigabitEthernet0/0/1]port link-type trunk
[S1-GigabitEthernet0/0/1]port trunk allow-pass vlan 61 to 64
                                            //允许VLAN61-64通过
[S1-GigabitEthernet0/0/1]quit
[S1]interface GigabitEthernet 0/0/2        //配置GE0/0/2为Trunk接口
[S1-GigabitEthernet0/0/2]port link-type trunk
[S1-GigabitEthernet0/0/2]port trunk allow-pass vlan 61 to 64
                                            //允许VLAN61-64通过
[S1-GigabitEthernet0/0/2]quit
[S1]interface GigabitEthernet 0/0/3        //配置GE0/0/3为Trunk接口
[S1-GigabitEthernet0/0/3]port link-type trunk
[S1-GigabitEthernet0/0/3]port trunk allow-pass vlan 61 to 64 102
                                            //允许VLAN61-64和102通过
[S1-GigabitEthernet0/0/3]quit
[S1]interface Vlanif 61
[S1-Vlanif61]ip address 10.10.61.252 255.255.255.0
[S1-Vlanif61]interface Vlanif 62
[S1-Vlanif62]ip address 10.10.62.252 255.255.255.0
[S1-Vlanif62]interface Vlanif 63
[S1-Vlanif63]ip address 10.10.63.252 255.255.255.0
[S1-Vlanif63]interface Vlanif 64
[S1-Vlanif64]ip address 10.10.64.252 255.255.255.0
[S1-Vlanif64]interface Vlanif 102          //供AP使用
[S1-Vlanif102]ip address 10.10.102.252 255.255.255.0
[S1-Vlanif102]interface Vlanif 111
[S1-Vlanif111]ip address 10.10.111.2 255.255.255.252
[S1-Vlanif111]quit
```

❺ 核心交换机 S2 的基本配置。

```
<Huawei>system-view
[Huawei]undo info-center enable
[Huawei]sysname S2
[S2]vlan batch 61 to 64 102 112
[S2]interface GigabitEthernet 0/0/24
[S2-GigabitEthernet0/0/24]port link-type access
[S2-GigabitEthernet0/0/24]port default vlan 112    //设置上行链路所属vlan
[S2-GigabitEthernet0/0/24]quit
[S2]interface GigabitEthernet 0/0/1                //配置GE0/0/1为Trunk接口
```

```
[S2-GigabitEthernet0/0/1]port link-type trunk
[S2-GigabitEthernet0/0/1]port trunk allow-pass vlan 61 to 64
                                            //允许VLAN61-200通过
[S2-GigabitEthernet0/0/1]quit
[S2]interface GigabitEthernet 0/0/2         //配置GE0/0/2为Trunk接口
[S2-GigabitEthernet0/0/2]port link-type trunk
[S2-GigabitEthernet0/0/2]port trunk allow-pass vlan 61 to 64
                                            //允许VLAN61-200通过
[S2-GigabitEthernet0/0/2]quit
[S2]interface GigabitEthernet 0/0/3         //配置GE0/0/3为Trunk接口
[S2-GigabitEthernet0/0/3]port link-type trunk
[S2-GigabitEthernet0/0/3]port trunk allow-pass vlan 61 to 64 102
                                            //允许VLAN61-64和102通过
[S2-GigabitEthernet0/0/3]quit
[S2]interface Vlanif 1                      //与AC通信
[S2-Vlanif1]ip address 10.10.101.254 255.255.255.0
[S2-Vlanif1]interface Vlanif 61
[S2-Vlanif61]ip address 10.10.61.253 255.255.255.0
[S2-Vlanif61]interface Vlanif 62
[S2-Vlanif62]ip address 10.10.62.253 255.255.255.0
[S2-Vlanif62]interface Vlanif 63
[S2-Vlanif63]ip address 10.10.63.253 255.255.255.0
[S2-Vlanif63]interface Vlanif 64
[S2-Vlanif64]ip address 10.10.64.253 255.255.255.0
[S2-Vlanif64]interface Vlanif 102           //供AP使用
[S2-Vlanif102]ip address 10.10.102.254 255.255.255.0
[S2-Vlanif102]interface Vlanif 112
[S2-Vlanif112]ip address 10.10.112.2 255.255.255.252
[S2-Vlanif112]quit
```

2. 交换机的 Eth-Trunk 配置

❶ 核心交换机 S1 的 Eth-Trunk 配置。

```
[S1]interface Eth-Trunk 1
[S1-Eth-Trunk1]port link-type trunk
[S1-Eth-Trunk1]port trunk allow-pass vlan 61 to 64 102
[S1-Eth-Trunk1]quit
[S1]interface GigabitEthernet 0/0/21
[S1-GigabitEthernet0/0/21]eth-trunk 1
[S1-GigabitEthernet0/0/21]quit
[S1]interface GigabitEthernet 0/0/22
[S1-GigabitEthernet0/0/22]eth-trunk 1
[S1-GigabitEthernet0/0/22]quit
```

❷ 核心交换机 S2 的 Eth-Trunk 配置。

```
[S2]interface Eth-Trunk 1
[S2-Eth-Trunk1]port link-type trunk
[S2-Eth-Trunk1]port trunk allow-pass vlan 61 to 64 102
[S2-Eth-Trunk1]quit
[S2]interface GigabitEthernet 0/0/21
```

```
[S2-GigabitEthernet0/0/21]eth-trunk 1          //将此端口加入链路组1
[S2-GigabitEthernet0/0/21]quit
[S2]interface GigabitEthernet 0/0/22
[S2-GigabitEthernet0/0/22]eth-trunk 1          //将此端口加入链路组1
[S2-GigabitEthernet0/0/22]quit
```

3. 交换机的 MSTP 配置

❶ 核心交换机 S1 的 MSTP 配置。

```
[S1]stp instance 1 priority 4096
[S1]stp instance 2 priority 0
[S1]stp region-configuration
[S1-mst-region]region-name test
[S1-mst-region]revision-level 1
[S1-mst-region]instance 1 vlan 61 to 62
[S1-mst-region]instance 2 vlan 63 to 64 102
[S1-mst-region]active region-configuration
[S1-mst-region]quit
```

❷ 核心交换机 S2 的 MSTP 配置。

```
[S2]stp instance 1 priority 0
[S2]stp instance 2 priority 4096
[S2]stp region-configuration
[S2-mst-region]region-name test
[S2-mst-region]revision-level 1
[S2-mst-region]instance 1 vlan 61 to 62
[S2-mst-region]instance 2 vlan 63 to 64 102
[S2-mst-region]active region-configuration
[S2-mst-region]quit
```

❸ 接入交换机 S3 的 MSTP 配置。

```
[S3]stp region-configuration
[S3-mst-region]region-name test
[S3-mst-region]revision-level 1
[S3-mst-region]instance 1 vlan 61 to 62
[S3-mst-region]instance 2 vlan 63 to 64
[S3-mst-region]active region-configuration
[S3-mst-region]return
<S3>save
```

❹ 接入交换机 S4 的 MSTP 配置。

```
[S4]stp region-configuration
[S4-mst-region]region-name test
[S4-mst-region]revision-level 1
[S4-mst-region]instance 1 vlan 61 to 62
[S4-mst-region]instance 2 vlan 63 to 64
[S4-mst-region]active region-configuration
[S4-mst-region]return
<S4>save
```

❺ 接入交换机 S5 的 MSTP 配置。

```
[S5]stp region-configuration
[S5-mst-region]region-name test
[S5-mst-region]revision-level 1
[S5-mst-region]instance 1 vlan 61 to 62        //配置实例1对应vlan 61 62
[S5-mst-region]instance 2 vlan 63 to 64 102    //配置实例2对应vlan 63 64 102
[S5-mst-region]active region-configuration
[S5-mst-region]return
<S5>save
```

4. 在交换机上配置 DHCP 给有线客户端使用

❶ 在核心交换机 S1 上的配置。

```
[S1]dhcp enable
[S1]ip pool vlan61
[S1-ip-pool-vlan61]network 10.10.61.0 mask 255.255.255.0
[S1-ip-pool-vlan61]excluded-ip-address 10.10.61.252 10.10.61.253
[S1-ip-pool-vlan61]gateway-list 10.10.61.254
[S1-ip-pool-vlan61]dns-list 114.114.114.114
[S1-ip-pool-vlan61]quit
[S1]ip pool vlan62
[S1-ip-pool-vlan62]network 10.10.62.0 mask 255.255.255.0
[S1-ip-pool-vlan62]excluded-ip-address 10.10.62.252 10.10.62.253
[S1-ip-pool-vlan62]gateway-list 10.10.62.254
[S1-ip-pool-vlan62]dns-list 114.114.114.114
[S1-ip-pool-vlan62]quit
[S1]ip pool vlan63
[S1-ip-pool-vlan63]network 10.10.63.0 mask 255.255.255.0
[S1-ip-pool-vlan63]excluded-ip-address 10.10.63.252 10.10.63.253
[S1-ip-pool-vlan63]gateway-list 10.10.63.254
[S1-ip-pool-vlan63]dns-list 114.114.114.114
[S1-ip-pool-vlan63]quit
```

❷ 在核心交换机 S2 上的配置。

```
[S2]dhcp enable
[S2]ip pool vlan61
[S2-ip-pool-vlan61]network 10.10.61.0 mask 255.255.255.0
[S2-ip-pool-vlan61]excluded-ip-address 10.10.61.252 10.10.61.253
[S2-ip-pool-vlan61]gateway-list 10.10.61.254
[S2-ip-pool-vlan61]dns-list 114.114.114.114
[S2-ip-pool-vlan61]quit
[S2]ip pool vlan62
[S2-ip-pool-vlan62]network 10.10.62.0 mask 255.255.255.0
[S2-ip-pool-vlan62]excluded-ip-address 10.10.62.252 10.10.62.253
[S2-ip-pool-vlan62]gateway-list 10.10.62.254
[S2-ip-pool-vlan62]dns-list 114.114.114.114
[S2-ip-pool-vlan62]quit
[S2]ip pool vlan63
[S2-ip-pool-vlan63]network 10.10.63.0 mask 255.255.255.0
[S2-ip-pool-vlan63]excluded-ip-address 10.10.63.252 10.10.63.253
[S2-ip-pool-vlan63]gateway-list 10.10.63.254
```

```
[S2-ip-pool-vlan63]dns-list 114.114.114.114
[S2-ip-pool-vlan63]quit
```

5. 交换机的 VRRP 配置

❶ 核心交换机 S1 的 VRRP 配置。

```
[S1]dhcp enable
[S1]interface Vlanif 61
[S1-Vlanif61]vrrp vrid 61 virtual-ip 10.10.61.254    //设置vlan61的虚拟网关
[S1-Vlanif61]vrrp vrid 61 priority 120         //配置vrrp组61的优先级为120
[S1-Vlanif61]vrrp vrid 61 track interface G0/0/24 reduced 30
            //配置vrrp组61的检查项track接口并设置出现接口故障时优先级减少30
[S1-Vlanif61]dhcp select global                    //配置DHCP全局模式
[S1-Vlanif61]quit
[S1]interface Vlanif 62
[S1-Vlanif62]vrrp vrid 62 virtual-ip 10.10.62.254 //设置vlan62的虚拟网关
[S1-Vlanif62]vrrp vrid 62 priority 120         //配置vrrp组62的优先级为120
[S1-Vlanif62]vrrp vrid 62 track interface G0/0/24 reduced 30
            //配置vrrp组62的检查项track接口并设置出现接口故障时优先级减少30
[S1-Vlanif62]dhcp select global                    //配置DHCP全局模式
[S1-Vlanif62]quit
[S1]interface Vlanif 63
[S1-Vlanif63]vrrp vrid 63 virtual-ip 10.10.63.254
[S1-Vlanif63]quit
[S1]interface Vlanif 64
[S1-Vlanif64]vrrp vrid 64 virtual-ip 10.10.64.254
[S1-Vlanif64]quit
```

❷ 核心交换机 S2 的 VRRP 配置。

```
[S2]interface Vlanif 61
[S2-Vlanif61]vrrp vrid 61 virtual-ip 10.10.61.254
[S2-Vlanif61]dhcp select global
[S2-Vlanif61]quit
[S2]interface Vlanif 62
[S2-Vlanif62]vrrp vrid 62 virtual-ip 10.10.62.254
[S2-Vlanif62]dhcp select global
[S2-Vlanif62]quit
[S2]interface Vlanif 63
[S2-Vlanif63]vrrp vrid 63 virtual-ip 10.10.63.254
[S2-Vlanif63]vrrp vrid 63 priority 120
[S2-Vlanif63]vrrp vrid 63 track interface G0/0/24 reduced 30
[S2-Vlanif63]dhcp select global
[S2-Vlanif63]quit
[S2]interface Vlanif 64
[S2-Vlanif64]vrrp vrid 64 virtual-ip 10.10.64.254
[S2-Vlanif64]vrrp vrid 64 priority 120
[S2-Vlanif64]vrrp vrid 64 track interface G0/0/24 reduced 30
[S2-Vlanif64]dhcp select global
[S2-Vlanif64]quit
```

6. 交换机的路由配置

❶ 核心交换机 S1 的路由配置。

```
[S1]ospf 1
[S1-ospf-1]area 0
[S1-ospf-1-area-0.0.0.0]authentication-mode md5 1 cipher gd
                              //设置 ospf 验证算法为 md5, 密码为 gd
[S1-ospf-1-area-0.0.0.0]network 10.10.111.0 0.0.0.3
[S1-ospf-1-area-0.0.0.0]network 10.10.61.0 0.0.0.255
[S1-ospf-1-area-0.0.0.0]network 10.10.62.0 0.0.0.255
[S1-ospf-1-area-0.0.0.0]network 10.10.63.0 0.0.0.255
[S1-ospf-1-area-0.0.0.0]network 10.10.64.0 0.0.0.255
[S1-ospf-1-area-0.0.0.0]network 10.10.102.0 0.0.0.255
[S1-ospf-1-area-0.0.0.0]quit
[S1-ospf-1]quit
```

❷ 核心交换机 S2 的路由配置。

```
[S2]ospf 1
[S2-ospf-1]area 0
[S2-ospf-1-area-0.0.0.0]authentication-mode md5 1 cipher gd
[S2-ospf-1-area-0.0.0.0]network 10.10.112.0 0.0.0.3
[S2-ospf-1-area-0.0.0.0]network 10.10.61.0 0.0.0.255
[S2-ospf-1-area-0.0.0.0]network 10.10.62.0 0.0.0.255
[S2-ospf-1-area-0.0.0.0]network 10.10.63.0 0.0.0.255
[S2-ospf-1-area-0.0.0.0]network 10.10.64.0 0.0.0.255
[S2-ospf-1-area-0.0.0.0]network 10.10.102.0 0.0.0.255
[S2-ospf-1-area-0.0.0.0]quit
[S2-ospf-1]quit
```

7. 路由器的基本配置

❶ 路由器 R1 的配置。

```
<Huawei>system-view
[Huawei]sysname R1
[R1]undo info-center enable
[R1]interface GigabitEthernet 0/0/0
[R1-GigabitEthernet0/0/0]ip address 10.10.111.1 255.255.255.252
[R1-GigabitEthernet0/0/0]quit
[R1]interface GigabitEthernet 0/0/1
[R1-GigabitEthernet0/0/1]ip address 10.10.112.1 255.255.255.252
[R1-GigabitEthernet0/0/1]quit
[R1]interface Serial 1/0/0
[R1-Serial1/0/0]ip address 11.11.11.1 255.255.255.252
[R1-Serial1/0/0]quit
```

❷ 路由器 R2 的配置。

```
<Huawei>system-view
[Huawei]sysname R2
[R2]undo info-center enable
[R2]interface Serial 1/0/0
[R2-Serial1/0/0]ip address 11.11.11.2 255.255.255.252
```

```
[R2-Serial1/0/0]quit
[R2]interface GigabitEthernet 0/0/0
[R2-GigabitEthernet0/0/0]ip address 20.20.20.254 24
[R2-GigabitEthernet0/0/0]quit
```

8. 路由器的 PPP 配置

❶ 路由器 R1 的 PPP 配置（PPP 被认证方）。

```
[R1]interface Serial 1/0/0
[R1-Serial1/0/0]ppp chap user R1                         //配置认证账号为 R1
[R1-Serial1/0/0]ppp chap password cipher 123456//配置认证账号密码为 123456
[R1-Serial1/0/0]quit
```

❷ 路由器 R2 的 PPP 配置（PPP 认证方）。

```
[R2]interface Serial 1/0/0
[R2-Serial1/0/0]ppp authentication-mode chap    //设置 ppp 的认证模式为 CHAP
[R2-Serial1/0/0]quit
[R2]aaa
[R2-aaa]local-user R1 password cipher 123456  //添加 PPP 认证账号和密码
[R2-aaa]local-user R1 service-type ppp         //账号 R1 的服务类型为 PPP
[R2-aaa]return
<R2>save
```

9. 路由器的路由和 NAT 配置

```
[R1]ip route-static 0.0.0.0 0.0.0.0 Serial 1/0/0    //配置默认路由指向出口
[R1]ospf 1
[R1-ospf-1]area 0
[R1-ospf-1-area-0.0.0.0]authentication-mode md5 1 cipher gd
[R1-ospf-1-area-0.0.0.0]network 10.10.111.0 0.0.0.3 //配置内网互联网段
[R1-ospf-1-area-0.0.0.0]network 10.10.112.0 0.0.0.3 //配置内网互联网段
[R1-ospf-1-area-0.0.0.0]quit
[R1-ospf-1]default-route-advertise always             //宣告缺省路由
[R1-ospf-1]quit
[R1]acl 2000
[R1-acl-basic-2000]rule permit source 10.10.0.0 0.0.255.255
                                                    //配置进行 NAT 转换的 ACL
[R1-acl-basic-2000]quit
[R1]interface Serial 1/0/0
[R1-Serial1/0/0]nat outbound 2000
[R1-Serial1/0/0]return
<R1>save
```

10. 在交换机上配置 DHCP 给无线客户端使用

❶ 在核心交换机 S1 上的配置。

```
[S1]ip pool vlan64
[S1-ip-pool-vlan64]network 10.10.64.0 mask 255.255.255.0
                                                //设置无线终端的地址池网段
[S1-ip-pool-vlan64]excluded-ip-address 10.10.64.252 10.10.64.253
```

```
                                                    //设置无线网段的排除地址
[S1-ip-pool-vlan64]gateway-list 10.10.64.254    //设置无线终端的网关
[S1-ip-pool-vlan64]dns-list 114.114.114.114
[S1-ip-pool-vlan64]quit
[S1]int Vlanif 64
[S1-Vlanif64]dhcp select global
[S1-Vlanif64]quit
[S1]ip pool ap-vlan102
[S1-ip-pool-ap-vlan102]network 10.10.102.0 mask 255.255.255.0
                                                //定义 AP 的地址池网段
[S1-ip-pool-ap-vlan102]excluded-ip-address 10.10.102.1 10.10.102.100
[S1-ip-pool-ap-vlan102]gateway-list 10.10.102.254       //设置 AP 的网关
[S1-ip-pool-ap-vlan102]dns-list 114.114.114.114
[S1-ip-pool-ap-vlan102]option 43 sub-option 3 ascii 10.10.101.253
                                //自定义华为选项 option 43 为 AP 指定 AC 的地址
[S1-ip-pool-ap-vlan102]quit
[S1]interface Vlanif 102
[S1-Vlanif102]dhcp select global
[S1-Vlanif102]quit
```

❷ 在核心交换机 S2 上的配置。

```
[S2]ip pool vlan64
[S2-ip-pool-vlan64]network 10.10.64.0 mask 255.255.255.0
                                            //设置无线终端的地址池网段
[S2-ip-pool-vlan64]excluded-ip-address 10.10.64.252 10.10.64.253
                                            //设置无线网段的排除地址
[S2-ip-pool-vlan64]gateway-list 10.10.64.254    //设置无线终端的网关
[S2-ip-pool-vlan64]dns-list 114.114.114.114
[S2-ip-pool-vlan64]quit
[S2]int Vlanif 64
[S2-Vlanif64]dhcp select global
[S2-Vlanif64]quit
[S2]ip pool ap-vlan102
[S2-ip-pool-ap-vlan102]network 10.10.102.0 mask 255.255.255.0
                                                //定义 AP 的地址池网段
[S2-ip-pool-ap-vlan102]excluded-ip-address 10.10.102.1 10.10.102.100
[S2-ip-pool-ap-vlan102]gateway-list 10.10.102.254       //设置 AP 的网关
[S2-ip-pool-ap-vlan102]dns-list 114.114.114.114
[S2-ip-pool-ap-vlan102]option 43 sub-option 3 ascii 10.10.101.253
                                //自定义华为选项 option 43 为 AP 指定 AC 的地址
[S2-ip-pool-ap-vlan102]quit
[S2]interface Vlanif 102
[S2-Vlanif102]dhcp select global
[S2-Vlanif102]quit
```

11. 查询无线 AP 的 MAC 地址

```
<AP>display system-information
System Information
=================================================
Serial Number              : 210235448310352B9014
```

```
System Time              : 2021-07-30 17:37:20
System Up time           : 1min 14sec
System Name              : Huawei
Country Code             : US
MAC Address              : 00:e0:fc:49:2a:20
……                                              //此处省略部分内容
//这里显示AP的Hardware address（MAC地址）为00:e0:fc:49:2a:20。
```

12. 无线控制器 AC 的配置

❶ 无线控制器 AC 的基本配置。

```
<Huawei>sys
[Huawei]sysname AC
[AC]undo info-center enable
[AC]interface Vlanif 1
[AC-Vlanif1]ip address 10.10.101.253 255.255.255.0
[AC-Vlanif1]quit
[AC]ip route-static 0.0.0.0 0.0.0.0 10.10.101.254   //配置指向S2的默认路由
[AC]interface GigabitEthernet 0/0/1
[AC-GigabitEthernet0/0/1]port link-type trunk
[AC-GigabitEthernet0/0/1]quit
```

❷ 配置 AP 上线。

（1）配置 AC 的源接口。

```
[AC]capwap source interface vlanif 1                //绑定capwap隧道VLAN
```

（2）创建域管理模板，在域管理模板下配置 AC 的国家码并在 AP 组中引用域管理模板。

```
[AC]wlan
[AC-wlan-view]regulatory-domain-profile name domain     //配置域管理模板
[AC-wlan-regulate-domain-domain]country-code cn         //配置AC的国家码
[AC-wlan-view]ap-group name default
[AC-wlan-ap-group-default]regulatory-domain-profile domain
                                                //在AP组下引用域管理模板
 Warning: Modifying the country code will clear channel, power and antenna
gain configurations of the radio and reset the AP. Continue?[Y/N]:y
[AC-wlan-ap-group-default]quit
```

（3）在 AC 上离线导入 AP，并将 AP 加入 default 默认组。

```
[AC-wlan-view]ap-id 0 ap-mac 00e0-fc49-2a20
[AC-wlan-ap-0]ap-name AP
[AC-wlan-ap-0]ap-group default
 Warning: This operation may cause AP reset. If the country code changes,
it will clear channel, power and antenna gain configurations of the radio,
Whether to continue? [Y/N]:y
[AC-wlan-ap-0]quit
```

（4）使用 display ap all 命令查看 AP 的 MAC 地址、Type 及运行状态。

```
[AC-wlan-ap-0]dis ap all
Info: This operation may take a few seconds. Please wait for a moment.done.
Total AP information:
```

```
nor : normal         [1]
--------------------------------------------------------------------------------
ID  MAC           Name Group     IP            Type       State STA Uptime
0   00e0-fc49-2a20 AP  default  10.10.102.253  AP5030DN   nor   0   3S
--------------------------------------------------------------------------------
Total: 1
```

（5）此时 AP 上出现圆环状信号范围，如图 8.3.2 所示。

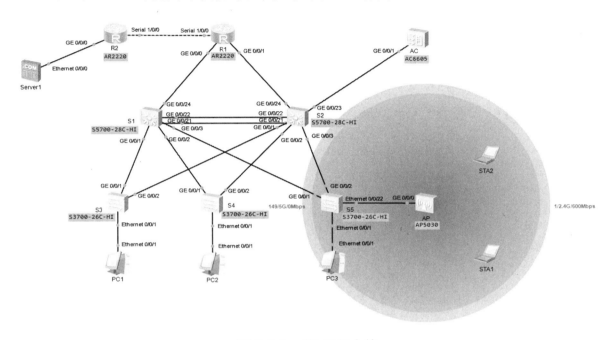

图 8.3.2　AP 已经上线

❸ 配置 WLAN 业务。

（1）创建安全模板、SSID 模板和 VAP 模板。

```
[AC-wlan-view]security-profile name sec-test                    //配置安全模板
[AC-wlan-sec-prof-sec-test]security wpa2 psk pass-phrase abcd1234 aes
[AC-wlan-sec-prof-sec-test]quit
[AC-wlan-view]ssid-profile name test                            //配置 SSID 模板
[AC-wlan-ssid-prof-test]ssid Campus                             //SSID 名称为"Campus"
[AC-wlan-ssid-prof-test]quit
[AC-wlan-view]vap-profile name default                          //配置 VAP 模板
[AC-wlan-vap-prof-default]ssid-profile test                     //关联 ssid 模板
[AC-wlan-vap-prof-default]security-profile sec-test             //关联安全模板
[AC-wlan-vap-prof-default]service-vlan vlan-id 64               //配置无线 VLAN ID 为 64
[AC-wlan-vap-prof-default]quit
[AC-wlan-view]ap-group name default                             //配置 AP 组引用 VAP 模板
[AC-wlan-ap-group-default]vap-profile default wlan 1 radio 0
                                                                //配置射频 0 引用 vap default 模板
[AC-wlan-ap-group-default]vap-profile default wlan 1 radio 1
                                                                //配置射频 1 引用 vap default 模板
```

```
[AC-wlan-ap-group-default]quit
```

(2) 使用 display vap ssid Office 查看业务型 VAP 的相关信息。

```
[AC]display vap ssid Office          //查看业务型VAP的相关信息
WID : WLAN ID
----------------------------------------------------------------
AP ID  AP name  RfID  WID  BSSID           Status  Auth type  STA  SSID
----------------------------------------------------------------
0      AP       0     1    00E0-FC49-2A20  ON      WPA2-PSK   0    Campus
0      AP       1     1    00E0-FC49-2A30  ON      WPA2-PSK   0    Campus
Total: 2
//当"Status"项显示为"ON"时，表示AP对应的射频上的VAP已创建成功。
```

❹ 无线客户端的测试。

(1) 启动 STA1，查看"Vap 列表"，并连接"信道 1"的 VAP，如图 8.3.3 所示。

图 8.3.3　STA1 的 Vap 列表

(2) 在弹出的对话框中输入"abcd1234"，并单击"确定"按钮，如图 8.3.4 所示，这时可以看到状态显示为"已连接"，表示连接成功，如图 8.3.5 所示。

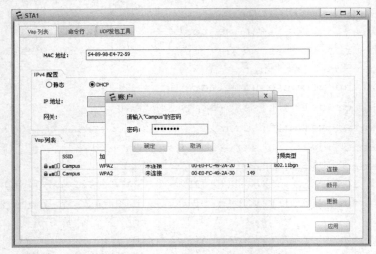

图 8.3.4　连接"信道 1"无线网络

图 8.3.5　显示连接状态

（3）查看 DHCP 获取来的 IP 地址信息，如图 8.3.6 所示。

图 8.3.6　STA1 获取来的 IP 地址信息

（4）使用同样的方法，将 STA2 进行连接。设备全部连接无线网络后，在 AC 上执行 display station ssid Campus 命令，可以查看到用户已经接入无线网络"Campus"中。

```
<AC>dis station ssid Office
Rf/WLAN: Radio ID/WLAN ID
Rx/Tx: link receive rate/link transmit rate(Mbps)
--------------------------------------------------------------------
STA MAC      AP ID Ap name  Rf/WLAN  Band  Type  Rx/Tx  RSSI  VLAN  IP address
--------------------------------------------------------------------
5489-9830-367b  0   AP       0/1    2.4G    -    -/-    -     64    10.10.64.250
5489-98e4-7259  0   AP       0/1    2.4G    -    -/-    -     64    10.10.64.251
--------------------------------------------------------------------
Total: 2 2.4G: 2 5G: 0
```

最终所有用户都可以获取正确的 IP 地址，整个网络实现全网互通，如图 8.3.7 所示。

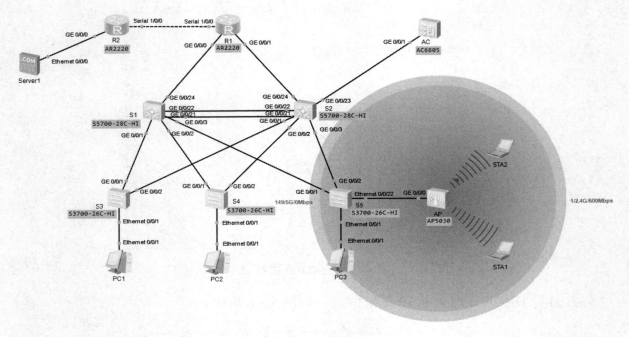

图 8.3.7　全网互通

任务验收

❶ 所有的计算机都可正确获得相应网段的 IP 地址。

❷ 无线 AP 可正常上线，并检查无线网络接入情况。

❸ MSTP 及 VRRP 可正常工作。

❹ 检查路由器 R1 和 R2 的 PPP 链路和 CHAP 单向认证情况。

❺ 使用命令 display nat session all 查看 NAT 的链路情况。

❻ PC1、PC2、PC3、STA1 和 STA2 都可以与 Server1 正常通信。

任务小结

本任务采用经典的三层网络结构模型构建了园区局域网络，综合考察了 VLAN、TRUNK、Vlanif、链路聚合、交换机 DHCP 服务配置、静态路由、动态路由、无线 AC AP、NAT、PPP CHAP、MSTP、VRRP 等知识，有利于提高读者的综合水平。

反侵权盗版声明

电子工业出版社依法对本作品享有专有出版权。任何未经权利人书面许可，复制、销售或通过信息网络传播本作品的行为；歪曲、篡改、剽窃本作品的行为，均违反《中华人民共和国著作权法》，其行为人应承担相应的民事责任和行政责任，构成犯罪的，将被依法追究刑事责任。

为了维护市场秩序，保护权利人的合法权益，我社将依法查处和打击侵权盗版的单位和个人。欢迎社会各界人士积极举报侵权盗版行为，本社将奖励举报有功人员，并保证举报人的信息不被泄露。

举报电话：（010）88254396；（010）88258888

传　　真：（010）88254397

E-mail：　dbqq@phei.com.cn

通信地址：北京市万寿路 173 信箱

　　　　　电子工业出版社总编办公室

邮　　编：100036